人力资源和社会保障部职业能力建设司推荐
冶金行业职业教育培训规划教材

干熄焦技术问答

罗时政 乔继军 等编著

北 京
冶金工业出版社
2022

内 容 提 要

本书主要介绍干熄焦生产工艺方面的基本知识，以问答的形式，重点解答了干熄焦工艺、机械、锅炉、电气、仪表和安全环保等方面的问题。编写过程中侧重实践性，问题的提出具有针对性，答案力求实用性。内容上侧重于干熄焦系统生产过程中出现问题的处理方法。

本书适用于干熄焦工程技术人员使用，也可作为干熄焦操作人员的培训教材。

图书在版编目（CIP）数据

干熄焦技术问答/罗时政等编著．—北京：冶金工业出版社，2010.1
（2022.6 重印）

冶金行业职业教育培训规划教材

ISBN 978-7-5024-5068-7

Ⅰ．干… Ⅱ．罗… Ⅲ．干熄焦—高等学校：技术学校—教材
Ⅳ. TQ522.16

中国版本图书馆 CIP 数据核字（2009）第 198284 号

干熄焦技术问答

出版发行	冶金工业出版社	电　话	(010)64027926
地　址	北京市东城区嵩祝院北巷 39 号	邮　编	100009
网　址	www.mip1953.com	电子信箱	service@ mip1953.com

责任编辑　任咏玉　宋　良　美术编辑　彭子赫　版式设计　张　青
责任校对　卿文春　责任印制　李玉山
北京建宏印刷有限公司印刷
2010 年 1 月第 1 版，2022 年 6 月第 4 次印刷
787mm×1092mm　1/16；16.75 印张；444 千字；242 页
定价 49.00 元

投稿电话　(010)64027932　投稿信箱　tougao@cnmip.com.cn
营销中心电话　(010)64044283
冶金工业出版社天猫旗舰店　yjgycbs.tmall.com
（本书如有印装质量问题，本社营销中心负责退换）

山东钢铁集团有限公司山钢日照公司 王乃刚　　武汉钢铁股份有限公司人力资源部 谌建辉

山东工业职业学院 吕　铭　　西安建筑科技大学 李小明

山东石横特钢集团公司 张小鸥　　西安科技大学 姬长发

陕西钢铁集团有限公司 王永红　　西林钢铁集团有限公司 夏宏刚

山西工程职业技术学院 张长青　　西宁特殊钢集团有限责任公司 彭加霖

山西建邦钢铁有限公司 赵永强　　新兴铸管股份有限公司 帅振珠

首钢迁安钢铁公司 张云山　　新余钢铁有限责任公司 姚忠发

首钢总公司 叶春林　　邢台钢铁有限责任公司 陈相云

太原钢铁（集团）有限公司 张敏芳　　盐城市联鑫钢铁有限公司 刘　燊

太原科技大学 李玉贵　　冶金工业教育资源开发中心 张　鹏

唐钢大学 武朝锁　　有色金属工业人才中心 宋　凯

唐山国丰钢铁有限公司 李宏震　　中国中钢集团 李荣训

天津冶金职业技术学院 孔维军　　中信泰富特钢集团 王京冉

武钢鄂城钢铁有限公司 黄波　　中职协冶金分会 李忠明

秘书组　冶金工业出版社

高职教材编辑中心（010 – 64027913，64015782，13811304205，dutt@ mip1953.com）

序

吴溪淳

改革开放以来，我国经济和社会发展取得了辉煌成就，冶金工业实现了持续、快速、健康发展，钢产量已连续数年位居世界首位。这其间凝结着冶金行业广大职工的智慧和心血，包含着千千万万产业工人的汗水和辛劳。实践证明，人才是兴国之本、富民之基和发展之源，是科技创新、经济发展和社会进步的探索者、实践者和推动者。冶金行业中的高技能人才是推动技术创新、实现科技成果转化不可缺少的重要力量，其数量能否迅速增长、素质能否不断提高，关系到冶金行业核心竞争力的强弱。同时，冶金行业作为国家基础产业，拥有数百万从业人员，其综合素质关系到我国产业工人队伍整体素质，关系到工人阶级自身先进性在新的历史条件下的巩固和发展，直接关系到我国综合国力能否不断增强。

强化职业技能培训工作，提高企业核心竞争力，是国民经济可持续发展的重要保障，党中央和国务院给予了高度重视，明确提出人才立国的发展战略。结合《职业教育法》的颁布实施，职业教育工作已出现长期稳定发展的新局面。作为行业职业教育的基础，教材建设工作也应认真贯彻落实科学发展观，坚持职业教育面向人人、面向社会的发展方向和以服务为宗旨、以就业为导向的发展方针，适时扩大编者队伍，优化配置教材选题，不断提高编写质量，为冶金行业的现代化建设打下坚实的基础。

为了搞好冶金行业的职业技能培训工作，冶金工业出版社在人力资源和社会保障部职业能力建设司和中国钢铁工业协会组织人事部的指导下，同河北工业职业技术学院、昆明冶金高等专科学校、吉林电子信息职业技术学院、山西工程职业技术学院、山东工业职业学院、安徽工业职业技术学院、武汉钢铁集团公司、山钢集团济钢公司、云南文山铝业有限公司、中国职工教育和职业培训协会冶金分会、中国钢协职业培训中心、中国钢协人力资源与劳动保障工作委员会教育培训研究会等单位密切协作，联合有关冶金企业、高职院校和本科院校，编写了这套冶金行业职业教育培训规划教材，并经人力资源和社会保障部技工教育和职业培训教材工作委员会组织专家评审通过，由人力资源和社会保障部职业能力建设司给予推荐，有关学校、企业的编写人员在时间紧、任务重的情况下，克服困难，辛勤工作，在相关科研院所的工程技术人员的积极参与和大力支持下，出色地完成了前期工作，为冶金行业的职业技能培训工作的顺利进行，打下了坚实的基础。相信这套教材的出版，将为冶金企业生产一线人员理论水平、操作水平和管理水平的进一步提高，企业核心竞争力的不断增强，起到积极的推进作用。

随着近年来冶金行业的高速发展，职业技能培训工作也取得了令人瞩目的成绩，绝大多数企业建立了完善的职工教育培训体系，职工素质不断提高，为我国冶金行业的发展提供了强大的人力资源支持。今后培训工作的重点，应继续注重职业技能培训工作者队伍的建设，丰富教材品种，加强对高技能人才的培养，进一步强化岗前培训，深化企业间、国际间的合作，开辟冶金行业职业培训工作的新局面。

展望未来，任重而道远。希望各冶金企业与相关院校、出版部门进一步开拓思路，加强合作，全面提升从业人员的素质，要在冶金企业的职工队伍中培养一批刻苦学习、岗位成才的带头人，培养一批推动技术创新、实现科技成果转化的带头人，培养一批提高生产效率、提升产品质量的带头人；不断创新，不断发展，力争使我国冶金行业职业技能培训工作跨上一个新台阶，为冶金行业持续、稳定、健康发展，做出新的贡献！

前　言

传统炼焦行业污染大、能耗高。在当前国家大力倡导节能减排的形势下，炼焦行业必须加大创新力度，从工艺技术改进、装备水平等方面做好清洁高效技术的研发，这也是贯彻学习实践科学发展观、构建社会主义和谐社会，建设资源节约型、环境友好型社会的必然选择。

我国产量巨大的炼焦工业，为炼焦行业工作者提供了充分展示技艺的舞台。干熄焦（COKE DRY QUENCHING，CDQ）技术在节能环保方面具有较为显著的成效，是近年来在我国炼焦行业得到快速发展的应用技术之一。我国干熄焦技术在20世纪80年代中期由宝钢一期从日本引进并投产，随后上海浦东煤气厂、济钢、首钢等又先后引进了俄罗斯、乌克兰、日本的干熄焦技术。在此基础上，鞍山焦耐设计研究院、济钢国际工程技术有限公司等对引进技术进行改进和创新，开发了具有我国自主知识产权的干熄焦技术。目前我国已可以设计建设50～200t/h不同规模的干熄焦装置。由于干熄焦工艺的环境效益和经济效益非常显著，同时我国国家产业政策也进行了调整，要求年产百万吨焦炭钢铁联合企业炼焦工序要配备干熄焦技术，因此，近年来干熄焦技术发展势头迅猛。截止到2009年5月底，我国已建成投产干熄焦装置70余套，配套焦炭产量约6000万吨。

为了更好地帮助干熄焦技术人员和操作人员，快速掌握干熄焦技术，解决干熄焦从建设到运行所出现的一系列问题，编者组织干熄焦工程技术人员和生产一线骨干人员，系统地总结了干熄焦运行十年来产生的各类问题，以问答的形式提供给同行。

本书以干熄焦工艺为主线，以问答的形式系统地对干熄焦生产工艺、机械设备、余热锅炉、电气、仪表以及干熄焦安全环保等六个方面的问题进行了简明扼要的阐述。本书立足于生产实践，与理论知识相结合，各类问题力求实用性强、问题简单易懂。本书编写过程中，得到同行业技术人员和一线职工的大力协助，在此一并表示感谢。

本书内容以多年干熄焦运行总结的问题为主，书中对问题的表达若有不妥之处，敬请广大读者批评指正。

编　者

2009年7月

目　　录

4　干熄焦电气 ……………………………………………………………… 129

1 干熄焦工艺

1. 当今炼焦行业熄焦工艺有哪几种，各有什么特点？

当今炼焦行业熄焦工艺主要有湿熄焦和干熄焦。

（1）湿熄焦。煤在炭化室炼成焦炭后，应及时从炭化室推出。红焦推出时温度约为1000℃，为避免焦炭燃烧并适于运输和储存，必须将红焦温度降低。一种熄焦方法是采用喷水将红焦温度降低到300℃以下，即通常所说的湿熄焦。传统湿熄焦系统由带喷淋水装置的熄焦塔、熄焦泵房、熄焦水沉淀池以及各类配管组成，熄焦产生的蒸汽直接排放到大气中。传统湿熄焦的优点是工艺较简单，装置占地面积小，基建投资较少，生产操作较方便。但湿熄焦的缺点也非常明显，其一，湿熄焦浪费红焦大量显热；其二，湿熄焦时红焦急剧冷却会使焦炭裂纹增多，焦炭质量降低，焦炭水分波动较大，不利于高炉炼铁生产；其三，湿熄焦产生的蒸汽夹带残留在焦炭内的酚、氰、硫化物等腐蚀性介质，侵蚀周围物体，造成周围大面积空气污染，而且随着熄焦水循环次数的增加，这种侵蚀和污染会越来越严重；其四，湿熄焦产生的蒸汽夹带着大量的粉尘，通常达200～400g/t，既污染环境，又是一种浪费。为解决湿熄焦存在的问题，各国焦化工作者进行了不懈的努力，对湿熄焦装置及湿熄焦工艺不断进行改进，改进的湿熄焦工艺主要有两种。

1）低水分熄焦。低水分熄焦系统主要由工艺管道、水泵、高位水槽、一点定位熄焦车以及控制系统等组成。低水分熄焦工艺在熄焦初期的10～20s内使用低压水，在熄焦后期的50～80s内采用高压水来代替传统湿熄焦的喷淋式分配水流。熄焦水源由高位水槽提供，高位水槽出来的熄焦水由一台小型的电机控制气动阀门的开度自动控制其水压和流量。低水分熄焦工艺流程如图1-1所示。

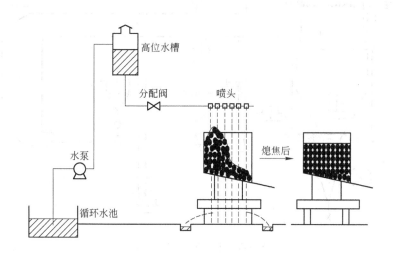

图 1-1　低水分熄焦工艺流程

2）压力蒸汽熄焦。压力蒸汽熄焦系统主要由工艺管道、水泵、熄焦槽、旋风分离器、余热锅炉以及控制系统等组成。压力蒸汽熄焦工艺流程如图 1-2 所示。

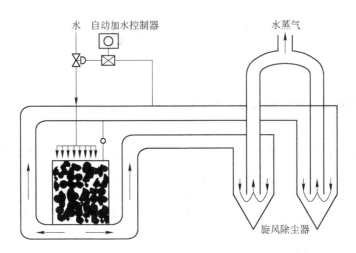

图 1-2　压力蒸汽熄焦工艺流程

上述两种改进后的湿熄焦工艺，虽然在某些方面缓解了传统湿熄焦的不足，但还不能从根本上解决能源浪费、环境污染以及焦炭质量差等方面的问题。

（2）干熄焦。干熄焦主要由干熄炉、装入装置、排焦装置、提升机、电机车及焦罐台车、焦罐、一次除尘器、二次除尘器、干熄焦锅炉单元、循环风机、除尘地面站、水处理单元、自动控制部分、发电部分等组成。干熄焦的工艺流程如图 1-3 所示。

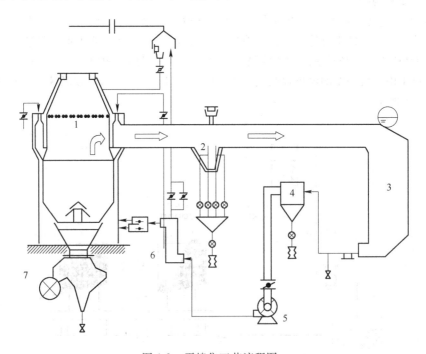

图 1-3　干熄焦工艺流程图

1—干熄炉；2—1DC（一次除尘器）；3—锅炉；4—2DC（二次除尘器）；

5—循环风机；6—给水预热器；7—旋转密封阀

2. 不同的熄焦方式对焦炭质量有哪些影响？

不同熄焦方式对焦炭质量的影响主要有以下两个方面：

（1）采用低水分熄焦工艺，冶金焦水分可调整到 2%～4%，比常规湿熄焦明显降低，直接给高炉炼铁的操作和节能带来非常可观的效益，焦炭强度指标有一定的改善。

（2）干熄焦可使焦炭质量明显提高，几乎不含水。干熄焦比湿熄焦 M_{40} 可提高 3%～5%，M_{10} 可降低 0.2%～0.5%，反应性明显降低，反应后强度也明显提高。

3. 低水分熄焦的原理及优点是什么？

在低水分熄焦过程中，通过特制的喷头以不同的水压往一点定位熄焦车内喷水使红焦熄灭。水流经过焦炭固体层后，再经过特制的凹槽或孔流出，足够大的水压使水流迅速通过焦炭层，到达熄焦车的底板，并快速流出熄焦车。当高压水流经过焦炭层时，短期内产生大量的蒸汽，瞬间充满了整个焦炭层的上部和下部，使焦炭窒息。

低水分熄焦工艺可节约熄焦用水 30%～40%；同时还可以降低并稳定焦炭水分，从而有利于稳定高炉的生产。此外，还可以降低熄焦过程中随蒸汽带走的粉尘排放量，传统湿熄焦粉尘排放量为 200～400g/t，而低水分熄焦粉尘排放量可降为 50g/t 左右。

4. 干熄焦冷却焦炭的机理是什么？

所谓干熄焦，是相对湿熄焦而言的，采用惰性气体将红焦降温冷却的一种熄焦方法。在干熄焦过程中，红焦从干熄炉顶部装入，低温惰性气体由循环风机鼓入干熄炉冷却室红焦层内，吸收红焦显热，冷却后的焦炭从干熄炉底部排出，从干熄炉环形烟道出来的高温惰性气体流经干熄焦锅炉进行热交换，锅炉产生蒸汽，冷却后的惰性气体由循环风机重新鼓入干熄炉，惰性气体在封闭的系统内循环使用。

干熄焦冷却焦炭的机理是：在干熄炉冷却室，焦炭向下流动，惰性气体向上流动，焦炭通过与循环气体进行热交换而冷却。由于焦炭的块度大，在断面上形成较大的孔隙，因而有利于气体逆流。在同一层面焦炭与循环气体温差不大，因而焦炭冷却的时间主要取决于气流与焦炭的对流传热和焦块内部的热传导，而冷却速度则主要取决于循环气体的温度与流速，以及焦块的温度和外表面积等。

5. 干熄焦与湿熄焦相比有何优点？

（1）焦炭质量明显提高。干熄焦比湿熄焦 M_{40} 可提高 3%～5%，M_{10} 可降低 0.2%～0.5%，反应性有一定程度的降低，干熄焦与湿熄焦的全焦筛分区别不大。由于干熄焦焦炭质量提高，可使高炉炼铁入炉焦比下降 2%～5%，同时高炉生产能力提高约 1%。

（2）充分利用红焦显热，节约能源。湿熄焦时对红焦喷水冷却，产生的蒸汽直接排放到大气中，红焦的显热也随蒸汽的排放而浪费掉；而干熄焦时红焦的显热则是以蒸汽的形式回收利用，因此可以节约大量的能源。同湿熄焦相比，干熄焦可回收利用红焦约 83% 的显热，每干熄 1t 焦炭回收的热量约为 1.35GJ。而湿熄焦没有任何能源回收利用。

（3）降低有害物质的排放，保护环境。湿熄焦过程中，红焦与水接触产生大量的酚、氰化合物和硫化合物等有害物质，随熄焦产生的蒸汽自由排放，严重腐蚀周围设备并污染大气；干熄焦采用惰性循环气体在密闭的干熄炉内对红焦进行冷却，可以免除对周围设备的腐蚀和对大气的污染。此外，由于采用焦罐定位接焦，焦炉出焦的粉尘污染也更易于控制。干熄炉炉顶装焦及炉底排、运焦产生的粉尘以及循环风机后放散的气体、干熄炉预存室放散的少量气体经除尘地面站净化后，以含尘质量浓度小于 $100mg/m^3$ 的高净化气体排入大气。因此，干熄焦的环保指标优于湿熄焦。

6. 为什么干熄焦能改善焦炭质量？

（1）干熄焦过程中焦炭缓慢冷却，降低了内部热应力，网状裂纹减少，气孔率低，转鼓强度提高，真密度也增大。

（2）干熄焦过程中焦炭在干熄炉内从上往下流动时，增加了焦块之间的相互摩擦和碰撞次数，大块焦炭的裂纹提前开裂，强度较低的焦块提前脱落，焦块的棱角提前磨蚀，这改善了冶金焦的机械稳定性，并且块度在 70mm 以上的大块焦减少，而 25~75mm 的中块焦相应增多，即焦炭块度的均匀性提高了，这对于高炉也是有利的。

（3）干熄炉的预存室有保温作用，相当于焦炭在焦炉里焖炉。焦炭在预存室内进行温度的均匀化和残存挥发分的析出，从而其成熟度进一步提高，基本消除生焦。

（4）干熄焦时，焦炭在干熄炉内往下流动的过程中，焦炭经受机械力，其结构脆弱部分及生焦变为焦粉筛除掉，不影响冶金焦的反应性；干熄焦的焦块不沉积碱金属的盐基物质，反应性较低。

7. 干熄炉的结构是怎样的？

干熄炉由预存室、斜道区和冷却室组成。干熄炉为圆形截面竖式槽体，外壳用钢板及型钢制作，内层采用不同的耐火砖砌筑而成，有些部位使用了耐火浇注材料。干熄炉顶设置环形水封槽。干熄炉上部为预存室，中间为斜道区，下部为冷却室。预存室的外围是汇集从斜道排出气流的环形烟道，它沿圆周方向分两半汇合通向一次除尘器。预存室设有料位计、测压装置、测温装置及放散装置。环形烟道设有空气导入装置、循环气体旁通装置、气流调整装置。冷却室设有温度测量孔、干燥时的排水气孔、人孔及烘炉孔。冷却室下部壳体上有两个进气口，冷却室底部安装有供气装置。

预存室的上部是锥顶区，预存室中部是直段实心耐火砖砌体；预存室下部是环形烟道，分为内墙及外墙两层环形砌体；内墙是用带沟舌的高强度耐火砖进行砌筑。斜道区内层砖的抗热震性、抗磨损性和抗折性要求很高。冷却室直段耐火砖是最易受损的部位之一。

干熄炉入口耐火砖、斜道区耐火砖选用耐冲刷、耐磨损、抗热震性好和抗折强度高的莫来石——碳化硅砖砌筑。

干熄炉预存室直段耐火砖要承受热膨胀和装入焦炭的冲击和磨损，因此，选用高强耐磨、抗热震性好的 A 型莫来石砖砌筑。冷却室磨损最大，温度变化也较频繁，因此，冷却室选用高强耐磨、抗热震性好的 B 型莫来石砖。

干熄炉在斜道区、预存室上锥体和冷却室排焦漏斗等部位采用耐火浇注料进行喷涂或涂抹。

8. 干熄炉双循环风道和单循环风道各有什么特点？

早期俄罗斯或乌克兰设计的干熄炉一般多采用双循环风道，双循环风道直接通过环道的设置来稳定气流压力，保证循环气体的气流分布均匀；但双循环风道阻力较大，砌炉结构复杂，工程投资较高，生产过程中容易在下环道顶部聚集焦粉，随着生产的连续，焦粉的逐渐堆积，干熄炉内部阻力会逐渐加大。年修过程中，必须进行环道清灰。

现在的干熄炉通常采用单循环风道，造价低，施工简单，在斜道顶部安装调节砖来调节系统压力，系统阻力较小，运行过程中系统压力波动幅度小。

9. 干熄炉的主要附件有哪些？

（1）炉顶水封槽。干熄炉炉顶设有水封槽，解决炉顶密封并降温。水封槽与炉盖或水封罩相配合，防止粉尘外逸及空气漏入。

水封槽内一般布置有不锈钢压缩空气管及水管。水管沿圆周方向有喷嘴，给水时可使水封槽内的水产生旋转；压缩空气管上沿45°方向开有小孔，通以压缩空气使水封槽内产生鼓泡。水封槽底部有放空口，靠上部有满流排水口。通过旋转与鼓泡自装焦口散落入水封槽内的沉积物沿上部满流口排走。

（2）鼓风装置。干熄炉冷却室底部设置有鼓风装置，均匀地给整个干熄炉横断面上供气。鼓风装置由风帽、十字风道、上锥斗和下锥斗组成，给水预热器后的循环气体经百叶式手动调节挡板分别进入鼓风装置的上、下气室。上气室沿上、下锥斗间的周边送风，下气室沿十字风道中央风帽送风。

（3）调节棒装置。鼓风装置下锥斗出口处设置了调节棒装置，可调节焦炭下落速度，使焦炭均匀下落，从而使焦炭冷却均匀，排焦温度均匀。

10. 干熄焦物流系统的操作要点有哪些？

在干熄焦生产过程中，红焦由提升机和装入装置从干熄炉炉口装入，在干熄炉冷却段与循环气体进行热交换。冷却的焦炭从干熄炉底部由排焦装置排出，经运焦皮带系统运走。干熄焦的装焦及排焦操作在中控室计算机上都有独立的操作界面，可方便地进行中央自动监视及操作。另外，为方便检修、测试以及某些特殊情况下的操作，几乎所有的移动、运转设备都设有现场手动操作装置，部分关键设备还设有手摇装置或紧急操作装置。

与装焦联锁的料位有两个，即预存段上限料位及上上限料位。当干熄炉预存段焦炭料位达到上限高度时，提醒操作人员干熄炉内还能装一炉焦炭。当干熄炉预存室焦炭料位达到上上限时，受装焦联锁条件控制，提升机将不能往干熄炉内装入焦炭。在正常的生产过程中，干熄炉内焦炭的料位应控制在校正料位与上限料位之间，这就要求装焦与排焦配合恰当。但为安全起见，每班至少要对干熄炉内γ料位强制校正一次（使用雷达料位计的干熄炉，每班至少要看一次干熄炉实际料位）。

在自动操作状态下，为了防止焦炭堵塞运焦及排焦系统，设计有联锁条件。当离排焦系统远端的皮带停止运转时，近端的皮带立即停止运转。同时，排焦系统联锁停机，停止排焦作业。当旋转密封阀因故障停止运转时，振动给料器立即停机。此外，当干熄炉预存段焦炭料位达到下限时，为了防止气体循环系统工艺参数出现非正常波动，排焦系统立即停止排焦。当循环风机因故停机时，为防止焦炭因无法冷却而排出红焦，排焦系统也会立即停止排焦。

排焦温度的均匀性，主要根据干熄炉冷却段上部及下部圆周方向温度的分布情况进行判断，若圆周方向温度分布较为一致，则基本可以判断排焦温度比较均匀。若温度分布相差较大，则应查明原因进行处理。如果测温仪表正常，需要在焦炭下降速度快的方向增加调节棒进行调节，使干熄炉内焦炭均匀下降。

11. 干熄焦运行计划应遵循哪些原则？

正常情况下，干熄焦的运行计划应按焦炉的操作情况来决定。但当干熄焦系统处于有计划的检修以及故障状态时，其运行计划应按干熄焦设备的状况以及干熄焦工艺的要求来决定。

根据焦炉的周转时间及焦炉机械的状况编制焦炉的生产计划，按此计划可算出焦炉生产的焦炭产量，并根据干熄焦系统设备状况及工艺要求来决定干熄焦的焦炭量。根据准备装入干熄炉的红焦量设定干熄炉的排焦量，即焦炭处理量。干熄炉红焦装入时可以不强求均匀，但排焦量应尽量保持连续、稳定，这一点的控制可以根据干熄炉预存室储存的焦炭量来进行调节。同时，根据排焦量的变化，调整合适的循环风量。

排焦温度及锅炉入口温度应控制在设计允许值以下，而且应尽量保持稳定。循环气体中可燃成分的浓度应控制在规定的范围，以 $\varphi(H_2) < 3\%$ 和 $\varphi(CO) < 6\%$ 为控制目标。如果 H_2 和 CO 浓度超标，一般采用在干熄炉环形烟道处导入一定量空气的方法将其燃烧掉。

导入空气会造成循环气体增多，进而造成干熄炉预存室压力升高，而预存室压力应控制在 $-50 \sim 50 Pa$，因此，循环气体在进干熄炉之前应适当放散。

一定流量及温度的循环气体进入干熄焦锅炉进行热交换，锅炉吸热后会产生一定量的中压或高压蒸汽，该蒸汽可用于发电，或经减温减压后并入蒸汽管网。

12. 干熄焦操作中的基本要求有哪些？

干熄焦正常生产中，应根据干熄炉的装焦计划，选择合适的排焦量，并以一定的排焦量连续操作。干熄炉预存室较大的容量为连续稳定排焦创造了条件。稳定的排焦量是整个干熄焦系统温度、压力等工艺参数稳定的最主要条件之一。对干熄焦锅炉的供水、产汽以及干熄焦发电系统的稳定运行起着至关重要的作用。

一定的排焦量原则上应匹配一定的循环冷却风量。以便将锅炉入口温度控制在最小的波动范围内，以防该温度骤升骤降使锅炉入口耐火材料受损以及对锅炉炉管造成不良影响。但由于干熄焦系统比较复杂，其受内部及外部的影响因素较多，生产状况不可避免会出现波动，锅炉入口温度也会波动。在锅炉入口温度超出控制范围或有可能导致锅炉入口温度控制范围的情况发生时，应及时采取必要的措施，对部分操作条件进行更改。

正常生产中，任何一次对干熄焦系统操作条件的改变，都要尽可能在现有操作条件稳定的情况下进行。在改变了操作条件后，中控室操作人员必须密切注意操作条件改变后各部位温度、压力、流量、锅筒液位以及循环气体成分等状态的变化情况。观察有无问题发生，是否还需要调节，一直到整个系统稳定运行。在改变操作条件时，要逐步进行，而且要留有余地。不要只注意所要改变的参数，还需一边监视干熄焦的整体状态，一边谨慎地调节。

干熄焦中控室的计算机操作画面，应随时有一个画面保持为锅炉的操作画面。当进行装焦作业时，应有一个画面保持为提升机及装入装置的操作画面。干熄焦其他操作画面应交替切换，观察有无异常现象并进行相应调节。即使在干熄焦最正常的情况下，干熄焦中控室也应有一名熟练的操作人员对干熄焦系统的运行情况进行全面监控。

当干熄焦的设备发生故障时，一定要到现场检查确认，全力找出故障原因并进行处理。故障消除后进行该设备的单机调试，确认没问题后再投入干熄焦的自动运行。干熄焦现场的任何一个动作都必须与中控室的操作人员取得联系，确认没有问题时再进行操作。

13. 干熄焦日常工艺巡检主要包括哪几部分，如何巡检？

干熄焦日常工艺巡检主要包括：排焦装置→循环风机→刮板机、斗提→辅机室→除氧器→锅炉→装焦装置→提升机。

具体路线为：

（1）提升机巡检路线：

一层：位置速度极限开关→行车轮→行车装置减速机电动机检出器→润滑油泵→联轴器→行车轮→司机室电器→行车轮→行车装置减速机电动机检出器→行车侧→集中给脂装置。

上车：机械室→卷上减速机→卷上电动机→卷上滚筒→定滑轮→测力装置→钢丝绳→集中给脂装置。

吊具：导向导轨→挂钩→连接链条→导向杆→滑动轮→焦罐盖→集中给脂装置。

（2）装焦装置巡检路线：驱动装置→台车、轨道、轨道基础→炉盖→滑动遮板→水封槽→移动式集尘管道→润滑及其配管→装入漏斗。

（3）循环风机巡检路线：操作箱→仪表盘→风机外轴承→连轴轴承→冷却水氮气管→主电动机→齿形联轴器→风机进口调节器→轴承润滑油冷却系统。

（4）排焦装置巡检路线：清扫风机→现场操作盘→自动给脂泵→滑动闸门→电磁振动给料器→旋转密封阀→排焦溜槽。

（5）刮板机、斗提巡检路线：刮板机电动机、减速机→减速机链轮→刮板机前链轮轴承→前链轮刮板→刮板箱体→刮板后链轮轴承→后链轮→出料口→下部链轮及轴承→上部链轮及轴承→灰斗→斗提电动机、减速机→滚链→减速机。

14. 干熄焦主要工艺控制参数有哪些？

主要参数有：锅炉入口温度，循环气体成分，预存室压力，排焦温度，主蒸汽温度、压力，汽包压力，排焦量，除氧器压力，风料比。

15. 近几年国内投产干熄焦有什么技术特点？

（1）干熄炉（冷却段）采用矮胖形。干熄炉（冷却段）高度的降低可减小干熄炉内循环气体的阻力，降低循环气体量，使设备费、运营费及生产成本降低，又可使相应配套的提升机钢桁架和一、二次除尘器钢结构的高度降低，节省工程一次投资。

（2）在炉顶设置料钟式布料器，克服由于装入焦炭粒径偏析以及装入焦炭的料位高差，使干熄炉内的循环气体流速不均匀等弊端，起到减少循环气体量的目的。干熄炉设有两个料位计，超高料位采用电容式料位计；上料位采用伽马射线料位计。装入装置漏斗后部设有尾焦收集装置。

（3）在冷却段与循环风机之间设置给水预热器，使干熄炉入口处的循环气体温度由约170℃降至130℃以下，在同等处理能力的前提下减少循环气体量（本技术循环冷却气体量设计值为1200m^3/t焦以下，排焦温度小于200℃）。

（4）采用连续排料的电磁振动给料器与旋转密封阀组合的排出装置。设备外形小，维护量小；又可稳定炉内压力，使焦炭下落均匀。炉顶水封增设压缩空气吹扫管，防止水封槽中焦粉堆积。

（5）电动机车采用APS（先进定位系统）强制对位装置，使焦罐车在提升塔下的对位修正范围控制在±100mm，对位精度达±10mm。采用旋转焦罐，既可保证焦罐内焦炭分布均匀，又减少了焦罐本身的重量及维护工作量。提升机使用PLC（可编程控制器）控制，增强了控制效果。

（6）余热锅炉采用膜式水冷壁，使热效率有明显提高。采用高温高压自然循环锅炉，系统较为简单，节省强制循环泵的能耗，减少了循环泵的故障点，比中温中压发电量提高约10%。高压发电是新日铁的第三代干熄焦技术。

（7）根据焦炭粒度的实际情况，对干熄炉斜烟道、环形烟道等关键部位进行优化设计，确保干熄焦装置的稳定运行。

（8）根据干熄炉各部位的操作温度和工作特点及日本新日铁的实践经验，采用性能不同的耐火材料。

根据干熄焦工艺特点，干熄炉和一次除尘器工作层因部位不同，其内衬要求也不同。

对于干熄炉装焦口和斜道区，由于焦炭冲击磨损大，温度波动范围大，气流（含焦粉）冲刷严重，选用抗热震性能、耐磨性能好，抗折强度大的莫来石碳化硅砖，同时针对装焦口和斜道区的工况特点，对斜道区用砖的配料也进行了调整。

对于预存室直段、一次除尘器拱顶，由于其焦炭冲击磨损（预存室）和气流（含焦粉）冲刷（一次除尘器）的工况特点，选用耐磨性能和抗热震性能都较好的莫来石（A）砖。

对于冷却室，其工况特点是磨损严重、温度变化也较大，选用强度性能、耐磨性能和抗热震性能都较好的莫来石（B）砖。

另外，针对不同区域的形状特点，对非工作层用衬砖和隔热层用砖进行了优化。

（9）1DC（一次除尘器）采用重力沉降方式。由于采用重力沉降方式，没有隔墙，故架构紧凑，而且不需要维修。

16. 影响排焦温度和锅炉入口温度的因素有哪些，如何进行调整？

影响排焦温度和锅炉入口温度的因素有：排焦量、循环风量、空气导入量和旁通流量。

调整方法主要有 4 种，如表 1-1 所示。

表 1-1　排焦温度和锅炉入口温度的调整

调 整 方 法		排焦温度	锅炉入口温度	备　注
排焦量不变，增减循环风量	循环风量增加	下降	下降	
	循环风量减少	上升	上升	
循环风量不变，增减排焦量	排焦量增加	上升	上升	
	排焦量减少	下降	下降	
增减空气的导入量	空气导入量增加	不变	上升	循环气体成分中 CO、H_2 浓度低时，效果下降
	空气导入量减少	不变	下降	此时应注意将循环气体成分中 CO、H_2 控制在基准值内
增减循环气体旁通量	旁通风量增加	上升	下降	因减少了冷却风量，要注意排焦温度的上升
	旁通风量减少	下降	上升	因增加了冷却风量，调整时要避免造成环形风道部位的漂浮

17. 干熄焦系统各点压力、温度及流量如何标识？

压力：P_1—干熄炉预存段压力，P_2—锅炉出口压力，P_3—循环风机入口压力，P_4—循环风机出口压力，P_5—干熄炉入口压力，P_6—锅炉入口压力。

温度：T_1—锅炉出口气体温度，T_2—干熄炉入口气体温度，T_3—干熄炉冷却段下部温度（圆周四点），T_4—干熄炉冷却段上部温度（圆周四点），T_5—预存段温度，T_6—锅炉入口气体温度，T_7—1DC 中间储仓焦粉温度，T_8—循环风机入口温度，T_9—循环风机出口温度，T_{10}—电磁振动给料器线圈温度，T_{11}—排出装置处温度（着火检测用），T_{12}—排焦温度。

流量：F_1—循环气体流量，F_2—导入空气流量，F_3—循环气体回流量。

18. 如何进行气体循环系统压力的管理？

干熄焦系统因设计能力的不同，气体循环系统各部位的压力设计值也不同。同一套干熄焦系统，因生产能力的不同，气体循环系统各部位的压力设计值和控制值也不同。但压力的变化趋势以及被测量部位两点之间的压力差值的变化，都能反映出气体循环系统存在的问题。

（1）预存室压力。打开干熄炉顶部的炉盖装入红焦时，为了减少装焦时烟尘外逸，可以用预存室的压力来控制，即将预存室压力控制为负压。但预存室压力不能控制太低，否则打开炉盖时大量的空气会吸入干熄炉使焦炭燃烧，因此预存室压力应保持适当。

（2）锅炉入口压力。如果斜道口发生了焦炭悬浮现象，受其影响，锅炉入口的压力要比正常操作时的压力更偏于负压，一般偏低约 500Pa 以上。因此从锅炉入口压力的变化趋势，可以判断干熄炉斜道口焦炭悬浮是否严重。

（3）压差管理。在干熄炉正常生产中，在排焦量与循环风量相对稳定的状态下，气体循环系统两点之间的压差也应保持相对稳定。因此，从气体循环系统两点之间压差的变化情况，可以在某种程度上对各设备的异常做出判断。具体判断过程见表 1-2。

表 1-2 干熄焦系统压差变化及原因分析

压　差	波　动　的　原　因
$P_6 \sim P_2$	压力损失增大：锅炉内部有小块焦炭及焦粉堆积
$P_2 \sim P_3$	压力损失增大：2DC 内部以及风道内部焦粉堆积，发生堵塞；压力损失减小：2DC 内套磨穿，循环气体短路
$P_4 \sim P_5$	压力损失减小：给水预热器内部有小块焦炭或焦粉发生堵塞
$P_5 \sim P_6$	压力损失减小：冷却室的焦炭可能发生了搭棚现象

19. 如何控制干熄炉入口温度？

设有给水预热器的干熄焦系统，干熄炉入口气体温度一般应控制在 130℃ 左右。如果干熄炉入口气体温度过低，循环气体中的水分以及腐蚀性成分（如 SO_x）就会结露，引起金属部件的腐蚀。一般情况下干熄炉入口温度应控制在 115℃ 以上。如果干熄炉入口气体温度太高，就会造成排焦温度升高，从而导致循环冷却气体量的增加，影响熄焦效果。在干熄焦正常生产中，主要用给水预热器来调节干熄炉入口气体温度。给水预热器入口水温高，则干熄炉入口气体温度上升；给水预热器入口水温低，则干熄炉入口气体温度下降。但给水预热器入口水温一般应控制在 60~90℃。

20. 为什么要保持干熄焦循环系统的严密性？

保持干熄焦循环系统的严密性主要是由于：
（1）减少焦炭烧损，保持周围环境；
（2）防止可燃气体爆炸或回火；
（3）在正压部位防止气体外逸造成气体中毒；

（4）防止高浓度可燃气体外逸着火；

（5）保持预存室压力稳定；

（6）防止风机停机时间过长，干熄炉底部焦炭燃烧。

21. 干熄焦生产过程中可燃气体如何产生？

在干熄焦生产过程中，惰性循环气体在干熄炉冷却室与焦炭逆流换热，升温至 $900\sim960℃$ 后进入干熄焦锅炉。由于气体循环系统负压段会漏进少量空气，空气中有少量水蒸气，O_2 与 H_2O 通过红焦层就会与焦炭反应，生成 CO_2，CO_2 在焦炭层高温区又会还原成 CO，H_2O 和焦炭反应生成 H_2 和 CO，随着循环次数的增多，循环气体中 CO 和 H_2 浓度越来越高。此外，焦炭残余挥发分始终在析出，焦炭热解生成的 H_2、CO、CH_4 等也都是易燃易爆成分，因此，在干熄焦运行中，要控制循环气体中可燃成分浓度在爆炸极限以下。

22. 控制循环气体中 CO 和 H_2 的含量有什么重要性？

循环气体中 CO、H_2 含量在合理范围内是安全的。一旦超出控制标准则会给干熄焦造成一定的困难，甚至灾害。CO、H_2 是易燃易爆的气体，当系统在正压段发生泄漏时，含有大量 CO、H_2 的循环气体喷出，会使人中毒，同时会发生燃烧和爆炸。当泄漏发生在负压段时，吸入的空气与可燃气体相混合可能会发生爆炸，同时会烧损大量的焦炭，使成焦率下降，在实际生产中经常会碰到下列情况：

（1）CO、H_2 浓度上升而锅炉入口温度低于 980℃，采用导入空气来降低可燃成分。

（2）CO、H_2 浓度上升而锅炉入口温度高于 980℃，采用充氮暂停排焦、减少排焦量或增加循环风量的方法来控制 CO、H_2 的浓度。

（3）当循环气体中 H_2 含量持续上升时，则应停炉检查锅炉各受热面的炉管是否有泄漏。

23. 循环气体中可燃成分和氧气含量变化的原因有哪些？

循环气体中可燃成分变化的原因有：装入炉内焦炭所含挥发物质变化；导入空气量变化；循环系统严密性改变（改善或恶化）；循环风量变化；排焦量变化；焦炭在炉内与氧气反应的变化；锅炉渗漏造成氢气含量增加。

助燃气体氧气含量的浓度变化主要取决于以下几方面：导入空气量；循环风量的大小；循环系统严密程度；排焦时预存室压力波动的大小以及炉内焦炭氧化反应情况。

24. 可燃气体浓度超标的原因有哪些，如何处理？

可燃气体浓度超标的原因：

（1）生产能力的增加。

（2）循环系统泄漏。

（3）锅炉泄漏，H_2 含量增加。

（4）装入生焦，可燃气体急剧上升。

处理：通常采取增加空气导入量和循环系统充入氮气两种方法来控制可燃气体浓度。

25. 导入空气和循环系统漏入空气有何差别？

导入空气的目的是使可燃气体 H_2、CO 在高温区燃烧，以控制其在允许的范围内，其效果是提高锅炉入口温度，增加粉焦燃烧量，锅炉的蒸发量也随之增加。

由循环气体负压部位吸入空气,则空气首先进入干熄炉内,增加炉内红焦燃烧,增加焦炭烧损量,同时 CO 含量上升。虽然 CO 含量上升会提高锅炉入口温度和增加锅炉蒸发量,但炉内红焦的燃烧不仅影响焦炭质量,焦炭灰分增加,成焦率下降,还会使干熄炉内 T_3、T_4 温度上升,不利于生产操作。

26. 干熄焦工艺常见的正压系统和负压系统泄漏主要在哪些部位,有何区别?

干熄焦循环系统正压区是指风机出口至干熄炉冷却室,泄漏主要是在排焦处、风机出口挡板部位。正压区泄漏使得大量粉焦、循环气体喷出,污染环境,同时也减少了焦炭的实际冷却风量,造成 T_3、T_4 温度上升等。

负压区是指 1DC 入口至风机入口部位,泄漏点主要是 1DC、2DC、膨胀节等。负压区泄漏造成大量空气进入循环系统,发生燃烧后产生大量热量,使各点温度上升,同时烧损焦炭,使气化率过大,干熄炉处理焦炭能力下降,排焦温度升高。

27. 影响预存室压力的因素有哪些?

(1) 预存室压力调节阀动作不良。
(2) 循环风量的增减。
(3) 排焦闸门泄漏。
(4) 常用放散阀开度。
(5) 装入炉盖的严密程度。
(6) 排出装置与干熄炉接口及循环系统的严密程度。
(7) 环境除尘吸力。
(8) 导入空气量的增减。
(9) 气体旁通流量的增减。
(10) 装焦与排焦。

28. 1DC、2DC 除尘器形式及作用机理是什么?

1DC 为重力沉降槽式除尘器,主要是利用惯性的原理,使大颗粒焦粉撞击到挡墙后落到排灰槽中。一次除尘器通过高温膨胀节与干熄炉和锅炉相连接,外壳由钢板焊制,侧面设置 2～4 个人孔。内部砌筑高强度黏土砖与隔热砖,上部填充隔热碎砖,钢板与耐火砖之间铺有高温耐火纤维棉。干熄焦一次除尘器中部有的设置了除尘挡板。设置除尘挡板一方面是为了改变气流的运动方向,这是由于粉尘颗粒惯性较大,不能随气体一起改变方向,撞到挡板上,失去继续飞扬的动能,沉降到下面的集灰斗;另一方面是为了延长粉尘的通行路程,使它在重力作用下逐渐沉降下来。有些干熄焦一次除尘没有设置除尘挡墙,其进口含尘质量浓度为 $12g/m^3$,出口含尘质量浓度为 $6g/m^3$。

2DC 为旋风分离除尘器,当含尘气体由切向进气口进入旋风分离器时,气流将由直线运动变为圆周运动。旋转气流的绝大部分沿器壁自圆筒体呈螺旋形向下朝锥体流动,通常称此为外旋气流。含尘气体在旋转过程中产生离心力,将相对密度大于气体的尘粒甩向器壁。尘粒一旦与器壁接触,便失去径向惯性力而靠向下的动量和向下的重力沿壁面下落,进入排灰管。旋转下降的外旋气体到达锥体时,因圆锥形的收缩而向除尘器中心靠拢。根据"旋转矩"不变原理,其切向速度不断提高,尘粒所受离心力也不断加强。当气流到达锥体下端某一位置时,即以同样的旋转方向从旋风分离器中部由下反转向上,继续做螺旋性流动,即内旋气流。最后净化气体经排气管排出管外，一部分未被捕集的尘粒也由此排出。其进口含尘质量浓度为6g/m³，出口含尘质量浓度为1g/m³。

29. 设置一次除尘器的目的是什么？

循环气体中的粉尘是磨蚀性很强的物质，从干熄炉出来的循环气体含尘质量浓度约为10～13g/m³。为了延长锅炉的使用寿命，确保锅炉在正常生产时安全稳定运行，在干熄炉的出口与锅炉之间设置一次除尘器。一次除尘器是利用重力除尘原理将循环气体中的大颗粒焦粉进行分离，经过重力沉降室除尘后，循环气体含尘质量浓度降为7～10g/m³，进入锅炉，此时含尘气体对锅炉内部磨损不大。

30. 1DC、2DC 除尘效果不良对干熄焦有哪些危害？

1DC 除尘不良，大量的粗粒粉焦进入锅炉，磨损锅炉炉壁和炉管，影响锅炉的安全顺行并降低锅炉的使用寿命。

2DC 除尘不良，大量的细粒粉焦进入循环风机，磨损风机叶片和壳体，造成泄漏。大量气体的逸出，影响环境和现场人员的身体健康，还易造成风机振动，影响设备的安全运行。

31. 排焦过程中出现红焦是什么原因，应如何处理？

干熄焦出现排焦局部有红焦的现象是由于排焦温度不均匀。影响干熄炉圆周方向焦炭温度分布不均的因素主要有：

（1）干熄炉内焦炭颗粒大小的分布发生变化，产生变化的主要原因有两个：

1）料钟极端磨损，分散红焦的功能下降；

2）焦炉操作条件的改变会影响焦炭粒径的分布，如配煤比的改变、焦炉热工条件的改变及结焦时间的改变等。

（2）干熄炉内焦炭下降速度的分布发生变化，产生变化的主要原因是：

1）调节棒的调节不够或头部磨损；

2）中央风帽严重变形或磨损。

（3）干熄炉内冷却气体流速的分布发生变化，产生变化的主要原因是焦炭颗粒分布以及焦炭下降速度分布发生变化。

排焦温度的均匀性，主要根据干熄炉冷却室上部及下部圆周方向温度的分布情况进行判断，若圆周方向温度分布较为一致，则基本可以判断排焦温度较均匀。若温度分布相差较大，应查明原因进行处理。处理方法主要是在干熄炉下部温度高的方向及焦炭下降速度快的方向设置调节棒进行调节，以使干熄炉内焦炭按圆周方向下降的速度均匀。调节棒的安装点按圆周方向均匀分布，共16个。可根据需要选择调节棒的安装位置，安装时要确保密封。

32. 如何判断干熄炉料位已排至下料位？

（1）在未装焦时，排焦锅炉入口温度不升高。

（2）循环气体中氧气含量升高。

（3）在装焦且不排焦时，锅炉入口温度急剧上升。

（4）在排焦温度不高时连续出现排红焦现象。

（5）冷却段上部温度和冷却段下部温度在不装焦时下降，在装焦时上升。

（6）打开炉盖观察，料位在下料位处。

33. 红焦在干熄炉内不均匀下降，可造成什么后果，采取哪些措施进行处理？

红焦在干熄炉内不均匀下降造成的后果：造成焦炭偏析，使冷却室上部和下部温度 T_3、T_4 分布不均；有可能排出红焦，烧损鼓风装置、排焦装置或皮带等设备。

措施：使用旋转焦罐接红焦；装入装置部位设置料钟式布料器；干熄炉底部设置沿圆周方向均匀分布的调节棒；排焦装置部位设置振动给料器和旋转密封阀。为使冷却气体能够均匀冷却焦炭，在干熄炉底部的冷却气体分两路进入干熄炉，一路经十字风帽由中央风帽进入，一路经上、下锥斗的环缝由周边风道进入。另外，在斜道口设置金属调节砖，以使冷却气体均匀地排出干熄炉。

34. 预存室下料位发生故障如何判断，如何维持生产？

下料位出现故障时的现象如下：T_6 温度逐渐下降，T_3、T_4 温度有上升的现象；预存室压力调节翻板渐渐关小；预存室压力波动较大；循环风量及各风压也有一定的变化；如果此时装入红焦，T_6 温度会急剧上升。

一旦下料位计出现故障应首先停止排焦，然后往干熄炉内装入红焦到正常料位再进行排焦，如排出量的设定与实际相同，则加强观察保持正常料位运行。如排出量不准，则应尽量保持正常料位运行，及时校正排焦皮带秤，并经常到炉口观察料位。

35. 造成锅炉入口温度高的主要原因有哪些？

锅炉入口温度高形成的主要原因有以下几个方面：

（1）负压系统大量的泄漏。由于循环气体中夹带着大量的焦粉，虽然经一次除尘器和二次除尘器除尘，但不可避免地在循环气体中还带有一部分粉焦，这些粉焦与循环气体管道接触，造成循环气体管道外壁磨损泄漏，尤其表现在二次除尘器本体上。

（2）正压系统的泄漏。

（3）排出装置与干熄焦底部法兰接口处泄漏。

（4）排焦闸板处泄漏。

（5）循环风机出口与副省煤器连接处泄漏。

（6）干熄焦系统膨胀节的泄漏。为吸收干熄焦在热状态下的膨胀，在干熄焦装置上装有膨胀节，随着运行时间的增加，这些膨胀节产生不同程度的腐蚀和开裂，造成泄漏。

36. 干熄焦停炉时为什么要充氮？

干熄焦停炉时，循环风机停转，此时在密闭回路中，即干熄炉—锅炉—沉降槽—二次除尘器—风机及循环气体管路中残存有可燃性气体，循环回路中的气体温度是各不相同的。在锅炉和干熄炉上部是 600~960℃；在干熄炉下部是 150~180℃。由于循环风机停转，循环回路上部的压力不大，而下部被抽成负压，当循环系统不够严密而有空气吸入时，就会使循环回路下部达到气体的爆炸浓度，故必须充氮。

37. 干熄焦运行中通常在什么情况下充氮气，与年修降温时充氮气相比，其作用有何异同？

干熄焦运行中充氮气的目的和作用：

（1）在运行中当 H_2、CO 含量突然上升时充氮气；

（2）在大排焦量下，为防止锅炉入口温度超过规定，减少 CO、H_2 的燃烧量，也应充氮气；

（3）充氮气的目的和作用是稀释循环气体中 H_2 和 CO 含量，确保安全。

年修降温充氮气的目的和作用：温度从 800℃ 降到 450℃ 过程中一直充氮气，主要在于循环气体烟气温度在 620℃ 以下时，H_2、CO 就不易燃烧，但此时系统中的 H_2、CO 含量仍会上升，为防止爆炸，故充氮气，确保安全。

38. 干熄炉预存室和冷却室的作用是什么？

预存室的作用：（1）存储红焦，能够连续稳定地将红焦提供给冷却室，能保证连续均匀地往锅炉提供热源，稳定锅炉入口温度，从而保证锅炉稳定的蒸发量和蒸汽参数；（2）能保证焦炭温度均匀，使部分由于干馏不足的焦炭在预存室内进行再炼焦（即焖炉），可以消除炉头焦的不均匀性，以达到改善焦炭质量的作用；（3）可以吸收焦炉生产的波动；（4）在装焦间隔时间内可以减少循环气体温度的变化。

冷却室的作用：使红焦与循环气体进行热交换，实现冷却焦炭的目的。

39. 出现故障时，干熄焦循环风机停与不停的原则是什么？

循环风机停与不停的原则取决于下列因素：

（1）发生故障时：1）当排出系统的设备发生故障，需要检修时，循环风机要停止运转。因为排出属于正压区域，不停风机会使循环气体逸出，使人中毒及危害安全。2）装入系统设备发生故障，不能进行装焦作业，且干熄焦的料位已接近下料位时，循环风机应停止运转，因为不停风机，锅炉不能产生稳定合格的蒸汽。3）当锅炉系统设备发生故障，即锅炉两台循环泵均发生故障，炉管爆破或系统上一次阀门损坏或锅炉发生严重缺水、满水事故时，循环风机应立即停止运转。4）干熄焦装置的料位检测发生故障长时间不能修复时，应考虑停止风机运转。

（2）有计划的定修、年修或做继保绝保试验时，风机均应停止运转。干熄炉的料位基本正常，锅炉系统能正常的供给稳定合格的蒸汽时，可考虑不停风机，采用低负荷生产操作。

40. 干熄焦锅炉出口循环气体温度为什么要控制在 140～180℃ 之间？

干熄焦锅炉设计时，锅炉出口温度控制在 140～180℃ 之间，实际出口温度为 160℃ 左右，其主要原因是锅炉各受热面积有较大的富余，足以吸收循环气体中的热量，使锅炉的热效率进一步提高，可见适当增加受热面积是有好处的。若锅炉在长期运行中，由于水质不太好，引起炉管结垢或粉焦磨损使锅炉发生爆破或由于炉管材质问题发生爆管时，割去几根管子也可以继续维持生产，但不能超过总数的 20%，对循环气体出口温度无多大影响。

如果锅炉出口温度在 140℃ 以下，这对于进一步吸收焦炭的显热有很大的好处，但也带来一些不利因素：焦炭中含有硫分，一部分会随着循环气体进行循环，在锅炉受热面低温区域会产生结露现象，长期下去会腐蚀炉管引起炉管爆破事故；要使锅炉出口温度降到 140℃ 以下，势必要增加锅炉的受热面积，从经济上分析也是不合理的。

41. 在风机出口到干熄炉进口处安装给水预热器的目的是什么？

给水预热器能充分利用循环气体余热来提高给水温度，减少热量损失；降低进入干熄炉的循环气体温度，提高锅炉效率，从而提高熄焦能力。

42. 如何测定和计算排焦温度？

测定方法：（1）空的容器称出重量；（2）容器内加水后称出水的重量；（3）测出容器内的水温；（4）焦炭投入带水的容器内（投入时，边搅拌边测出水的最高温度）；（5）容器内加水加焦炭后称出焦炭的重量。

排焦温度的计算公式：

$$t = ((Q_2 - Q_1) \cdot W \cdot C_{PW})/C_{PC} \cdot G + Q_2$$

式中　t——焦炭温度；

Q_2——焦炭投入后的水温；

Q_1——焦炭投入前的水温；

W——水的重量；

C_{PW}——水的比热容；

G——焦炭重量；

C_{PC}——焦炭的比热容。

43. 保证水封槽正常工作需要注意哪些方面？

（1）保证水封槽正常给水，不断水；

（2）保证及时清理水封槽内的焦炭；

（3）保证排水管排水畅通；

（4）保证空气正常吹扫。

44. 造成水封槽溢水或烧裂的原因及处理方法是什么？

原因：（1）水封槽倾斜；（2）进水口堵塞；（3）进水量大；（4）空气量大；（5）腐蚀炸裂漏水。

方法：及时清理或修理调整。

45. 干熄焦装入装置有哪些防尘措施？

接焦漏斗对准时有联动的升降罩插入炉口环形水封槽，可防止落焦时粉尘外逸；在漏斗侧面及焦罐挡火盖上都连接有抽尘管，可将冒出的烟气抽吸到地面的袋式除尘装置。装入装置接抽尘管的动作是与对准漏斗同步完成的。

集尘点包括：装入漏斗集尘口；焦罐盖集尘管；焦罐底座及漏斗上部密封袋；滑动罩；炉口水封。

46. 干熄焦炭与湿熄焦炭相比，在高炉冶炼过程中起到的作用有何不同？

干熄焦炭比湿熄焦炭 M_{40} 提高 3% ~ 5%，M_{10} 降低 0.2% ~ 0.5%，在输送及上料过程中受到破损小，反应性有一定程度的降低，干熄焦炭与湿熄焦炭的全焦筛分区别不大。由于干熄焦炭质量提高，同时，可使高炉炼铁入炉焦比下降 2% ~ 5%，高炉生产能力提高约 1%。但在干熄焦过程中，由于在冷却室红焦和循环气体发生化学反应，并从气体循环系统中放散掉一部分循环气体，不可避免地会损失一部分焦炭，干熄焦的冶金焦率比湿熄焦降低 0.5% ~ 1.25%。但由于干熄焦炭表面不像湿熄焦炭那样黏附细焦粉，实际上干熄焦进入高炉的块焦率只比湿熄焦低 0.3% ~ 0.8%。

47. 定修降温降压有哪些作业程序？

（1）逐步减少排焦量和循环风量；

（2）在汽温汽压不能维持时，关闭蒸汽切断阀，降压开始，降压速度根据降压曲线；

（3）主蒸汽温度低于420℃后，切断减温水；锅炉入口温度低于620℃后，开始充氮气；

（4）当压力降至1MPa以下时，可停止排焦和循环风机运行；料位控制在约30t；

（5）风机停止后，中栓盖住；预存室压力调节阀关闭；开启常用放散阀或一次除尘上部紧急放散阀，直至压力降为零。

48. 定修保温保压有哪些措施？

保温保压作业用于正常的4h之内的定修，非计划的抢修根据当时的实际工况，另行安排。

（1）作业前的降温管理工作应提前1h左右进行。

（2）根据目标管理（T_6）及停炉时间、料位情况，确定运行工况的改变，使锅炉入口温度缓慢、均匀下降。

（3）锅炉入口温度T_6的下降通过调整风料比和氮气充入量进行控制。

风料比的调整作业：每次调整风量2000～5000m³/h；排焦的调整：每次调整10～20t/h。T_6接近目标600℃左右时，为防止假性降温，需要停止排焦10min，观察T_6温度变化。

（4）停止外送蒸汽作业。预先与干熄焦发电方联络记录好蒸汽累计量，注意汽包压力、温度、水位的变化（联锁解除）；缓慢关闭蒸汽切断阀，此时开主蒸汽放散阀。

（5）控制循环气体成分，$\varphi(H_2) < 3\%$，$\varphi(O_2) < 0.2\%$，$\varphi(CO) < 6\%$；调整空气导入量，预存室压力调节阀。

（6）控制汽包水位，改变设定值，使汽包给水量增加；锅炉入口温度达到600℃，料位在30～40t；锅炉汽压、汽温下降。降压速度：0.1MPa/3min；降温速度：30℃/h。

（7）根据计划，使T_6、汽压、汽温均缓慢下降；控制循环气体成分；调整空气导入量；调整预存室的压力；充入氮气。

（8）控制汽包水位，达到+50～70mm；T_6接近600℃，汽压0.5MPa，汽温降低，排焦按工况停止。

（9）降温、降压继续。

（10）各参数及料位达到目标。

停炉作业：

循环风机停止运转，风机入口挡板全闭，风机停止，系统内充入氮气；

预存室压力约为100～150Pa；

中央进行给水、减温水，过热器出口压力调节阀关闭；

定排、连排全闭；

1SH、2SH疏水阀微开，母管及调节阀前疏水阀微开；

空气导入阀全闭，现场的中栓、上盖关闭；

降温降压结束；

记录好停炉时间，定修内容，蒸汽累计数；

确认安全联络及三方挂牌。

49. 干熄焦年修降温降压作业程序有哪些？

（1）降温标准。温度控制以年修降温曲线为准进行，每1h记录T_1～T_6数据一次。降温以

T_5 为准，每 0.5h 在曲线的相应位置记录一次，当出现偏差时，要及时进行调整。

1）在排焦过程中，主操作手要严格监督温度，保证排焦温度在 230℃ 以下。

2）降温结束标准：T_5 及各部人孔附近温度达 50℃ 左右；在炉顶放散处对循环气体取样，进行检测，以达到如下数据为合格：$\varphi(CO) < 0.005\%$，$\varphi(H_2S) < 0.001\%$；$\varphi(O_2) > 18\%$。

（2）降温操作步骤：1）在降温操作的初期，应将干熄炉内的焦炭排到斜道口下沿以下 1m 左右，停止排焦后通知焦炉全部改用湿法熄焦。2）联系电气人员解除如下循环风机的联锁保护：锅炉汽包水位下下限及上上限；主蒸汽温度上上限；除氧器水位下下限及上上限；锅炉给水泵运转中。

（3）开始降温操作：

1）炉顶温度 T_5 由 1000℃ 降至 400℃ 期间，要向气体循环系统内导入大量的 N_2，这样既可以降低循环气体中 H_2、CO 等可燃成分的浓度，也可加速干熄炉内红焦窒息和冷却的速度。另外，干熄炉正常生产中，干熄炉入口中央风道及周边风道上挡板的开度各为 60%，在干熄炉降温操作期间中央风道挡板开度可设定为 90%，周边风道挡板开度可设定为 30%。

①将空气导入阀门全部关闭（但要根据循环系统内部气体成分及锅炉入口温度决定阀门的开启）。

②利用耐热蝶阀调整时，预存压力也将随之变化，此时应用阀进行调节。

③预存段压力调节阀及循环气体回流阀全部关闭（手动）。

④将循环风机出、入口、排出装置处充氮阀打开。

⑤当改变氮气充入量时，预存段压力也将随之变化，此时应用阀进行调节。

⑥当降温速度过快时，可采取如下方法进行调节：缓慢降低循环风量；减少氮气充入量；停止焦炭的排出。

⑦当降温速度过慢时可采取如下方法进行调节：缓慢提高循环风量；增加氮气充入量；进行间断排焦。

⑧随着蒸发量的减少，锅炉系统各运行设备、控制方式也要进行相应的调整。当排出装置停止运行后，即可根据水质化验结果间断向炉内加药；随着锅炉入口温度的降低，主蒸汽温度及压力也随之降低，此时可将主蒸汽压力调节阀全部打开，使用主蒸汽压力放散调节阀控制汽包压力；为避免温度降低过快，将减温水调节阀全部关闭（手动），若发现减温器前后蒸汽温度相差较大，则将其前手动阀全部关闭；降温、降压速度与升温、升压速度相同，即汽包温度下降速度不得超过 30℃/h。注意利用除氧器时以 10℃/h 为准，直至手动将除氧器压力调节阀全部关闭，之后关闭其前手动阀；将锅炉给水泵运行场所切换至现场，确认其最小流量阀打开。

⑨焦炭的排出方法及焦炭在库量的调整按照年修降温曲线进行。

⑩当 T_5 降至 450℃ 时，按照下面的操作顺序确认干熄炉内的焦炭是否全部熄灭。现场手动将炉盖打开；现场手动将提升机移动至干熄炉上方；从提升机上向干熄炉内目视焦炭是否全部熄灭，确认后移开提升机，关闭炉盖。为确保炉内焦炭全部熄灭，还应在运焦皮带处确认。

⑪确认焦炭完全熄灭后，将风机前后两个充氮阀关闭。

⑫干熄炉内的焦炭继续按计划排出。在确认全部排出后，关闭排出装置处的充氮阀，排出系统停止运转，但是吹扫风机继续运行。

2）T_5 由 450℃ 降至 250℃ 期间，通过向系统内导入空气的方法降温（在进行此步操作前必须确认系统内部焦炭完全熄灭）。

①将干熄炉顶部预存段炉顶放散阀（耐热蝶阀）全部打开。

②手动移动装入装置将炉盖打开。

③将锅炉入口处的非常用放散阀全部打开。

④打开 1DC 两侧及灰斗中部的 3 个人孔盖，并将内部砌体全部拆除（打开人孔盖时需进行气体成分的安全确认）。

⑤向系统内导入空气进行冷却。在导入空气进行冷却降温操作的 1h 之内，必须严密注意冷却段及预存段温度的变化，以防止干熄炉内的焦炭再次燃烧。一旦发生焦炭再次燃烧的现象，应立即停止导入空气，迅速打开各氮气充入阀往气体循环系统充入氮气，并保持循环风机的运行，直到将干熄炉内红焦完全熄灭后，再关闭各氮气充入阀，转为导入空气对干熄炉内的焦炭进行冷却。

⑥当降温速度过快时，可采取如下方法进行调节：缓慢降低循环风量；缓慢降低空气导入量。

⑦当降温速度过慢时，可采取如下方法进行调节：缓慢提高循环风量；缓慢增加空气导入量。

⑧锅炉系统继续降温、降压，并应进行如下操作。当上水量很小时，可间断向锅炉上水，并且给水加药泵，副省煤器、除氧器循环泵停止运行；当系统压力低于 0.2MPa 后，注意各点的疏水排放，以保持蒸汽的流动及避免系统内部积水腐蚀；根据用水量及纯水罐水位，及时通知除盐水站停止除盐水供应。

3）当 T_5 由 250℃降至 50℃时，大量导入空气进行系统冷却。

①装入炉盖全开；一次除尘器上部的紧急放散阀全开；锅炉系统的人孔门全开。

②二次除尘器人孔门、检查孔全开；中央风道、周边风道人孔门全开；炉顶放散阀全开。

③预存段压力调节阀全开；预存段压力设定为 10Pa 左右；继续采用大风量运转。

④将二次除尘器检查口及其上部防爆口全部打开。

⑤手动将二次除尘器内的粉尘放净。

⑥进行气体循环系统内死角的清扫：预存段压力调节阀全部打开；空气导入阀全部打开。

⑦当 T_5 达到目标温度（50℃）时，进行气体成分检测。检测合格后，降温结束。循环风机、排出装置吹扫风机停止运行。

⑧环境除尘风机停止运行；停止外供除盐水。

⑨全部设备停止运转后 2h，停止各机组冷却水供应。冷却水停用后，要密切监视机组轴温升高情况，每 0.5h 检查一次，并做好记录。当发现温度异常升高时，要及时开启冷却水，直至温度不再上升为止。

⑩通知循环水站停止供水，停止所有水泵的运行。

⑪降温操作结束。

50. 干熄焦年修降温有哪些注意事项？

（1）在降温全过程中，要力求做到全系统均衡降温，即：T_2、T_3、T_4、T_5、T_6 同步降温，以减少因温差过大而对耐火砌体造成损坏。

（2）随着循环气体温度的降低及风量的增加，要密切注意循环风机的电流值，避免发生电动机过电流事故的发生。

（3）现场排焦时，要在运转皮带处确认无红焦排出。

（4）间断排焦过程中要提前与储运焦工联系，得到其同意后方可开机，避免造成拥炭事故。

（5）锅炉汽包压力降至"0"前，要充分考虑蒸汽流动，避免蒸汽停滞，对系统降温造成影响。

（6）确认干熄炉内红焦熄灭后，方可进行导入空气操作。确认时，应注意安全，避免发生人身事故。

（7）进入循环系统内部前，必须关闭γ射线，并对某气体成分进行检测合格后，方可进入。

51. 干熄焦年修降温后检修前应做哪些工作？

（1）副省煤器的人孔全部打开。

（2）排出装置处的人孔全部打开。

（3）锅炉各部的人孔全部打开。

（4）干熄槽下部及上部烘炉用人孔全部打开。

（5）除尘管道各处人孔全部打开。

（6）氮气总阀处堵好盲板，以免氮气漏入系统中，造成人身伤害。

（7）联系射线班维护人员，关闭γ射线料位计，并确认干熄炉可以进入检修。

（8）关闭水封槽上水阀门，停止向水封供水。

（9）锅炉本体及管道、除氧器、副省煤器内水放净，交检修人员进行检修。

52. 年修后开工前需要进行哪些准备检查工作？

（1）升温所需的工具材料准备齐全，主要有：年修升温曲线、记录表；便携式气体检测仪、水银温度计（0～100℃ 10 支、0～300℃ 20 支、0～500℃ 10 支）；手锤、扳手、管钳、撬棍等工具及其他安全防护用品。

（2）开工前的检查工作。检查锅炉各处膨胀指示器完好无损、刻度清晰；将升温方案、操作要点及注意事项发放至班组，并组织认真学习；检修配合人员对升温期间的工作分工明确；除盐水具备正常供水条件；环境除尘系统检修完成，试车正常，并且正常开启；提升机、装入装置检修结束，单独、联动试车正常；排出装置、皮带运输系统检修结束，单独、联动试车正常；1DC、2DC 及输灰设备检修完毕，单独、联动试车正常；锅炉系统检修完毕并进行内部检查。

（3）检查锅炉内部，明确下列各项：炉墙完整，严密；各孔门、防爆门完整无缺，严密关严；水冷壁管、过热器管、省煤器管等外形无损坏现象，内部清洁；各测量仪表和控制装置的附件位置正确完整，严密畅通；无积灰及杂物，脚手架已拆除。

1）检查汽、气、水管道，应符合下列要求：支吊架完好，管道能自由膨胀。保温完整，表面光洁。

2）检查各阀门、风门、挡板，应符合下列要求：管道连接完好，法兰螺钉紧固；手轮完整，固定牢固，门杆洁净，无弯曲或锈蚀现象，开关灵活；阀门的填料应有适当的压紧间隙，丝堵已拧紧，需保温的阀门保温良好；各电动阀门、风门、挡板做电动开关试验指示行程一致，传动装置的连杆、接头完整，各部位销子固定牢固，电动控制良好；各阀门、风门、挡板标志、开关方向位置指示正确。

3）检查汽包上的水位计，应符合下列要求：汽水联通管保温良好，无泄漏现象；水位计严密，水位清晰，照明充足；来汽门、来水门、放水门严密不漏，开关灵活；水位计的安装位置及其标尺正确，在正常及高低极限水位处有明显标志。

4）检查压力表，应符合下列要求：表盘清晰，指示为零；汽包和集汽联箱上压力表在额定工作压力处画有红线；检查合格，加铅封；照明充足。

5）检查安全阀，应符合下列要求：排汽管和疏水管完整畅通，装设牢固；安全阀的附件完整，管道保温完整；防止误动作的措施完整，校验记录完整。

6）检查承压部件的膨胀指示器，应符合下列要求：指示板牢固焊在固定支架上，指针指示零位，刻度清楚；指针不得被外物卡住，指针与板面垂直，针尖与板面距离为 3～5mm。

53. 年修后开工前需要进行哪些现场清理工作？

（1）确认锅炉高低压系统水压试验合格。

（2）锅炉、副省煤器、1DC、2DC、干熄炉内部检查，确认无人、无杂物后，将人孔封闭，利用循环风机进行"气密性"试验。

（3）气体循环系统"气密性"试验合格后，等待通知装入开工前备好的冷焦直至将斜道口覆盖为止。

（4）将氮气总阀盲板拆除。

（5）干熄炉本体各水封通水。

（6）γ射线料位计投用。

（7）电气、仪表系统检修完毕，试验正常，指示准确。

（8）操作人员对系统进行全面检查并做好开工前各项准备工作，内容如下：

1）干熄炉系统：预存段压力调节阀及其旁通阀关闭；系统充氮阀全部关闭（除循环风机轴封用氮气）；36个空气导入口的中栓全部关闭；循环风机出口阀全开，入口阀关闭；预存段炉顶放散阀（耐热蝶阀）全开；炉顶集尘挡板关闭，以避免水汽进入环境除尘系统；非常放散阀风量调节装置安装完毕。

2）锅炉系统：检查所有阀门并置于下列状态：蒸汽系统：主蒸汽切断阀及旁路阀、主蒸汽放散压力调节阀关闭；给水系统：除氧器给水泵出口阀、除氧器水位调节阀关闭，锅炉给水泵出口电动阀及旁路阀关闭；减温水系统：减温器注水阀、调节阀、疏水阀关闭；放水系统：各联箱的放水阀、连续排污电动阀、定期排污电动阀、事故放水电动阀关闭；疏水系统：给水管道、省煤器、蒸发器疏水放空阀关闭，汽包放空阀、主汽管、过热器疏水阀开启；蒸汽及炉水取样阀、汽包加药阀开启，加药泵出口阀关闭；汽包水位计的来水阀、来汽阀开启，泄水阀关闭；所有压力表一、二次阀开启，压力显示正常；所有流量表一、二次阀开启。

以上准备工作完毕后，通知除盐水站送水。

待纯水罐水位达到4m后，开启除氧器给水泵，除氧器水位达零水位后，开启锅炉给水泵向锅炉上水；上水应缓慢进行，锅炉从无水至水位达到汽包水位计-100mm处所需的时间为：夏季不少于2h，冬季不少于4h，水温一般不超过40～50℃；上水过程中应检查汽包及各部位阀门、法兰等是否有漏水现象，当发现漏水时，应停止上水，并进行处理；当汽包水位升至-100mm处时，停止上水。此后，由于加热用低压蒸汽冷凝，汽包液位会有所上升，可通过水冷壁排污控制液位。

3）升温前各相关设备调试。各气动调节阀、电动切断阀试验正常，开关灵活；除氧器给水泵、除氧器循环泵、锅炉给水泵、锅炉循环泵试车正常，随时可以开启；低压蒸汽送至烘炉用手动阀及除氧器压力调节阀前，手动阀开关灵活。

54. 怎样进行年修后的升温作业？

（1）升温标准。温度控制以年修升温曲线为准进行，每1h记录各部位数据一次。升温过程中温风干燥阶段以T_2为准，红焦烘炉以T_6为准，每0.5h在曲线的相应位置记录一次，当出现偏差时，要及时调整。

（2）升温速度及控制要求。常温~160℃，以T_2温度为准，升温幅度10℃/h；160~980℃，以T_6温度为准，升温幅度15℃/h。

（3）温风干燥。温风干燥时系统的状态见表1-3。

表1-3　温风干燥时系统的状态

项　目	开启情况			备　注
	开	关	调整开	
耐热蝶阀	○			
非常用放散阀			○	
循环风机入口挡板			○	
干熄槽入口阀		○		
预存段压力调节阀		○		
空气导入阀		○		
风机前氮气吹扫阀		○		
风机后氮气吹扫阀		○		
炉顶集尘翻板		○		
干熄炉底部氮气吹扫阀		○		
空气导入氮气吹扫阀		○		
风机轴封用氮气			○	
炉顶放散氮气吹扫阀		○		
预存段压力调节阀、旁路阀		○		

通入低压蒸汽，利用水冷壁排污及汽包阀将锅炉汽包液位控制在 - 100 ~ 0mm。启动气体循环风机，控制在最小风量，在风机启动后，应将循环风机入口挡板逐步全开，利用循环风机的入口挡板开度来调节循环风量。干熄炉入口挡板的开度以保证干熄炉内通过焦炭层的气流均匀分布为目标，一般情况下可将中央风道入口挡板打开20%，周边风道入口挡板打开100%。打开干熄炉炉盖，利用耐热蝶阀调节预存段压力，使其保持正压。利用非常用放散阀调整吸入的气体量，以保持炉内气体压力的平衡，同时将系统内的水分排出。调整低压蒸汽手动阀的开度，根据升温曲线，开始温风干燥。随着低压蒸汽的吹入，锅炉的压力逐渐升高，应对锅炉进行如下调整。

1）当汽包压力升至0.2MPa时，将汽包放空阀关闭，以保持锅炉内部蒸汽的流动。同时冲洗汽包水位计，并校对水位计指示的正确性。

2）当压力升至0.2 ~ 0.3MPa时，通知热工人员冲洗仪表管道，并检查各处管垫、焊口等有无泄漏。

3）当汽包压力升至0.3 ~ 0.4MPa时，锅炉下部联箱依次进行疏水。

4）当汽包压力升至0.4MPa时，通知检修人员，对各处法兰、人孔、手孔的螺栓进行热紧固，此时应保持气压稳定。当汽包压力达到 0.5MPa 时，一、二次过热器放空阀关闭，疏水阀微开。此时，水冷壁联箱、省煤器、汽包要经常排污。

5）锅炉的升温、升压参照锅炉启动升温升压曲线进行，不可过快。

（4）红焦烘炉。红焦投入前系统的状态见表1-4。

表 1-4　红焦投入前系统的状态

项　目	开启情况			备　注
	开	关	调整开	
耐热蝶阀	○			
非常用放散阀		○		
循环风机入口挡板			○	
干熄槽入口阀	○			
预存段压力调节阀	○			
空气导入阀		○		
风机前氮气吹扫阀	○			
风机后氮气吹扫阀	○			
炉顶集尘翻板		○		
干熄炉底部氮气吹扫阀	○			
空气导入氮气吹扫阀	○			
风机轴封用氮气			○	
炉顶放散氮气吹扫阀	○			
预存段压力调节阀、旁路阀		○		

温风干燥结束后，进行循环气体系统内部的气体置换，充入氮气，使氧含量降低到 5% 以下。取下紧急放散阀处的临时调节板，并将其关闭。手动关闭干熄炉炉盖，关闭耐热蝶阀，投用预存段压力调节阀，将压力设定为正常运行压力。将气体循环风机入口挡板全开，根据升温情况调节风量。依次开启除氧器给水泵、锅炉给水泵，控制除氧及汽包水位。将给水热交换器、副省煤器内充满水。确认给水、炉内加药装置及各取样器处于随时投用状态。提前与焦炉方面联系，待系统内氧含量不小于 5% 时，手动投入第一炉红焦，开始按照升温曲线升温。关闭低压蒸汽手动阀，停止向锅炉内通入低压蒸汽。升温过程中，当温升出现偏差时，应及时采取调节循环风量及排焦量的方法进行校正。当 T_6 温度达到 600℃，开始导入空气时，打开空气导入阀处的 8 个中栓。随着 T_6 温度上升，锅炉系统也应进行相应的调整，逐步进入正常运行状态。

1）随着不断地装焦，T_6 温度不断上升，锅炉汽温、汽压、蒸发量不断上升，当蒸发量较小时，使用锅炉给水泵出口电动阀旁路阀上水，控制锅炉水位调节阀上水。

2）在锅炉开始上水的同时，开启给水加药装置；全开除氧器压力调节阀前手动阀，调节除氧器压力调节阀开度，除氧器开始升温。

3）除氧器升温速度严格控制在 10℃/h 以内。

4）锅炉汽压调节采用主蒸汽调节阀全开，而主蒸汽放散压力调节阀进行自动调节。

5）随锅炉蒸发量的增大，给水量随之增大，当锅炉给水泵出口电动阀旁路阀不能满足上水要求时（汽包压力达到 2.5MPa 时），改用锅炉给水泵出口电动阀上水，即锅炉给水泵出口电动阀全开，之后关闭锅炉给水泵出口电动阀旁路阀。

6）当各参数达到额定值后，各自动调节装置依次投入运行。

7）各汽水取样装置投入运行。

8）开启各加药泵，并根据水质化验结果，调节好加药量。

9）若副省煤器入口温度低于60℃，则开启除氧器循环泵，调节除氧器循环泵出口电动阀，控制好相关温度。

10）待系统全部正常后，联系点检人员恢复各联锁保护装置。

11）得到通知后开始对主蒸汽管道进行暖管（时间不少于1.5h），准备送汽。

12）暖管结束，接通知后，开主蒸汽切断阀向外供汽。

55. 年修后升温有何注意事项？

（1）温风干燥初期，不要过快增加低压蒸汽的量，以免造成升温速度过快。

（2）温风干燥结束后，氮气置换要彻底，使氮气浓度确实降到5%以下，并且置换时间不少于2h。

（3）红焦工作要提前做好准备，操作人员提前同焦炉工确认出焦时间，及时通知干、湿熄焦人员，避免影响焦炉生产。

（4）系统内部气体成分的控制：1）T_6在600℃以下时，应采用向系统内充入氮气的方法调整系统内气体成分。2）T_6在600℃以上时，方可进行导入空气的操作。

56. 干熄焦开工前为什么要做气密性试验，有何方法及要求？

气体循环系统气密性实验主要是检查干熄炉、锅炉、一次除尘器、二次除尘器、给水预热器及循环气体管路的气密性。并采取措施使整个气体循环系统的泄漏率降至最低，既可节约循环气体的消耗，又可控制空气的漏入。干熄焦气体循环系统泄漏的危险体现在两个方面：一是气体循环系统正压段气体泄漏带来的危险；二是循环气体可燃成分浓度超标在负压段泄漏造成的危险。

干熄焦气体循环系统正压段和负压段泄漏所带来的危害是不一样的，当系统发生泄漏在正压段时，大量含有CO、H_2的循环气体和焦粉喷出，不仅对人体有害并污染环境，而且减少了焦炭的实际冷却风量，造成排焦温度上升，严重时可能造成人员伤害。当泄漏发生在负压段时，吸入的空气与可燃气体相混合可能发生爆炸，对干熄焦设备及操作、检修人员造成伤害。同时会烧损大量的焦炭，使成焦率下降。泄漏还会造成系统压力波动较大。

气密性试验方法及要求为：

（1）检漏法。给气体循环系统鼓入空气，在气体循环系统各设备表面焊缝、法兰处喷涂肥皂水（发泡水）查漏，检查是否合格。

（2）保压法。给气体循环系统鼓入空气，以系统在一定时间内压降的控制范围来判断系统气密性是否合格。

保压法采用系统鼓入压缩空气。当系统达到一定压力后，喷涂肥皂水（发泡水）检漏，并做好标记，漏点达一定程度后停风处理漏点。漏点处理完后，继续鼓风检漏，直至漏点基本处理完。然后再给系统鼓风，当压力达到一定值后关闭送风阀门，检查系统的压降控制范围是否合乎要求。若试验结果不合格，则需继续试验检漏，对漏点进行处理后再试，直至合格为止。气密性试验压力如图1-4所示。

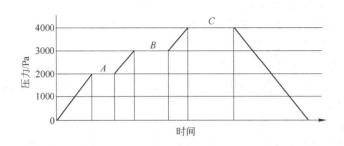

图 1-4　气密性试验压力图

A—2000Pa；B—3000Pa；C—4000Pa

57. 干熄焦开工前需要具备哪些条件？

干熄焦开工前，干熄焦系统各运转设备及干熄焦控制系统必须安装完毕并调试合格，能源介质需要准备到位，以保证干熄焦开工后的正常生产。具体事项见表1-5。

表 1-5　开工前需要具备的条件

序　号	条　件
1	保证连续供应合格的除盐水
2	各系统上的设备（锅炉及辅机、提升机、装入装置、排出装置、气体循环系统、除尘系统等）单体、联动试车完成，具备投产条件
3	干熄炉系统内部检查完，36 个斜道上的调节砖布置正确
4	烘炉所需要的管道、设备安装调试完毕
5	干熄焦系统上的所有温度、压力、流量、料位计、气体分析仪、记录仪等仪表安装完毕，具备投产条件
6	锅炉酸洗作业和水压试验完毕，各安全附件齐全、可靠
7	烘炉开工及正常生产所需要的各种记录、报表、升温曲线工器具、材料准备齐全
8	开工组织体系建立，人员安排到位；生产操作、检修人员到位
9	PLC、EI 系统调试结束
10	运焦皮带系统达到运行条件，能源动力介质（水、电、氮气、蒸汽、焦炉煤气、空气）合格，工程收尾，现场清理工作结束

58. 干熄焦为什么要进行烘炉？

干熄焦系统在筑炉工程结束，主体设备调试完毕后，其干熄炉及一次除尘器的耐火材料砌体内含有大量的水分。这些水分如果不能很好地除去，当干熄炉内装入红焦后，砌体内的水分在高温作用下会变成高温水蒸气。这些水蒸气从耐火砖砌体内逸出的过程中，会冲刷砌体的灰缝，造成灰缝泥的脱落。同时含有水分的低温耐火砖在高温作用下，还会产生大量的裂纹甚至剥蚀，这都会影响耐火材料的使用寿命。更为严重的是，水蒸气在穿过红焦层时，与红焦反应生成大量的 CO 和 H_2，会造成循环气体内可燃成分浓度急剧上升，严重危及干熄焦的安全生产。另外，干熄焦系统的烘炉作业也是干熄焦锅炉从冷态逐步转变为热态的必要过程。

59. 为什么要制定干熄炉烘炉升温曲线？

由于筑炉所用黏土砖主要成分为 SiO_2，共有八种形态，在一定温度下发生晶形转化，从而发生体积变化不均匀。所以，应根据这一特性编制升温曲线，并严格按照曲线升温，否则会发生砌体被拉裂现象，影响炉体寿命。另外，筑炉时炉墙内含有大量的水分，需排出。烘炉升温曲线如图1-5所示。

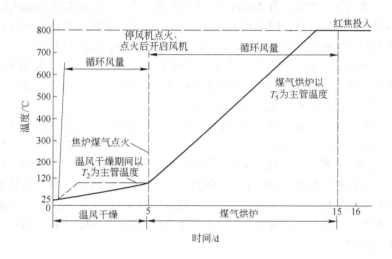

图1-5 干熄炉烘炉升温曲线

60. 干熄焦烘炉分为哪几个阶段，每个阶段有什么升温要求及时间要求？

干熄焦烘炉作业是通过温风干燥及煤气加热的方法，使干熄炉的温度保持均匀平稳地上升，最后将干熄炉内耐火材料的温度逐步上升到与红焦温度相接近，直到转入正常作业。

烘炉升温作业分为三个阶段：

（1）烘炉前准备工作阶段。

（2）温风干燥作业阶段。

（3）煤气烘炉作业阶段。

整个烘炉作业所需要的时间大约为16天，具体情况见表1-6。

表1-6 烘炉作业时间表

温度范围/℃	所要天数/d	总天数/d	升温速度/℃·h⁻¹
常温~120	7	7	10
120~800	8	15	4
800	1	16	0

温风干燥阶段以 T_2 为主要管理温度、煤气烘炉升温作业以 T_5 为主要控制温度。

61. 干熄焦烘炉期间有哪些主要能源的消耗？

（1）烘炉期间蒸汽的消耗。由于干熄焦耐火材料砌体所含水分较多，温风干燥所需时间较长，一般需7天左右，所需蒸汽消耗量也较大。温风干燥阶段最好采用中压蒸汽，但对于不具备中压蒸汽条件的厂矿，也可采用压力为 0.8～1.0MPa 的饱和低压蒸汽。但对低压蒸汽的饱和温度有一个要求，一般应高于 220℃。温风干燥阶段所需的蒸汽用量根据所加热的干熄炉的大小不同会有较大的差别。另外，各干熄炉所处的地理位置及温风干燥所在的季节不同，对温风干燥期间蒸汽的消耗也会有影响。

（2）烘炉期间 N_2 的消耗。烘炉期间 N_2 的消耗除与正常生产时用于吹扫和仪表所用相同之外，还用于煤气烘炉期间焦炉煤气管道气体置换和气体循环系统扫线。如果煤气燃烧器点火失败，应立即关闭燃烧器一次阀，重新进行 N_2 置换作业。当煤气燃烧器突然熄火时，严禁立即点火，循环风机要大风量运行，同时往系统内充 N_2，对气体循环系统进行扫线合格后，方可再点火。这期间的供应必须保证，但与正常生产相比，此时 N_2 的消耗量不大。

（3）烘炉期间水的消耗。烘炉期间工业用水消耗包括两大类。一类是可循环利用的水；另一类是不可循环利用的水。可循环利用的水包括各类水封用水，以及各类设备冷却用水。不可循环利用的水包括消防用水以及除盐水站用水。

（4）烘炉期间压缩空气的消耗。干熄焦烘炉期间压缩空气的消耗量比正常生产时要少，但压缩空气的种类及用途完全一样。

（5）烘炉期间焦炉煤气的消耗。干熄焦烘炉后期，约 8 天是煤气烘炉阶段。在干熄炉冷却段采用焦炉煤气燃烧提供热源，加热干熄炉使其升温，同时利用循环风机将热量带入干熄焦锅炉系统进行锅炉升温升压操作。要将干熄炉预存段温度升至 800℃ 左右，然后才能往干熄炉内装入红焦，逐步转入干熄焦的正常生产。因干熄焦设计能力的不同，在烘炉期间，焦炉煤气的消耗量有较大的差别。

62. 温风干燥干熄炉、气体循环系统必须具备哪些条件？

温风干燥干熄炉、气体循环系统必须具备的条件见表 1-7。

表 1-7　温风干燥干熄炉、气体循环系统需具备的条件

序　号	条　　　件
1	干熄炉内装入部分焦炭，将中央风帽盖住
2	对冷焦进行造型，原则是靠炉墙高，炉墙与中央风帽之间稍低一点
3	在冷焦上部铺设选矿，铺设要均匀、全面
4	从冷焦表面开始向干熄炉炉墙上刷耐火泥，高度约 3m，厚度约 15mm
5	安装煤气烘炉用燃烧器和观察火焰燃烧用监视器。准备点火棒，做点火试验，测定煤气最小流量
6	采用红外线测温枪在冷焦表面测温
7	在下列部位安装温度计（玻璃温度计，长 600mm，用橡皮泥固定）： （1）干熄炉顶部（3 点）； （2）干熄炉冷却室上部（4 点）； （3）干熄炉冷却室下部（4 点）； （4）一次除尘器（2 点）
8	安装温风干燥用空气导入用调节板
9	拆除一次、二次除尘器格式旋转阀上部法兰并安装防水板
10	在温风干燥时应拆除下列电容式料位计并装上盲板： （1）干熄炉上限料位（1 个，红焦投入后安装）； （2）1DC 灰斗料位计（2 个，煤气烘炉时安装）； （3）2DC 灰斗料位计（2 个，煤气烘炉时安装）。 注：（2）、（3）拆除盲板恢复安装时分次推进，以防止损坏

序　号	条　　件
11	各阀门调整到温风干燥开始状态： （1）紧急放散阀（开，设置导入空气调节板）； （2）干熄炉入口挡板（开）； （3）炉顶放散阀（开）； （4）空气导入阀（关）； （5）炉顶压力调节阀（关）； （6）气体放散旁通阀（关）； （7）集尘挡板（关）； （8）一次除尘器排灰阀（停止）； （9）二次除尘器排灰阀（停止）； （10）冷却室排水孔（开，4个）； （11）排出底部放水阀（关，每班开一次，2个）； （12）锅炉底部放水阀（关，每班开一次）； （13）燃烧器一、二次进风挡板（关）； （14）排出检修用闸门（关，每班开一次，1个）； （15）仪表导压管（关，每班开一次）； （16）气体分析仪一次阀（关）； （17）排出旋转密封阀下疏水阀（关，每班开一次）； （18）循环气体均压管疏水阀（关）； （19）旋转密封阀（停止）； （20）锅炉出口风量调整板（关）； （21）其他仪表阀（关）
12	下列各人孔应处于关闭状态： （1）锅炉上各人孔门； （2）循环气体系统上各人孔门； （3）一次、二次除尘器各人孔门； （4）干熄炉上各人孔门； （5）排出装置各人孔门
13	装入炉盖垂直高度最大；装入水封槽内充满水
14	36个斜道上的中栓全部关闭
15	将紧急放散阀上的调节板开度设在1/2左右（紧急放散阀上的水封槽满水）

63. 温风干燥锅炉系统必须具备哪些条件？

温风干燥锅炉系统必须具备条件见表1-8。

表1-8　温风干燥锅炉系统必须具备条件

序　号	条　　件
1	锅炉汽包水位约在 -100mm
2	锅炉各附属设备处于随时可投用状态。主要有：锅炉给水泵；除氧器给水泵；除氧器循环泵；加药泵（药品应配置好）；取样装置；各检测仪表；汽包紧急放水阀；主蒸汽切断阀；连排、定排电动阀；各气动调节阀、各类阀门
3	锅炉系统各压力表、水位计投用
4	循环风机要解除下列联锁：汽包液位（LL及HH）；主蒸汽温度（HH）；除氧器液位（HH及LL）；给水压力（LL）

64. 温风干燥加热工艺流程是什么?

温风干燥加热工艺流程如图 1-6 所示。

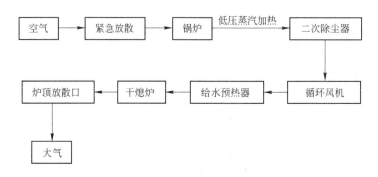

图 1-6　温风干燥加热工艺流程图

65. 温风干燥时，如何进行干熄炉温度及压力的管理?

温风干燥期间以干熄炉入口温度 T_2 为主要管理温度，以预存段温度 T_5 为辅助管理温度。T_2 按 10℃/h 升温，最大不超过 20℃/h，升温至 160~170℃ 保持；T_5 按 20℃/d 升温。温风干燥期间主要调节手段包括：低压蒸汽的流量、紧急放散口导入空气量、循环气体量、装入炉盖的开度和系统压力的调整等。各调节手段的调节幅度都不能猛增猛减，应适度，而且每次的调节间隙应控制在 30min 以上。

当 T_5 温度上升过快时，可降低低压蒸汽的流量，增加循环风量，增加导入空气量和增加炉盖开度。当 T_5 温度上升缓慢时，可增加低压蒸汽的流量，减少导入空气量。当锅炉炉水温度上升，而循环气体温度不上升时，可减小导入空气量。当温度上升过快时，可增加放散量，增加导入空气量。当 T_2 温度与 T_5 温度温差变大时，则增加循环风量。

当预存段压力低于基准值时，可增加循环风量。若作用不大时，可关小炉顶放散阀或减小炉盖开度。

66. 温风干燥锅炉的升温、升压如何控制?

温风干燥锅炉的升温，升压见表 1-9。

表 1-9　温风干燥锅炉的升温、升压

序　号	内　容
1	低压蒸汽暖管的蒸汽压力控制在 0.6~0.8MPa
2	汽包液位控制在 0~ -100mm
3	副省煤器具备投运条件
4	锅炉加药用药品准备齐全（氨、联氨或丙酮肟、Na_3PO_4）
5	确认锅炉系统各阀门处于正常的开闭状态
6	启动循环风机，风量在 35000m³/h 左右
7	打开低压蒸汽阀门，开始吹入低压蒸汽进行升温作业，根据升温要求阀门应逐步开大

序 号	内 容
8	温风干燥的主要调整项目及基准有： （1）锅炉升温不大于30℃/h； （2）汽包水位0～-100mm； （3）炉水水质pH值：8.5～9.8，电导率60μS/cm，$w(SiO_2) < 0.03ppm(1ppm = 10^{-6})$
9	在升温作业中主要的调节手段有：低压蒸汽的吹入量；导入空气量；循环气体量；装入炉盖的开度；系统压力的调整
10	锅炉的升温、升压： （1）锅炉水位的控制可用连排或紧急放水阀来控制； （2）随锅炉入口温度的上升，要随时调整放空阀的开度； （3）各放空阀、疏水阀调整结束后，锅炉开始升压。 当锅筒压力达到0.2MPa时，锅筒放空阀关闭；当锅筒压力达到0.5MPa时，将一次、二次过热器放空阀关闭，疏水阀微开 膜式水冷壁集箱、省煤器和锅筒要经常排污 当锅筒温度与低压蒸汽温度一致时，可关闭低压蒸汽

67. 温风干燥时的管理项目及管理方法有哪些？

温风干燥时的管理项目及管理方法见表1-10。

表1-10 温风干燥时的管理项目及管理方法

管 理 项 目		管 理 方 法		
设 备	测定点	测定温度间隔时间	测定者	管理资料
干熄炉	T_5	1次/60min	操作工	升温曲线
	T_4	1次/60min	操作工	岗位记录
	T_3	1次/60min	操作工	岗位记录
	T_2	1次/60min	操作工	升温曲线
干熄炉	P_1	1次/60min	操作工	岗位记录
锅 炉	汽包压力	1次/60min	操作工	岗位记录
	吹入蒸汽压力	1次/60min	操作工	岗位记录
循环气体量	F_1	1次/60min	操作工	岗位记录
炉水水质	pH值	1次/d	化验室	
	导电率	1次/d		
	SiO_2含量	1次/d		
	PO_4^{3-}含量	1次/d		

68. 温风干燥期间如果突然停蒸汽或突然停风机，如何进行操作？

温风干燥期间如果突然停蒸汽或突然停风机，应遵循以下指导原则：

原则一：如遇以上两种情况首先要进行系统的保温保压。

原则二：在降温最低点开始升温，升温速度可适当加快（原速度的1.2～1.5倍）。注意晶体转化点时，温度放慢，严格遵循升温曲线。

具体操作见表 1-11。

表 1-11　温风干燥期间，突然停蒸汽或突然停风机应采取的措施

项　目	系　统	采　取　措　施
突然停风机	锅　炉	（1）时间短，锅炉无须做调整； （2）时间长，可减少锅炉蒸汽通入量，维持锅炉水温度即可
	循环系统	（1）关闭炉盖； （2）关闭常用放散阀； （3）关闭空气导入处闸板
停蒸汽或压力波动	锅　炉	（1）减少锅炉输水； （2）保持锅炉压力
	循环系统	（1）关闭炉盖； （2）关闭常用放散阀； （3）关闭空气导入处闸板； （4）适当降低循环风量（标态）（最低降至40000m³/h）

69. 煤气烘炉时为什么要在炉内预先铺设冷焦？

铺设冷焦是为了保护干熄炉底部的风帽及周边进风装置、玄武岩衬板等免受热辐射作用。在红焦烘炉时，起到红焦和干熄炉底部及排出装置的隔离，防止设备烧坏。另外，在投入红焦前如果不铺设冷焦，红焦将直接进入排焦处，循环风机无法冷却，将烧坏排出装置和风帽等设备。

70. 煤气烘炉时，为什么要在铺设的焦炭上面再覆盖一层碎砖或铁矿石？

在煤气烘炉时，煤气燃烧器与焦炭接触较近，燃烧器的高温很容易使焦炭达到燃点，产生燃烧。碎砖和铁矿石燃点比焦炭要高，不易发生燃烧，可以起阻燃作用。

71. 煤气烘炉的工艺流程是怎样的？

煤气烘炉的工艺流程如图 1-7 所示。

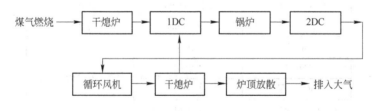

图 1-7　煤气烘炉工艺流程

72. 煤气烘炉的升温标准有哪些？

煤气烘炉期间以干熄炉预存段温度 T_5 为主管理温度，按 96℃/d 进行升温。T_5 温度从 120℃升高到 800℃左右，约需 8 天。锅炉方面，当锅筒压力与低压蒸汽压力相同时，可关闭低压蒸汽；当锅炉入口温度达到 500℃时，锅炉给水、主蒸汽放散电动阀可投入自动控制；当一

次过热器出口蒸汽温度达到350℃，或主蒸汽温度达到420℃时，减温器投入使用。当达到800℃时，锅炉锅筒压力维持在3.5MPa。

73. 煤气烘炉升温作业中主要的调节手段有哪些？

煤气烘炉期间的主要调节手段包括：焦炉煤气流量、一次风门及二次风门的空气导入量、循环气体量和系统压力的调整等。各调节手段每次调整时不能猛增猛减。干熄炉升温及锅炉锅筒升温、升压应严格按相应的升温、升压曲线进行。

（1）煤气燃烧器的调整。根据火焰的颜色调整空气导入量、煤气量和循环风量。

（2）燃烧器灭火后的处理。引起燃烧器灭火的主要原因有以下几点：1）循环风量过大；2）焦炉煤气压力突然下降；3）供给空气量不足；4）预存室压力波动大；5）煤气管理不到位导致含水量高。

当发现燃烧器灭火时，应立即将煤气管道阀门及燃烧器一次阀门关闭，严禁立即点火，并严禁火种接近；循环风机要大风量运行，同时往系统内充入氮气进行扫线作业，将干熄炉内气体由炉口或炉顶放散阀放散，使干熄炉内气体中CO含量在$50 \times 10^{-4}\%$以下，氧气含量高于18%；确认并消除灭火原因后，重新进行点火。

（3）锅炉的调整。随着煤气烘炉的进行，锅炉方面的调节越来越复杂，锅炉锅筒的压力逐渐升高至接近干熄焦正常生产时的水平。

74. 煤气烘炉时，如何根据火焰颜色变化进行调整？

当煤气燃烧火焰偏红时，可增加空气导入量，火焰偏长时以增加一次风门开度为主；当火焰偏亮时，可减少空气导入量并适当增加煤气量；当火焰脉动时，可适当增加循环风量并严密监视燃烧器的燃烧情况，以防熄火；当干熄炉冷却段温度上升过快时，可适当增加循环风量。

75. 煤气烘炉过程中，突然停风机、停煤气或熄火如何操作？

如遇以上两种情况首先要进行系统的保温保压。在降温最低点开始升温，升温速度可适当加快（原速度的1.2~1.5倍）。注意晶体转化点时（117℃、163℃、180~270℃、573℃），升温速度放慢，严格遵循升温曲线。具体操作见表1-12。

表1-12 突然停风机、停煤气或熄火操作方案

项 目	系 统	采 取 措 施
停风机	锅 炉	（1）为保持锅炉压力，减少锅炉蒸汽放散量； （2）水位控制在-50mm左右； （3）锅炉喷水减温阀关闭
	循环系统	（1）火苗熄灭应立即关闭煤气，系统置换合格后，再进行点火； （2）立即减少烧嘴煤气量，使火焰高度维持尽量低，风机运转后缓慢增加煤气量与风量； （3）风机入口调节门关闭； （4）常用放散阀微开
停煤气或熄火	锅 炉	（1）为保持锅炉压力，减少锅炉蒸汽放散量； （2）水位控制在-50mm左右； （3）锅炉喷水减温阀关闭
	循环系统	（1）火苗熄灭应立即关闭煤气，系统置换合格后，再进行点火； （2）循环风量降低，减小降温幅度

76. 什么是晶型转化点，烘炉过程中在晶型转化点时有哪些注意事项?

硅砖中 SiO_2 含量93%以上。SiO_2 能以三种类型结晶形态（石英、鳞石英、方石英）和一种非结晶形态（石英）存在，而同一类的结晶形态，又有几种同素异形体。石英有 α-石英和 β-石英；方石英有 α-方石英和 β-方石英；鳞石英有 α-鳞石英、β-鳞石英和 γ-鳞石英；三种形态及其同素异形体，是以晶格及密度不同来彼此区分的。它们在一定温度范围内是稳定的，超过此温度范围，即发生晶型转变。转变分为两大类：一类是各类晶型间的转变，它们的结构极不相同，彼此间转化很慢，称迟钝型转变；一类是各类晶型内高温型（α）和低温型（β）间的转变，它们的结构相似，相互间转化较快而且可逆。

硅砖在600℃之前晶型转化点较多，故体积变化较大，特别在117℃、163℃、180～270℃和573℃等几个转化点，体积变化尤为显著，这最容易引起砌体变形和硅砖裂纹。因此，烘炉过程中需要放慢速度。但在600℃以上硅砖的体积变化较平稳，它的抗热震性反优于黏土砖。

77. 煤气烘炉拆除燃烧器时，如何控制干熄焦系统温度及压力?

干燥人孔负压 -20～-50Pa；常用放散阀微开，周边全开，中央开10°，风机入口挡板全闭；预存室 T_5 温度下降最大幅度200℃；如果 T_5 温度下降速度快，减小炉膛负压，关小常用放散阀。但要保证炉内热气体不从干燥人孔冒出，以免烫伤人。

78. 煤气烘炉结束时，循环系统主要阀门状态是怎样的?

煤气烘炉结束时，设备状态如图1-8所示，据此给定循环系统主要阀门状态。

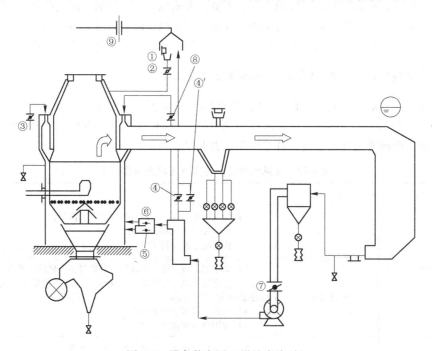

图 1-8　设备状态图（烘炉完毕时）

①—炉顶放散管：全开；②—手动挡板：调整开；（使烘炉用人孔部位的压力调整到所定的压力）；
③—S/F空气导入调整阀：全闭；④、④'—炉顶压力控制阀、旁通阀：全闭；⑤—百叶窗挡板
（中心流侧）：全闭；⑥—百叶窗挡板（周边流侧）：全闭；⑦—循环风机入口挡板：全闭；
⑧—旁通流量调节阀：全闭；⑨—集尘罩后的插板阀：微开

79. 干熄焦开工投入红焦前有哪几项作业？

干熄焦开工投入红焦前的作业有：煤气燃烧器熄火作业、燃烧器取出作业、烘炉用人孔门砌砖作业和系统清扫作业（N_2 置换）。

80. 装红焦前干熄炉、循环系统及锅炉需要进行哪些调整？

装红焦前干熄炉循环系统及锅炉需要进行的调整见表1-13。

表 1-13　装红焦前各系统需要进行的调整

系统名称	调　整	
干熄炉	常用放散阀	全　开
	空气导入孔	全　关
	氮　气	吹入中
循环气体系统	风机出口挡板	中央开10°，周边全开
	风机入口挡板	开风机前关闭
	水封槽	炉顶水封槽连续进水
		紧急气体放散阀进水
		炉顶气体放散阀进水
锅炉系统	SH 疏水阀	微　开
	除氧器给水泵	连续运转
	锅炉给水泵	连续运转
	除氧器循环泵	连续运转
	除氧器液位	正　常
	汽泡液位	-100~0mm
	定期排污阀	全　关
	连续排污阀	微　开
	加药泵	连续运转
	给水调节阀	手　动
	2SH 压力调节阀	手　动
	减温器调节阀	手　动
	蒸汽切断阀	全　关

81. 如何进行煤气烧嘴熄火作业？

煤气烧嘴熄火作业见图1-9。

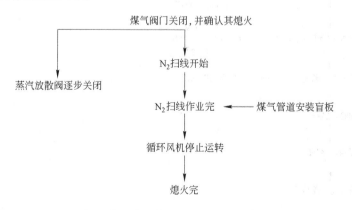

图 1-9　煤气烧嘴熄火作业

82. 装红焦前，拆除煤气烧嘴有哪些注意事项？

图 1-10 为煤气烧嘴拆除流程图。

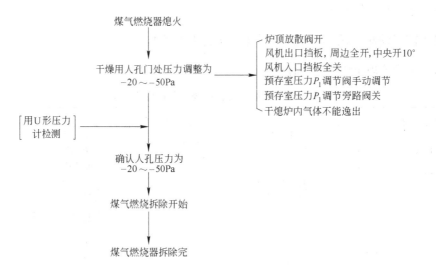

图 1-10　煤气烧嘴拆除流程图

拆除煤气燃烧器作业要求在 30min 内完成，以防止大量气体进入干熄炉内，使 T_5 温度下降过快。

83. 烘炉用人孔门砌砖作业时，需要进行哪些工艺调整？

图 1-11 为烘炉用人孔门砌砖作业流程图，由图可看出所需调整的工艺。

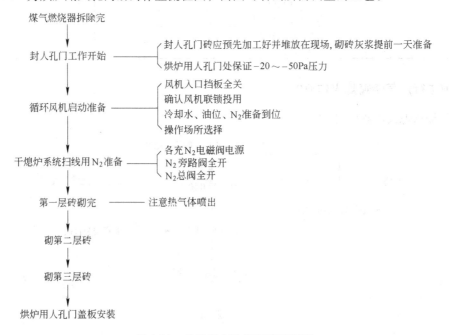

图 1-11　烘炉用人孔门砌砖流程图

84. 装红焦前，氮气清扫作业怎样控制？

图 1-12 为系统内氮气置换作业状态图，由图可得氮气清扫作业情况，如图 1-13 所示。

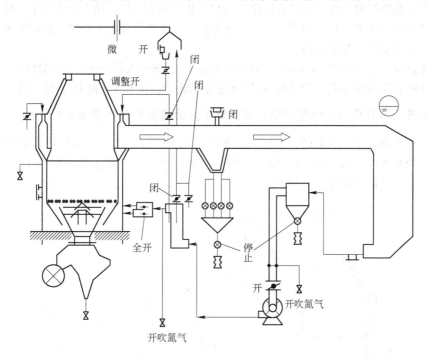

图 1-12 系统内氮气置换作业状态

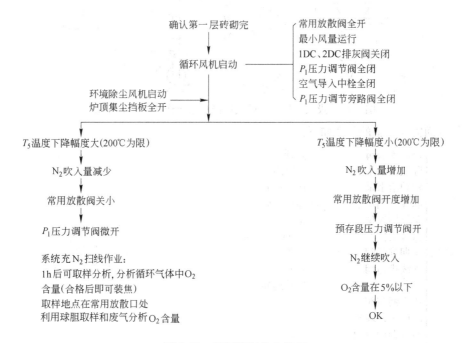

图 1-13 氮气清扫作业状态

85. 烘炉后的投红焦方法及温度控制方法有哪些?

根据锅炉入口温度及预存室温度来决定投入红焦时间。通常采用分批投焦方法,由提升机上手动操作使焦罐缓慢下降,听到有红焦落入装入装置的声音后,吊车停止卷下。焦炭停止下落后,再按手动操作方式放下焦罐,经多次下降后,将红焦全部投入炉内。此时干熄炉及锅炉的温度通过调整循环风量来控制。

风量控制应遵从下述方式:风量最初由最小风量开始,随装入量逐渐增加;当红焦装入后,锅炉入口温度急剧上升,锅炉负荷急剧变动,风量应逐渐增加;当温度开始下降时,再缓慢减少。

86. 干熄焦开工装红焦前,气体循环系统及锅炉方面需要具备哪些条件?

气体循环系统:常用放散阀全开;空气导入孔全关,N_2 吹入;风机出口挡板中央开 10°,周边全开;风机入口挡板全关。水封槽:炉顶水封槽连续进水;紧急气体放散阀进水;炉顶气体放散阀进水。具体情况如图 1-14 所示。

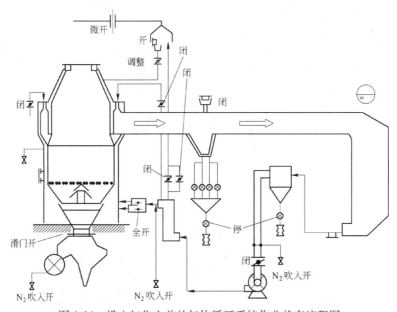

图 1-14　投入红焦之前的气体循环系统作业状态流程图

锅炉方面需要具备的条件如下:

	2SH 疏水阀	微开
	除氧器给水泵	连续运转
	锅炉给水泵	连续运转
	除氧器循环泵	连续运转
	除氧器液位	正常
	汽包液位	$-100 \sim 0$mm
锅炉系统	定期排污阀	全关
	连续排污阀	微开
	加药泵	连续运转
	给水调节阀	手动
	2SH 压力调节阀	手动
	减温器调节阀	手动
	蒸汽切断阀	全关

87. 装红焦后，排焦时间及排焦量怎样控制？

装红焦后，排焦时间及排焦量的控制参见图1-15。

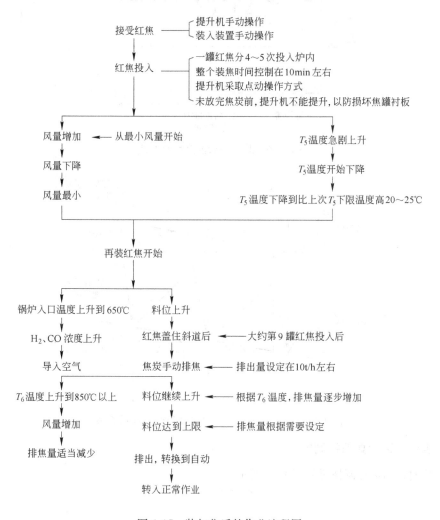

图1-15 装红焦后的作业流程图

88. 装红焦升温控制要点有哪些？

（1）允许 T_5 再升温的平均温度为 $50℃/h$。

（2）斜道盖住后，开始手动排焦，主管理温度由 T_5 改为 T_6，T_6 升温的平均温度为 $30℃/h$，因此要充分把握好红焦装入的时机和合适的循环风量。

启动循环风机的最小风量（标态）为 $35000m^3/h$，随着红焦的装入，风量精确调整，调整风量单元量（标态）为 $5000m^3$。

（3）随着红焦装入量的增多，T_6 温度升高，依次增加风量，增加的风量单元量（标态）为 $5000m^3/h$。

（4）调整 T_5、T_6 升温曲线，保持曲线趋势一致，如图1-16、图1-17所示。

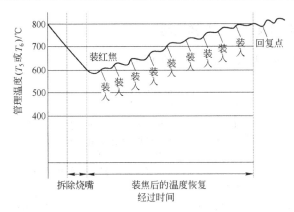

图 1-16　装红焦后温度恢复曲线

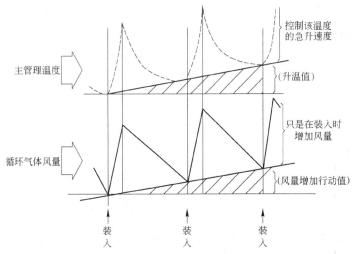

图 1-17　装红焦时锅炉入口温度与循环风量关系

89. 装红焦时，锅炉如何控制？

装红焦时，锅炉控制情况如图 1-18 所示。

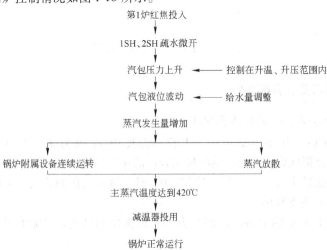

图 1-18　锅炉控制流程图

90. 蒸汽吹扫作业有何要求？

随着红焦投入量的增加，干熄焦逐步转入正常生产。在向汽轮机供蒸汽之前，要将蒸汽管道内的杂质除去，采用蒸汽吹扫的方法。

（1）蒸汽吹扫分两个系统进行。1）系统蒸汽从锅炉顶部放散；2）系统蒸汽从汽轮机主蒸汽管疏水放散。

（2）吹扫标准：以装在蒸汽管道内靶片上的干净度为准。

（3）吹扫作业条件：汽包压力3.0MPa；汽包液位-50mm；蒸汽温度450~540℃；锅炉入口温度800~850℃。

在吹扫作业实施时，汽包与循环风机的联锁解除。

（4）蒸汽管道吹扫时间：5次/d；15~20min/次。

91. 如何判断开工过程干熄炉挂料（悬料）工艺事故？干熄炉挂料（悬料）一般是由哪些原因造成的，如何预防和处理？

干熄炉悬料后，锅炉入口负压明显偏大，干熄炉预存室焦炭料位偏析，周边焦炭不下落，仍然为红焦。中间焦炭悬崖式下落，基本被熄灭。从空气导入平台处提起空气导入中栓进行观察会发现：环道底部与斜道连接处焦炭基本为平面，不同于正常的周边低中央高的布料形状。熄焦效果差，达不到设计干熄能力，并能排出红焦。干熄炉炉体圆周方向 T_3、T_4 温度相差较大。干熄炉系统压力剧烈波动，停止排焦时，预存室压力波动超过设计量程，预存室压力调节阀失去控制，炉口出现喷水现象，甚至将装焦液压推杆损坏。循环系统内可燃气体成分严重超标，难于控制。

一般情况下，造成干熄炉周边悬料问题的因素主要有：干熄炉砌筑、装入焦炭质量、烘炉、系统工艺控制等。具体分析原因有：

（1）筑炉过程中没有严格按照筑炉要求进行施工。干熄炉内部，砖体上下层砌体接触面存在错台，焦炭下落时，有较大的阻力，不能顺利下落而堆积；干熄炉底锥段玄武岩不光滑，打磨不彻底，摩擦较大，造成焦炭流通不畅，会有少量焦炭残留，随着时间的推移，积聚的焦炭会越来越多。

（2）装冷焦过程中，冷焦中含有大量的水分，并且焦炭粒度不均，粉焦量较多，温度较低时会板结，造成气流通道不畅。随着时间的推移，大量的粉焦堆积，形成一道严密的幕墙，直至完全悬料。

（3）烘炉使用的焦炉煤气因冬季含水量高，放水点较少或没有按规定放水，造成系统内有大量的水分残留，尤其是底锥段水分含量偏高。

（4）煤气内部氢元素含量特别高，在燃烧过程中，会生成大量的水。

（5）循环系统中央、周边配风调整不合理，造成中央焦炭受力后挤压周边焦炭，周边焦炭与炉墙之间摩擦力增大，气流量减小。当气流量减小时，就会引起气流通道不畅，大量的粉焦堆积。

（6）排焦时机选择不恰当，造成干熄炉斜道处水分不能及时蒸出，在排焦时，会黏附焦粉形成较大阻力。

（7）斜道口焦炭浮起，导致冷却室悬料。当风量增加过快，循环气体流经干熄炉冷却段，从斜道口进入环形烟道时，会吹起斜道口一部分焦炭。吹起焦炭后形成的空间由旁边的焦炭填充，这样就会造成斜道口焦炭堆积过高，焦炭表面升高。

（8）配煤比严重不合理或焦炉加热条件异常而生成次焦。装入炭化室的煤中混入大量煤矸石等杂质，装入装置料钟严重损坏等原因，会造成干熄炉内的焦炭下降及颗粒分布发生较大变化，干熄炉圆周方向的循环气体风量严重偏移。在冷却段阻力小的部位，循环气体量会急剧增加，将焦炭吹起，靠近该部位的斜道，造成斜道口焦炭堆积过高。焦炭表面升高，发生干熄炉悬料。

（9）干熄炉料位控制过低，维持在斜道附近，如果循环风量过大，很有可能将小块焦炭吹进干熄炉斜道口，随着红焦的继续装入，发生焦炭悬料。

周边悬料的预防：

（1）严格按照筑炉要求进行施工。消除砌体之间错台，尤其是干熄炉底锥段玄武岩，需要打磨光滑。

（2）装冷焦过程中，冷焦需块度均匀且粉焦量少。

（3）加强烘炉用煤气的管理，及时疏水。

（4）合理调整循环系统中央、周边配风，选择恰当的排焦时机。

（5）加强工艺管理控制。增加风量（标态）时，要缓慢增加，控制在 $2000 \sim 3000 \mathrm{m}^3/$次；料位维持在正常料位附近，不能控制太低。

（6）保证科学配煤。

92. 干熄炉砌筑施工的常用术语及要求有哪些？

（1）砖缝：两砖之间的缝隙。

砖缝要求：耐火砖砌体应错缝砌筑，上下层不得有垂直通缝，多层砖不得有里外通缝，砖缝内的泥浆应饱满、均匀；为了达到砌体砖缝的要求，当砖的质量满足不了砖缝的要求时，应进行选砖或砖的加工，防止不合格砖砌入砌体之中，影响砌体质量；砖缝是砌体最薄弱的部位，应尽可能砌的细薄，一般为 $2 \sim 3 \mathrm{mm}$。

（2）错缝砌筑：错缝砌筑是对砌体的基本要求。各种砌体在砌筑时均应错缝砌筑，以保证砌体的整体性和结构强度。

（3）勾缝：砌砖后，对砖面砌缝的处理工作称为勾缝。

勾缝要求：

1）红砖砌体勾缝。红砖砌筑后，在砂浆未硬化前，应先进行勾缝。红砖勾缝分为原浆勾缝和加浆勾缝两种。原浆勾缝是利用砌筑用灰浆直接勾缝。加浆勾缝是用细砂与水泥按比例用水搅拌而成。

2）耐火砌体勾缝。耐火砖砌完后，应用耐火泥浆勾缝，目的是为了提高接触火焰面的砖缝表面的密实度。同时，可将砌砖中泥浆不饱满部分充分填满，防止炉内升温后砌缝收缩和漏气。勾缝应在砖缝内泥浆还没有完全干燥的半干期内进行。勾缝所用泥浆的稠度以能握成团为宜。勾缝操作用勾缝条进行，顺砖缝拉平压光。勾缝的同时，应将砖面附着的泥浆清除掉，并用刷子将砖面清扫干净，做到外观整洁。

93. 干熄炉砌筑质检标准一般有哪些？

干熄炉砌筑质检标准主要包括：砖体平整度、水平缝、水平度、放射缝、半径、环形风道宽度、环缝、标高以及砖型等。具体质检表格见表 1-14。

表 1-14　干熄炉砌筑质检表

第　　层	耐　火　层			环　　缝
分　　层	环形风道内层		环　缝	
砖　　型				
平整度/mm			月　日计划:	
水平度/mm			层	
水平缝/mm			实际完成情况:	
放射缝/mm			层	
半径/mm			月　日计划:	
环形风道/mm			层	
问题:（两砖之间）			质检人:	
			整改方案:	

94. 什么是隔热材料？

隔热材料是指体积密度小，热导率低，对热量起屏蔽作用的材料，也称保温材料或绝热材料。隔热材料品种繁多，主要用于工业炉的隔热层。

对隔热材料有如下要求：

（1）密度小于 1000kg/m³；

（2）热导率不超过 0.29W/（m·K）；

（3）成型制品的耐压强度不小于 0.3MPa，且收缩量小；

（4）不燃烧、不腐蚀，且吸湿性小；

（5）一般最高使用温度应在 400℃ 以上，使隔热表面温度在允许范围内。

常用的隔热材料中，耐热温度较高的还可以作为耐火材料；耐热温度较低、密度小的材料可以作为保温材料。

95. 干熄炉耐火砖损坏的原因有哪些？

干熄炉耐火砖的损坏主要发生在斜道和冷却室部位，主要原因有：焦炭温度高且连续波动；焦炭下降过程中对耐火砖的机械作用；循环气体夹杂焦粉对砌体的磨损；循环气体中 CO 对耐火砖的侵蚀破坏；干熄炉升温、降温过程中，对膨胀缝的影响以及由此产生的裂缝和剥落；装入水封槽和紧急放散阀中的水封水、导入空气口的雨水漏入炉体所造成的破坏。

96. 干熄炉斜道部位为何易受损，如何防止受损？

斜道区和冷却室耐火砖砌体损坏的较快，造成这些部位耐火砖严重磨损的客观原因主要有：焦炭、循环气体以及耐火材料砌体的温度沿斜道高向连续波动，特别是在斜道下部耐火砖砌体温度梯度大，会造成耐火砖砌体拉裂、剥落；焦炭向下流动时，对耐火砖产生的机械力，会导致斜道的突出部位，即第一块砖至第三块砖边部被磨损、打碎，还会造成冷却室的墙上出现不同深度的孔洞和磨损；循环气体中的焦粉对冷却室和斜道下部耐火砖砌体造成的磨损不大，因为该处的气流速度小。最大的磨损发生在上部环形烟道，尤其发生在环形烟道隔墙以及环形烟道出口处，该处的耐火砖砌体因受循环气体焦粉磨损，造成的孔洞较深；由于循环气体中存在 CO，在 $300 \sim 600$ ℃范围内会发生化学反应 $2CO = CO_2 + C$，分离出的游离碳对耐火材料有侵蚀作用，会造成耐火砖砌体破裂或完全损坏。这种损坏主要发生在冷却室的耐火砖砌体上面。耐火砖中所含的铁杂质，会使这一化学反应加强。为了减少这种化学侵蚀，干熄炉耐火砖中的 Fe_2O_3 应严格控制，这是对耐火材料本身提出的要求。

在干熄焦生产过程中，会出现耐火砖砌体不完全冷却的短期停工现象，即干熄焦定修时冷却室的焦炭并不排出，预存室还有红焦，循环风机也不停止或者短时间停止运转，干熄炉温度逐渐下降但不完全冷却，因此对耐火砖砌体损坏的程度不大。但当需要在锅炉和干熄炉内部进行检修时，必须将干熄炉内部红焦完全降温冷却后进行，待检修完成后，再重新对干熄炉进行升温操作，即干熄焦的二次开工。干熄焦的这种完全降温检修和二次开工会导致干熄炉耐火砖砌体膨胀加大，砌体个别部位形成裂缝或剥落，对耐火砖砌体造成较大的损坏。这是干熄炉耐火材料损坏的主要原因，因此应严格控制干熄炉内红焦完全冷却的次数。

干熄焦正常的生产操作，对干熄炉耐火砖砌体的损坏不大，当然一些正常的磨损在所难免。造成干熄炉耐火砖砌体损坏的主要原因还在于耐火砖本身的材质是否能满足干熄焦工艺的要求，以及干熄炉耐火砖的砌筑质量的好坏。但可通过更科学合理的操作来减缓干熄炉耐火砖砌体的损坏速度。控制相对稳定的排焦量，保证焦炭在干熄炉内以相对稳定的速度向下流动，可以减缓焦炭对干熄炉耐火砖砌体的磨损；相对稳定的排焦量还有利于干熄炉内各部位温度分布的相对稳定，这也会减缓耐火砖砌体因温度波动产生裂缝或出现剥落；最重要的是，加强干熄焦设备的精心维护与谨慎操作，特别是锅炉方面的合理操作。保证干熄焦系统的正常运行，尽量减少干熄炉内红焦完全冷却的次数，对减缓干熄炉耐火砖砌体的损坏速度，延长其使用寿命具有非常大的意义。

97. 如何判断干熄炉斜道口焦炭浮起，焦炭浮起如何处理？

在干熄焦正常操作中，循环风量应与排焦量相匹配。当排焦量增大时，循环风量也应相应增大，但每次增加循环风量的幅度不能太大。如果一次增加的循环风量过大，当循环气体流经干熄炉冷却段，从斜道口进入环形烟道时，会吹起斜道口中的一部分焦炭。吹起焦炭后形成的空间由旁边的焦炭填充，就会造成斜道口焦炭堆积过高，焦炭表面升高，即出现所谓干熄炉斜道口焦炭浮起现象。

还有一些情况会造成干熄炉局部斜道口焦炭浮起现象的发生。如配煤比严重不合理或焦炉加热条件异常而生成次焦，装入炭化室的煤中混入大量煤矸石等杂质，装入装置料钟严重损坏等，会造成干熄炉内的焦炭下降及颗粒分布发生较大变化，干熄炉圆周方向的循环气体风量严重偏移。这样，在冷却段阻力小的部位，循环气体量会急剧增加，将焦炭吹进靠近该部位的斜道，造成该斜道口焦炭堆积过高，焦炭表面升高，即发生干熄炉斜道口焦炭浮起现象。

此外，在干熄焦正常生产操作中，当干熄炉内的焦炭高度降到斜道口上沿以上时，应停止排焦，此位置基本属于干熄炉预存段焦炭下限料位的位置。正常操作中，当下限料位信号出现时，排焦系统会自动停止排焦。有的干熄炉预存段焦炭下限料位不是采用射线料位强制显示，而是采用演算的料位，但在干熄炉预存段中部设有射线强制校正料位。如果干熄炉预存段焦炭长时间在射线料位以下生产，干熄炉内焦炭料位可能出现较大的累计误差，焦炭的实际料位可能低于计算机显示料位。这样，当干熄炉冷却段焦炭下限料位信号出现之前，焦炭实际高度就可能已经下降到低于斜道口上沿位置。如果此时循环风量较大，小块焦炭就有可能被吹进干熄炉斜道口，随着红焦的继续装入，在斜道口就会发生焦炭浮起现象。干熄炉斜道口发生焦炭浮起现象如图1-19所示。

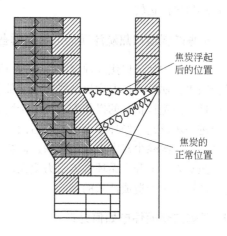

焦炭浮起后的位置

焦炭的正常位置

图 1-19 干熄炉斜道口焦炭浮起示意图

　　干熄炉斜道口焦炭浮起现象发生后，气体循环系统阻力会增加，干熄焦正常的生产秩序被打乱，干熄焦工艺参数会发生较大变化。当出现下列情况时，可初步判断发生了干熄炉斜道口焦炭浮起的现象：

　　（1）锅炉入口循环气体压力比正常生产时的压力低，约低 500～1000Pa。

　　（2）循环风机转速不变的情况下，循环风量下降幅度较大。

　　（3）排焦温度、锅炉入口温度上升幅度较大。

　　（4）一次除尘器下部的水冷套管格式排灰阀被焦块堵塞，不能正常排灰。

　　（5）干熄炉预存段压力上升，预存段压力调节阀不能有效调节。

　　出现上述情况时，操作人员应取下斜道口上部观察孔的点检盖，进行检查，确认斜道口焦炭是否浮起以及发生焦炭浮起现象的斜道口。需要注意的是，当取下斜道口上部观察孔的点检盖时，由于环形烟道内处于负压，大量的空气会从观察孔进入环形烟道，并在该处发生异常燃烧，造成锅炉入口温度大幅度上升。因此，打开斜道口上部观察孔的点检盖时，每次只能打开一个，逐个检查。如果循环气体中可燃成分的浓度不高，可将空气导入阀关闭。当锅炉入口温度上升较快时，可打开旁通流量管 N_2 吹入阀以降低锅炉入口温度。此时，由于预存段压力大幅上升，预存段压力调节阀无法有效调节，可关闭预存段压调阀，打开炉顶放散阀控制预存段压力。

　　一旦确认发生了斜道口焦炭浮起现象，应迅速采取措施进行处理，以防事态扩大。如果斜道口部位的焦炭浮起或飞溅量较少，则应减少循环风量以及排焦量，等待斜道部位的焦炭堆起现象还原。确认焦炭堆起现象还原后，再逐步增加排焦量以及循环风量，将干熄炉操作状态还原。

　　如果干熄炉斜道口发生了严重的焦炭浮起现象，应停止向干熄炉装入红焦，减少循环风量，并连续排焦以降低干熄炉焦炭的料位，但要注意控制好排焦温度。如果干熄炉预存段焦炭下降到下料位时，斜道口焦炭浮起现象还不能消除，应进一步降低循环风量，并在控制好气体循环系统各部位温度的前提下，继续排出一部分焦炭，以减小对斜道口浮起焦炭的支撑，使之下降。必要时可从斜道口上部观察孔用铁杆往下捅，使斜道口浮起的焦炭下降，但要绝对保证铁杆不能掉入斜道。直到检查确认各斜道口浮起的焦炭还原，一次除尘器下部的水冷套管格式排灰阀处堵塞的焦块清出，并将一次除尘器内焦粉排出后，再逐步增加排焦量和循环风量，慢慢将干熄焦操作状态恢复到正常水平。

　　在处理干熄炉斜道口焦炭浮起时，气体循环系统各点压力处于异常状态。正压区压力变高，负压区压力变低，不能用正常的调节手段对各参数进行控制。控制干熄炉预存段压力，以调整炉顶放散阀的开度为主；控制循环气体中 H_2、CO 等可燃成分的浓度，以往气体循环系统内充入 N_2 为主；控制锅炉入口温度，以从旁通流量管 N_2 吹入阀吹入 N_2 为主等。必要时可停止循环风机的运转。

98. 干熄炉斜道口焦炭浮起的危害有哪些？

当干熄炉斜道口焦炭浮起时，斜道口阻力会变大。在循环风机转速不变的情况下，循环风量会减少，锅炉入口温度以及排焦温度都会升高。如果未能及时发现斜道口焦炭浮起现象并进行处理，而是按正常的操作方法进一步增加循环风量，则干熄炉斜道口表面升高的中小块焦炭就会进一步浮起，经环形烟道流向后面的一次除尘器，造成一次除尘器排灰格式阀堵塞不能正常排灰。一次除尘器中大量的焦粉进而会被循环气体带入锅炉，冲刷炉管造成危害。而且因斜道口焦炭表面上升，循环气体阻力变大，会影响整个气体循环系统的压力和温度的平衡，对干熄焦的正常生产造成严重的影响。

99. 干熄焦全面停电如何处理？

停电后操作：

（1）立即向厂调度室汇报，同时与发电部门联系，停止外供蒸汽。停止干熄作业，通知炼焦改为湿熄操作。

（2）现场手动关闭主蒸汽切断阀及旁通阀，关闭锅筒平台紧急放水阀。主控室手动打开（调节）主蒸汽放散电动阀和气动放散阀，调整主蒸汽放散。保持锅筒压力不超压的情况下，尽可能减少放散。

（3）关闭锅炉所有排污阀和取样阀（尽量降低蒸发量，保持锅筒液位），关闭除氧器压力调节阀。

（4）关闭空气导入调节阀。

（5）打开排焦、风机前、后空气导入四点的充氮阀，观察氮气压力是否正常（不低于0.3MPa）。调整炉顶压力为正压。

（6）打开炉顶放散阀，观察炉顶水封槽水位，若水位不能封住炉盖，采用人工送水。

（7）联系电工到干熄焦现场，查明原因，尽快送电。

（8）关小除盐水箱入口阀，手动关上循环风机及除尘风机入口挡板。

（9）若不能及时恢复，打开一次除尘器紧急放散阀和锅炉出口防爆阀，使锅炉快速降温。

（10）若不能及时恢复，且提升机提升红焦或焦罐车上有红焦，请示领导找消防车熄焦后再做处理。

（11）必要时接临时电缆，进行锅炉套水作业。

送电后的操作：

（1）班长及巡检工立即赶赴现场检查停电设备，并做好随时送电恢复的准备。

（2）主控室操作人员停电后，检查各调节阀的开关状态，确认各运转设备冷却水运行情况，随时同现场人员保持联系，以确认现场各设备的运行情况，及各电动阀的开关状态，做好送电后恢复的准备。

（3）通知厂调度室给干熄焦正常供水，启动除氧给水泵，调整除氧器压力调节阀，待除氧器水位正常后，启动加药泵，启动锅炉给水泵，向锅炉供水。

（4）启动加压泵，向水封槽正常供水（如水封槽缺水，则缓慢打开供水阀门）。

（5）待锅炉系统压力及液位保持稳定后，最小转速启动循环风机。如果锅筒压力升高，立即打开主蒸汽放散电动阀和气动阀，维持压力正常。

（6）启动除尘风机，待除尘系统运行正常后，根据干熄炉料位及焦炉的出炉计划与炼焦电机车司机联系，通知进行干熄操作。

（7）确定旋转密封阀及循环风机氮封是否正常。同时启动自动给脂泵，自动启动排焦系统。

（8）现场操作人员首先将红焦手动装入干熄炉，之后检查焦罐变形情况，确认无问题后，投入自动运行状态。

（9）缓慢增加循环风量，并使排焦量随循环风量的增加而缓慢增加。

（10）增加负荷过程中，随时注意系统参数变化及各设备的运转状况，如发现任何问题，严禁增加风量及排焦量，待问题解决确认后，方可升负荷。

（11）根据炉水水质投入连续排污。

（12）依据实际压力、水位、温度，将除氧器水位、压力、锅筒水位投入自动运行。

（13）系统稳定后，联系调度，暖管后缓慢开启主蒸汽切断阀，恢复外供蒸汽。

注意事项：

（1）恢复过程中，密切注意各点压力、温度变化，以及系统内气体组成的变化。如有异常，应及时消除，在消除之前，严禁增加风量及排焦量。

（2）系统恢复前要进行全面检查，做到分工明确，恢复后要进行确认。

（3）由于干熄焦现场设备复杂，现场同主控室要保持密切联系，经双方确认后，方可对设备进行操作。

（4）如果压缩空气压力大于 0.4MPa，主控室可以对现场气动阀进行调节；低于 0.4MPa 时，需到现场检查气动阀是否在正常状态，如果自动失灵可改为现场手动。

（5）防止过热器过热的处置，在现场保持一、二次过热器后疏水阀约 5% ~ 10% 的开度。

100. 排出装置故障如何处理？

（1）旋转密封阀堵塞，即现场旋转密封阀无焦炭排出。

处理方法（到排出装置现场需携带 CO 报警仪）：

1）通知主控室人员停止振动给料器，进行保温保压。

2）排出装置旋转密封阀选择"现场手动"。

3）换向阀切换至压缩空气，打开振动给料器防护罩上方设置的人孔门，进行通风冷却，气体检测合格后，将焦炭从人孔口扒出。

4）取出堵在旋转阀口的异物。异物取出后，将旋转密封阀、振动给料器内余焦排出。

5）人孔口封闭，换向阀切换至氮气，充氮气恢复后，通知主控室升温升压。

注意事项：

1）充分考虑锅炉的运行工况。

2）操作人员进入排焦装置前，要进行含氧量的测定以及温度的冷却。

（2）旋转密封阀被异物卡住，停止运转。排焦异常停止，确认溜槽下后续皮带运行正常，现场正反转点动旋转密封阀无法实现转动，明显听到有异物卡住的声音。

处理方法：

1）旋转密封阀选择"现场手动"。

2）反转点动、正转点动数次，使异物松动。

3）确认正转、反转是否正常，如果正常，继续投入生产；如果不能正常运转，则通知中央控制室人员，进行保温保压作业。

4）三通换向阀切换至压缩空气，旋转密封阀人孔门打开。

5）振动给料器、旋转密封阀进行通风冷却，气体检测合格后，方可进入取出异物。

6）异物取出，将旋转密封阀、振动给料器内余焦排空。

7）人孔口封闭，换向阀切换至氮气，充氮气恢复后，通知主控室升温升压。

注意事项：

1）充分考虑锅炉的运行工况。

2）事故未处理结束，不得将操作场所选择开关选到"中央自动"。

3）操作人员进入排焦装置前，要进行含氧量的测定，以及温度的冷却。

101. 安全阀动作时，怎样控制干熄焦的运行？

安全阀动作时，首先应尽快使安全阀回座，可采用打开蒸汽放散阀，降低蒸汽压力或减少风量的方法；再查清安全阀起跳的原因，若是干熄焦发电的原因，则等待干熄焦发电处理结束后，重新恢复生产，若是干熄焦本身的原因（安全阀失灵，仪表空压机故障，2SH 调节阀失灵等）引起安全阀起跳，则应分别处理。总之，安全阀动作时的基本操作如下：（1）停止排焦；（2）打开蒸汽放散阀使安全阀回座；（3）手动控制汽包液位调节阀，防止虚假液位；（4）控制 2SH 出口温度；（5）适当减少负荷（循环风量）；（6）保持工况稳定。

102. 预存室下料位出现故障时的现象是什么，如何维持生产？

下料位出现故障时的现象如下：

（1）T_6 温度逐渐下降，T_3、T_4 温度有上升的现象；

（2）预存段压力调节翻板渐渐关小；

（3）预存段压力波动较大；

（4）循环风量及各压力也有一定的变化；

（5）如果此时装入红焦，T_6 温度会急剧上升。

一旦下料位出现故障，应首先停止排焦，然后往干熄炉内装入红焦到上料位再进行排焦。若排出量的设定与实际相同，则加强料位观察，保持高料位运行；若排出量不准，应尽量保持上料位运行。

103. 红焦溢出的原因有哪些？

提升机、装入装置向干熄炉装入红焦时，由于干熄炉预存段料位计的故障，提升机以及装入装置极限的故障或者操作失误等原因，红焦会从干熄炉口或者装焦漏斗中溢出，造成装入装置不能正常运行。此时应立即停止干熄焦的装焦操作，迅速组织人员进行处理。红焦溢出的原因有以下几种：

（1）干熄炉预存段上上限料位故障。在干熄焦正常生产情况下，干熄炉预存段焦炭料位与提升机存在联锁关系。即当预存段焦炭料位达到上限时，主控室的计算机画面会闪烁，提醒操作人员；当焦炭料位达到上上限时，主控室的计算机画面会显示现场电容式料位计信号，直到干熄炉预存段焦炭上上限料位信号消失。但在两种情况下，会因为料位的原因而造成装入的红焦溢出干熄炉口。一种情况是，当预存段焦炭料位达到上上限时，料位联锁不起作用（有可能电容式料位计损坏，没有报警指示），提升机未收到主控室计算机发出的停止装焦指令，继续往干熄炉内装入红焦，此时红焦已高出干熄炉口。当装焦完毕，装入装置往关闭的方向移动时，就会造成红焦溢出干熄炉口。另一种情况是，预存段焦炭料位长时间保持在高料位，没有进行校正。当预存段实际焦炭料位达到甚至超过上上限料位时，显示料位还没有到上上限料位。如果干熄炉没有设计强制检测的上上限料位计，或者强制检测的上上限料位计因故障停止使用，那么计算机就不会向提升机发出停止装焦的指令。提升机会继续往干熄炉内装入红焦，同样会造成红焦溢出干熄炉口。

（2）提升机或装入装置极限故障。在干熄焦正常装焦情况下，装入装置打开时，应正对干熄炉口，并靠极限信号停止；提升机横移到装入装置上部时，应正对装入装置装焦漏斗，也靠极限信号停止。当装入装置或提升机极限发生故障时，虽然出现极限信号，但装入装置并没有正对干熄炉口，或者提升机并没有正对装入装置装焦漏斗，而中控室计算机仍然会根据收到的装入装置与提升机停止位的极限信号，向提升机发出下一步动作指令，提升机仍会继续下落进行装焦动作，此时由于提升机与装焦装置位置不匹配，会发生红焦装偏，溢出装入装置装焦漏斗的现象。

（3）装焦时间过短。在干熄焦正常装焦情况下，装满红焦的焦罐在装入装置的装焦漏斗上应停留。有时计算机程序出现故障，造成装焦时间过短，焦罐内红焦没有放空时就提起焦罐，但此时红焦还在继续下落。当装入装置往关闭的方向移动时，会将一部分红焦刮到干熄炉口以外。当采用手动装焦操作时，装焦时间由人工控制，如果人工操作的装焦时间过短，也会出现红焦落到装焦漏斗上面或者干熄炉炉口以外的现象。

104. 如何处理干熄炉红焦溢出？

（1）一旦发生红焦溢出干熄炉，应立即到现场进行确认，同时停止装焦。通知电机车停止作业。

（2）在排焦温度允许的范围内，适当增加排焦量，增大循环风量，尽快降低干熄炉内焦炭的料位。

（3）清除妨碍装入装置运行的焦炭，手动将装入装置运行到全关位置。携带 CO 报警仪，在上风侧，对红焦洒水进行冷却，然后将装入装置周围冷却的焦炭清理干净。注意不要将水洒进干熄炉内，避免被红焦及蒸汽烫伤。

（4）对炉顶部位相关设备进行检查，清除干熄炉顶水封槽内的焦炭。

（5）检查装入装置以及周围仪器、润滑油管、水管等设备有无损坏，并立即对损坏的部件进行修理。

（6）组织检修人员对装入装置各部位充分加油润滑，使其恢复正常。

（7）对提升机及装入装置手动试车 3~4 次。确认装入装置开、关动作及极限信号正常，确认提升机与装入装置的位置吻合以及焦罐底闸门的开、关动作及极限信号正常。检查干熄炉预存段焦炭的料位。

（8）通知焦炉停止湿法熄焦作业，并采用手动方式操作提升机及装入装置装入 2~3 罐红焦，确认一切正常后投入装焦自动运行。

105. 仪表风压力突然下降，如何进行工艺调整？

当某种原因造成仪表风压力迅速下降，低于下限值时，如事先没有准备，会造成干熄炉、锅炉、除氧器的气动调节阀等动作异常，引起整个系统调节紊乱。一旦出现上述情况，可按以下原则操作：

应急处理：

（1）立即汇报厂调度室，通知电站岗位，停止发电，并通知炼焦准备采用湿熄焦法。

（2）开紧急放散阀，开系统充氮，控制循环气体 CO、H_2 含量。

（3）若停风机后主汽压力突然升高，可能将安全阀打开卸压，应检查三个安全阀是否回位。

（4）若气源短时间不能恢复，手动打开锅炉给水防过热阀；当主汽温度低时，手动调整喷水减温手阀直至全关，且微开一过、二过疏水阀。

（5）当锅筒液位低于 −100mm 时，改用给水角阀上水。若水位高于 150mm，可开紧急放水阀控制水位。

（6）当除盐水箱水位高时，关其手阀。当副省煤器入口温度高时，可打开副省煤器出口至除盐水回流管阀门，并手动打开副省煤器入口温度气动调解阀的手阀，除氧器压力可由连排阀开度控制，除氧器液位由除氧器液位调节气动阀的旁通阀控制。

恢复操作：

（1）当气源压力恢复至 0.4MPa 以上时，打开除盐水箱气动阀及手阀。除氧器液位调节和副省煤器入口水温调节由手动阀改为气动阀，将除氧器压力调解阀改为自动。

（2）锅炉上水由角阀改为气动阀，且将锅炉给水泵的防过热阀改为自动，将锅炉水位控制在 −100 ～ −50mm，关闭 1DC 紧急放散阀，开启循环风机。迅速通过预存段压力调解阀手阀，将预存段压力调整为 0 ～ 50Pa，将循环风量增加至 50000m³/h。

（3）进行升温升压操作。

2 干熄焦机械

106. 干熄焦主体设备由哪几部分组成，各部分的作用是什么？

干熄焦主体设备主要包括：红焦装入设备、干熄焦本体设备、冷焦排出设备、气体循环设备、锅炉供水设备、余热锅炉、蒸汽发电设备、环境除尘及输灰设备八个部分。

红焦装入设备的作用是：将红焦安全、稳定地装入干熄炉中。主要包括：APS 定位装置、牵引装置、提升机、装入装置。

干熄焦本体设备的作用是：将红焦熄灭，焦炭温度由 1000℃ 左右降至 200℃ 以下，循环气体温度由 130℃ 左右提升至 800℃ 以上。主要包括：干熄炉本体、一次除尘器、二次除尘器等。

冷焦排出设备的作用是：将冷却后的焦炭连续地排出干熄炉，同时保证循环气体不泄漏。主要包括：平板闸门、振动给料器、旋转密封阀、皮带机等。

气体循环设备是干熄焦的核心设备，其作用是：使冷却后的循环气体源源不断地输入干熄炉，吸收红焦显热。主要包括：循环风机、副省煤器等。

锅炉供水设备的作用是：向余热锅炉连续供水，保持锅筒的水位，确保余热锅炉的安全、稳定运行。主要包括：除盐水箱、除氧器、除氧器给水泵、除氧器循环泵、锅炉给水泵、加药泵等。

余热锅炉的作用是：将锅炉给水泵送来的除盐水与循环气体进行充分换热，转化成所需压力和温度的蒸汽用来发电。

蒸汽发电设备的作用是：利用来自干熄焦余热锅炉的合格蒸汽作为动力，通过汽轮机和发电动机转化为电能。主要包括汽轮机、发电机等。

环境除尘及输灰设备的作用是：保证焦炭运送的各个环节的密封，收集产生的烟尘，并将收集的焦粉集中外送。

107. APS 定位装置日常点检应注意哪些方面？

APS 定位装置日常点检应注意以下问题：

（1）仔细检查油缸的运行情况，确保行程到位，不回弹。如果出现回弹的情况，易导致定位不准及卡罐事故的发生。

（2）确保油缸及管路无泄漏。泄漏问题一直是液压系统常见的故障。泄漏不仅容易导致污染环境，而且也可能影响油缸的平稳运行，导致其他故障和事故的发生。

（3）确保定位机构的完整。这是保证定位准确的前提条件。包括定位块的垫板厚度变化、紧固螺栓脱落、防护罩不起作用等问题，都可能导致严重事故的发生。

（4）经常检查液压油的液位、温度及品质。液位及温度是液压油的两项重要检查项目。液压油的液位是确保油泵正常工作的前提，液压油油位低容易导致油压不足，APS 无法正常工作。液压油的温度也是保证液压系统正常工作的重要参数，一般控制在 35~55℃。定期取样化验，检查液压油的品质，确保油质正常也是保障液压系统正常工作的前提。

108. APS 定位装置不动作，主要原因及处理措施有哪些？

在正常运行过程中，APS 定位装置突然出现不动作，可能产生的原因及应采取的措施如下：

（1）液压站故障。包括液压泵停止运转、液压泵溢流阀堵塞导致压力偏低、液压油低于正常液位等。

针对此类故障采取的主要措施是：更换液压泵、电动机或联轴器、溢流阀清洗或更换、添加液压油等。

（2）油路故障。包括油路泄漏严重、油路堵塞等。

采取的措施为：对泄漏点进行焊补堵漏，疏通油路等。

（3）液压缸故障。包括液压缸被卡住、液压缸管路阀门未开等。

采取的措施为:临时更换备用液压缸，保证正常的生产，对换下的液压缸进行解体修理等。

（4）电器控制故障。包括未收到控制信号、液压泵电器线路故障等。

采取的措施为：检查电器各个线路及控制点，找出故障点，并一一消除。

109. APS 定位装置定位时无法移动焦罐台车，其原因主要有哪些方面？

APS 定位装置夹持时推不动电机车，产生的主要原因及措施如表 2-1 所示。

表 2-1　APS 定位装置定位时无法移动焦罐台车的原因及措施

产 生 原 因	故障现象	故 障 分 析	采 取 措 施
液压缸故障	内　漏	（1）液压缸和活塞配合间隙太大或 O 形密封圈损坏，造成高低压腔互通； （2）由于工作时经常使用工作行程的某一段，造成液压缸孔径直线性不良（局部有腰鼓形），致使液压缸两端高低压油互通	（1）单配活塞或液压缸的间隙，或更换 O 形密封圈； （2）镗磨修复液压缸孔径，单配活塞
	外　漏	泄漏过多	寻找泄漏部位，紧固各接合面
	阻力增大	缸端油封压得太紧或活塞杆弯曲，使摩擦力或阻力增加	放松油封，以不漏油为限。校直活塞杆
	油温高	油温太高，黏度减小，靠间隙密封或密封质量差的油缸行速变慢	分析发热原因，设法散热降温
液压站溢流阀故障	压力波动	(1) 弹簧弯曲或太软； (2) 锥阀与阀座接触不良； (3) 钢球与阀座密合不良； (4) 滑阀变形或拉毛	（1）更换弹簧； （2）如锥阀是新的即卸下调整螺帽将导杆推几下，使其接触良好；或更换锥阀； （3）检查钢球圆度，更换钢球，研磨阀座； （4）更换或修研滑阀
	无法调整	(1) 弹簧断裂或漏装； (2) 阻尼孔阻塞； (3) 滑阀卡住； (4) 进出口口装反； (5) 锥阀漏装	（1）检查、更换或补装弹簧； （2）疏通阻尼孔； （3）拆出、检查、修整； （4）检查油源方向； （5）检查、补装
	漏油严重	(1) 锥阀或钢球与阀座的接触不良； (2) 滑阀与阀体配合间隙过大； (3) 管接头没拧紧； (4) 密封破坏	（1）锥阀或钢球磨损时，更换新的锥阀或钢球； （2）检查阀芯与阀体间隙； （3）拧紧连接螺钉； （4）检查更换密封

产生原因	故障现象	故障分析	采取措施
液压泵故障	不出油	(1) 电动机转向不对; (2) 吸油管或过滤器堵塞	(1) 检查电动机转向; (2) 疏通管道,清洗过滤器,换新油
	输油量不足	轴向间隙或径向间隙过大	检查更换有关零件
	压力上不去	(1) 连接处泄漏,混入空气; (2) 油液黏度太大或油液温升太高	(1) 检查各连接处紧固情况; (2) 正确选用油液,控制温升

110. 牵引装置的主要结构及功能有哪些?

牵引装置主要由卷扬传动机构、夹持器传动机构、走行小车、小车轨道、钢丝绳托辊装置、液压装置、限位控制开关等组成。

(1) 卷扬传动机构:卷扬传动机构分为主传动机构和应急传动两部分。主传动机构由卷筒、钢丝绳压辊机构、定滑轮机构、底座等组成;应急传动为一套手动机构,在故障状态时,人工完成最后一个工作循环。卷筒采用焊接式卷筒,结构简单,使用可靠。钢丝绳压辊机构安装于卷扬筒上面,在钢丝绳运行过程中压住钢丝绳,避免钢丝绳在卷筒上交叉缠绕。定滑轮机构安装于靠近焦罐车的地面上,设有张紧装置,能够随时调节钢丝绳松紧程度。底座由钢板和型钢焊接而成,底座通过地脚螺栓固定在基础上。卷扬传动机构通过钢丝绳带动走行小车和焦罐平车一起完成横向运动。走行小车行走在小车轨道上,焦罐台车平车行走在平车轨道上。卷扬传动机构速度控制形式为变频调速。

(2) 夹持器传动机构:夹持器传动机构由液压缸驱动转轴旋转,固定在转轴上的平板推动小车上的滚轮到水平位置,同时完成挂钩运动,为横向移动做准备。其主要由液压缸、转轴、牵引挂钩、支撑平板等组成。夹持器传动机构的底座通过地脚螺栓固定在基础上。

(3) 走行小车:走行小车行走在小车轨道上,主要由车架、走行轮、防倾翻机构等部分组成,车架由钢板和型钢焊接而成,为了使走行小车在轨道上能平稳运行,设有防倾翻机构,防倾翻机构与小车轨道配合,起到防倾翻的作用。

(4) 小车轨道:小车轨道由 43kg/m 重轨和焊接支架组成。43kg/m 重轨固定在焊接支架上,焊接支架通过地脚螺栓固定在基础上。

(5) 钢丝绳托辊装置:该装置通过地脚螺栓固定在基础上,在牵引过程中,起到支撑钢丝绳的作用。

(6) 液压装置:液压装置由泵站、阀站和液压配管组成。

111. 牵引装置的常见机械故障有哪些,如何处理?

牵引装置常见机械故障主要包括:夹持器变形、钢丝绳断裂、钢丝绳松动等。

(1) 夹持器变形。造成夹持器变形的原因主要包括:夹持器未落到位行车、熄焦车碰到夹持器和夹持器质量原因等。

处理的方法就是对夹持器进行更换。如果没有备件,需对夹持器进行人工校正后,维持生产。备件到货后,应立即更换,以确保设备的运行安全。

(2) 钢丝绳松动。钢丝绳在新换上后,由于钢丝绳本身的特性,在受力载荷下,必然存在一定的伸长量。因此,应经常性的检查钢丝绳的松紧度,保证生产的安全、稳定运行。一旦发现钢丝绳松动严重，就应及时申请进行调整。钢丝绳在运行一段时间后，就会基本处于稳定的长度状态。

（3）钢丝绳断裂。使用钢丝绳作为牵引力的传递方式，在运行过程中，钢丝经受着磨损和不断的弯曲拉伸，同时，部分位置包括钢丝绳固定端及转向处均受载荷的冲击。钢丝绳在稳定工作一段时间后，随着磨损和疲劳的加剧，就会出现钢丝绳断裂的问题。

为了杜绝钢丝绳断裂的发生，必须对钢丝绳加强日常的点检检查和检测，及早发现钢丝绳的磨损状况，根据钢丝绳使用的具体状况和时间，及时对钢丝绳进行更换。

112. 牵引钢丝绳变松时，如何张紧？

牵引选用卷扬装置进行作业时，由于钢丝绳固有的特点，尤其是新更换的钢丝绳，在使用一段时间后，会出现钢丝绳变松的情况。如果不及时张紧，在经过变速点就会导致钢丝绳的过松或过紧，进而导致焦罐平车运行的不稳定、噪声大及对设备的冲击大，特别是对钢丝绳的寿命产生严重影响。因此，要及时对钢丝绳进行张紧。钢丝绳的张紧作业如表2-2所示。

表2-2　牵引钢丝绳张紧作业

作业要素	作业内容	技术及安全要点
准 备	使用工具准备到位，危害辨识及预控措施制定好，停电挂牌	危害辨识确认齐全并做好预控措施；现场要加强确认
拆下一端钢丝绳	（1）将牵引小车停留在滑轮侧； （2）拆下传动滚筒侧小车上的钢丝绳	楔形块、销子等卸下的零件摆放整齐
张紧钢丝绳	（1）用卡子在牵引钢丝绳上打上绳扣； （2）用倒链将牵引小车和钢丝绳拉紧； （3）将钢丝绳安装在牵引小车上，并用卡子打牢； （4）卸下倒链和绳扣	
试 车	确认无其他检修任务后，摘牌送电，由操作工按照开车程序进行试车，将牵引小车来回试车几次	（1）试车前要确认无其他牵引检修任务； （2）试车时，检修人员和操作工要密切观察，发现问题及时停车处理
现场清理	将现场工器具等收拾干净，方可离开	

113. 牵引钢丝绳断裂时，如何抢修？

由于点检检查不到位，钢丝绳磨损老化严重，或钢丝绳被异物卡住等，极容易导致钢丝绳的断裂。

突然发生钢丝绳断裂时，不要惊慌。首先确定钢丝绳的断裂位置和焦罐的装焦情况。

如果焦罐未装红焦，应及时判断钢丝绳断裂的原因，看能否采用临时措施来恢复生产。当断裂位置接近固定端时，可将断裂的一小段截除，将卷筒上的钢丝绳减少一圈，临时将钢丝绳重新固定后恢复装焦。

如果焦罐装有红焦，要先采取措施将红焦罐移到井下定位后，由提升机将红焦装入干熄炉，之后再采取相应的措施。

114. 牵引装置夹持机构落不到位如何解决？

夹持机构落不到位，主要原因及解决方法如表2-3所示。

表 2-3　夹持机构落不到位解决方法

序　号	主　要　原　因	解　决　方　法
1	旋转部位润滑不良	严格按照润滑标准进行润滑
2	挂钩卡在焦罐台车上	检查焦罐台车的锁臂是否损坏，夹持机构是否过位等，并采取相应的措施
3	液压站故障	检查更换液压泵、溢流阀、液压油等
4	油路故障	检查油路，堵塞泄漏、疏通管路等
5	液压缸故障	检查更换液压缸、阀门等
6	电器控制故障	检查处理电器线路等

115. 制动器抱不住主要原因有哪些，如何处理？

制动器抱不住，主要原因及措施如下：

（1）制动力矩小。主要是由于选型或现场调整造成的。在选型时，由于选型原因导致制动器的制动力矩偏小，就会导致制动器不起作用。解决的方法是重新选择合适的制动器。

如果因为现场调整不当导致的，可根据制动器使用说明进一步调整即可。

（2）制动块或抱闸片磨损。因为经常性的动作，制动块或抱闸片磨损是正常的。在正常的磨损范围内，要定期检查调整制动器，以保证制动器具有足够的制动力。如果没有及时调整或更换制动块或抱闸片，就会导致制动器不起作用。

（3）若为电磁制动器，电磁线圈的老化，也可能导致制动器不起作用。

（4）若为电液推动器驱动，电液推动器推杆卡住不能及时到位，也是导致制动器不起作用的一个原因。采取的措施是更换电液推动器，对更换下的推动器进一步检查原因和修复。

116. 牵引钢丝绳如何更换？

牵引钢丝绳更换的各个步骤、作业内容及技术安全控制要点如表 2-4 所示。

表 2-4　钢丝绳的更换

作业要素	作　业　内　容	技术及安全要点
准　备	将一根新钢丝绳提前准备到位，使用工具准备到位，危害辨识及预控措施制定好，停电挂牌	危害辨识确认齐全并做好预控措施；更换现场要加强确认
拆除旧钢丝绳	（1）拆下压绳轮； （2）将牵引小车停留在牵引中间位置； （3）拆除小车上的两个卡口； （4）将滚筒上钢丝绳拆除	楔形块、销子等卸下的零件摆放整齐
安装新钢丝绳	（1）将钢丝绳的一端安装在传动绳轮侧的牵引小车上； （2）在传动绳轮上缠好钢丝绳； （3）将钢丝绳的另一端穿过滑轮； （4）将绳扣用卡子打在钢丝绳上； （5）用倒链通过绳扣将牵引小车和钢丝绳拉紧； （6）将钢丝绳连接在牵引小车上，用卡口打牢； （7）安装好压绳滚轮	（1）缠绕钢丝绳时要注意安全，以防绳头伤人； （2）钢丝绳在传动绳轮上缠绕圈数以 8～9 圈为佳，圈少易打滑，圈多则增大钢丝绳牵引角度

续表 2-4

作业要素	作 业 内 容	技术及安全要点
试 车	确认无其他检修任务后，摘牌送电，由操作工按照开车程序将牵引小车来回试车几次	（1）试车前要确认无其他牵引检修任务； （2）试车时，检修人员和操作工要密切观察，发现问题及时停车处理
现场清理	将现场工器具收拾干净，方可离开	

117. 提升机的主要功能是什么？

提升机具有如下功能：提升机在提升井架及干熄炉构架上运行，将装满红焦的焦罐提升并横移至干熄炉炉顶，与装入装置相配合，将红焦装入干熄炉内；装完红焦后原路返回，再将空焦罐放回到运载车上。

提升机的特点是运行速度快，自动控制水平高。提升机本身设有单独的 PLC 控制系统（双 CPU 热备），正常生产时与其他设备联动，在主控室操作。特殊情况下，可采用机旁手动。提升机的电控系统置于地面的电气室内。

118. 提升机的主要结构包括哪些部分？

提升机主要结构包括以下部分：提升机本体主要由车架、提升机构、行走机构、吊具、检修用电动葫芦、机械室内检修用手动葫芦、机械室、操作室等组成。提升机构安装在车架上部，通过钢丝绳与吊具相连，带动焦罐进行上升或下降运动。行走机构安装在车架下部，通过车轮的转动，带动提升机进行横向移动。

（1）车架。车架由主梁、端梁、减速器梁、卷筒梁及平台、梯子栏杆等组成，车架下部还装有焦罐导向架。主要受力梁均采用箱形结构，保证有足够的强度和刚度。

车架、车轮支撑及各机构底座均为焊后整体加工，以保证机构的安装精度，更换备件时，也无须过多调整。

车架主要结构件材料下料前先进行喷砂、抛丸预处理，精度达到 $Sa2.5$ 级。

车架拼接处均采用高强螺栓连接，定位销定位，安装时用测力扳手拧紧，安全可靠。主要结构件材料为 Q345-A。

（2）提升机构。提升机构示意图如图 2-1 所示，包括正常提升机构和紧急提升机构两部分。正常提升机构由一台单出轴的变频电动机，两个盘式制动器，一台齿轮减速机，

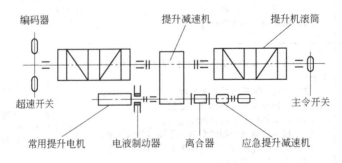

图 2-1　提升机提升机构布置图

两套卷筒装置，两个带有负荷传感器的平衡臂等组成。为适应提升机不同区段的提升要求，提升机构采用变频调速，其实物图如图2-2所示。

紧急提升机构是在正常提升电动机、制动器发生故障时备用的。它主要由手动离合器、联轴器、减速器、电动机等组成。

提升机构设有测速、超速开关装置，行程监测装置，提升高度检测编码器，钢丝绳过张力检测装置，偏荷载检测，荷载检测，断绳检测，手动离合器检测等。

图 2-2　提升机提升机构实物图

（3）行走机构。行走机构采由2/2驱动，由两套驱动机构组成。一套为正常驱动机构，另一套为紧急驱动机构。正常驱动机构由一台75kW的变频电动机，一台齿轮联轴器，一台电磁制动器，驱动一台立式减速机，并通过两根轴分别驱动两台卧式减速机，出轴带四根连接轴，分别带动四个车轮工作。紧急驱动机构由一台7.5kW的SEW二合一减速机驱动，并设有手动离合器。当正常驱动机构发生故障时，合上手动离合器，由紧急驱动机构低速完成工作循环。

（4）吊具。吊具是提升机吊取焦罐的专用装置，该装置由自动开闭式吊钩和焦罐盖组成。设有两个板式吊钩，两个下滑轮组，两根横梁和两套共六组导向轮。其中滑轮采用轧制滑轮，板钩材料为Q345-A。

板式吊钩具有防重物脱出的防脱板，其工作原理如同一把剪刀。焦罐下放到底时，下横梁运动受阻，上横梁继续下降时，吊钩与防脱板如同剪刀打开；当起吊焦罐时，提升机构提升上横梁向上运动，吊钩与防脱板合拢，挂住焦罐的吊耳轴。

每组导向轮中的一个大轮在由两槽钢组成的车架的导向槽中滚动，防止吊具提升时在垂直运动方向晃动，另有一对小轮分别沿导向架的两槽钢外部表面滚动，防止吊具在提升机运动方向晃动。由此保证吊具定位准确，不晃动，使提升机高效率工作。

焦罐盖的功能是防止罐内红焦高温对提升机的不良影响，防止粉尘飞扬。焦罐盖框架通过导向滑杆与吊具的上框架相连，保持与上框架同心。焦罐盖的隔热层采用厚度为150mm，耐热1400℃的锆质耐热模块（使用寿命大于1年）。在焦罐盖结构上布置散热孔，以消除温度变化造成的结构变形。在焦罐盖结构上设置有四个安全阀，用以释放罐内可燃烧物质爆炸造成的冲击。

（5）提升机润滑系统。钢丝绳由设置在卷筒处的钢丝绳涂油器实现喷淋润滑。

提升机提升机构、行走机构、采用电动泵双线集中润滑。电动润滑泵，放在车上的机械室内，用于提升机构、行走机构的润滑；吊具（含导向滑轮）采用电动泵进行润滑。

（6）安全保护装置。行走机构设有行程限位开关和防风锚固装置。提升机设有风速仪，在风速超过最大工作风速时，向中控发出警报。

（7）机械室。主体由钢板制成，防止车架上的设备遭到风吹雨淋，在顶部还装有维护用的可拆卸盖。此外，顶棚装有升降悬臂，以便在维护时支持滑轮。

119. 提升机常见机械故障及处理方法有哪些？

提升机常见机械故障主要包括：钢丝绳过张力检测器（绳断检测限位）动作突然停机，提升设备启动时有异常及电流过大，运行中发出异常声音，钩环不能开合等。

（1）钢丝绳过张力检测器动作突然停机。造成钢丝绳过张力检测器动作突然停机的可能原因及解决办法见表2-5。

表2-5　钢丝绳过张力检测器动作突然停机的原因及解决方法

原 因 分 析	解 决 方 法
升降范围内有障碍物	检查并将障碍物清除
钢丝绳缠线	手动强制缓慢下降，将钢丝绳全部放开； 找出缠线原因并消除； 手动试车正常后恢复生产
钢丝绳长短不一	调整钢丝绳的长度，保证各钢丝绳的受力均匀
过张力检测器损坏	通过检查判断损坏后，及时更换
过张力限位有问题	检查过张力限位，更换或检修，消除故障

（2）提升设备启动时发出异常声音，电流过大。产生原因及解决方法见表2-6。

表2-6　提升设备启动时发出异常声音、电流过大的原因及解决方法

原 因 分 析	解 决 方 法	原 因 分 析	解 决 方 法
卷扬齿轮损坏	更 换	润滑不良	换新油、加油
轴承损坏	更 换	吊架或框架摩擦	调 整
绳轮损坏	更 换		

（3）运行中发出异常声音。产生原因及解决方法见表2-7。

表2-7　运行中发出异常声音的原因及解决方法

原 因 分 析	解 决 方 法	原 因 分 析	解 决 方 法
运行驱动润滑不良	换加新油	车轮损坏	更 换
轴承损坏，齿轮损坏	更 换	啃道	调 整
缆绳尺寸不合适	修正到规定的尺寸		

（4）钩环不能开合。产生原因及解决方法见表2-8。

表2-8　钩环不能开合的原因及解决方法

原 因 分 析	解 决 方 法	原 因 分 析	解 决 方 法
钩环部润滑不良	加 油	轴承损坏	更 换
旋转部位损坏	修 理		

120. 提升机钢丝绳日常维护中应注意哪些问题？

钢丝绳日常维护中应注意以下问题：

（1）存储时，须注意

1）选择一个干净、干燥和没有腐蚀性烟雾或气体的环境。可以通过屋内存放或防水油布的方式来避免天气影响。

2）长期存放的钢丝绳必须隔一段时间涂抹一次润滑油，重新覆盖裸露的表面并定期转动卷轴，以使润滑油不在一个方向上沉淀。

3）避免在钢丝绳上堆放沉重物体，这样可能将其压坏或损坏。

（2）开卷时，须注意：

钢丝绳开卷的方法如图2-3所示。

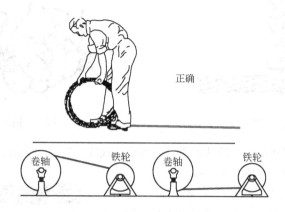

正确

卷轴　　　铁轮　　　卷轴　　　铁轮

图2-3　钢丝绳开卷的正确方法

1）在地板或地面上持住钢丝绳的外端，竖着转动卷轴，沿地板滚动卷轴，使钢丝绳落于卷轴后面。或者在一个转盘上固定卷轴，然后直着抽出自由端。

2）不要侧面放置卷轴，也不要拉钢丝绳端部来对钢丝绳开卷。这样会破坏钢丝绳的平衡和（或）导致圈结和扭绞。

3）如果在室外对钢丝绳开卷，则不要在粗砂或其他粗糙的物质上滚动钢丝绳。

（3）安装时，须注意：

1）避免圈结。任何松弛的钢丝绳都可能形成圈结。去掉圈结的时候要异常小心，以避免扭绞。

2）避免扭绞。任何情况下都不能从一个固定电缆盘或卷轴着地一侧边缘上或在小转角或小弧度上拉动钢丝绳。这样做会造成一个或多个扭绞。扭绞造成的损坏表现在不平衡和变形上，其中从材料上降低了钢丝绳在该点处的断裂强度，而且使钢丝绳疲劳强度下降。

3）避免接头散开。在切割前应将每一侧牢固绑扎。

进行绑扎的步骤如下所示：

①将绞合线或线束在钢缆周围绕至少7～8次，使绑索紧靠在一起并且拉紧，如图2-4所示。

②用手将绞合线或线束的端部一起扭转，对于左侧绞距绑扎线，逆时针转动，如图2-5所示。

图2-4　钢丝绳的绑扎（1）

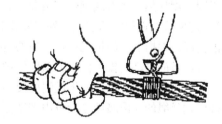

图2-5　钢丝绳的绑扎（2）

③继续用钳子扭转，以拉紧松弛的部分，如图2-6所示。

④用钳子作为工具抵住钢缆拉紧缠绕索，如图2-7所示。

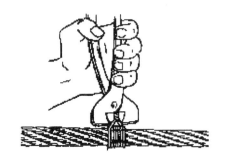

图 2-6　钢丝绳的绑扎（3）　　　　　　　图 2-7　钢丝绳的绑扎（4）

⑤抵住缠绕索紧紧扭绞绞合线或线束，将绞合线或线束绞成一个结，然后切下端头，敲击结处，使其紧贴钢丝绳，如图 2-8 所示。

所有缠绕索都固定后，可用一个钢丝钳、切割器、研磨切割轮来切割钢丝绳。如果没有此类工具，则有必要使用冷錾。注意：作业时一定要佩戴安全镜。

图 2-8　钢丝绳的绑扎（5）

（4）使用中，须注意：

1）磨合新钢丝绳。一旦安装了钢丝绳，需要给其一段适当的磨合时间，使得钢丝绳有机会与钢丝绳盘和槽轮适应，使线股落在芯部。因此，需要保持横截面的均匀。

以下是对所有设备使用的钢丝绳磨合的步骤：

①无载荷时，循环 10 次或更多。

②第一次循环加 1/4 载荷，之后依次是 1/2 载荷和 3/4 载荷。

③全载荷时，循环 10 次或更多。

2）定期检查钢丝绳的直径。对于所有的钢丝绳，在钢丝绳的寿命早期均有一个结构伸长的时期，对于 IWRC 的 6 股钢丝绳大约为 1/4、1/2 或 1%，而对于纤维芯的 6 股钢丝绳则从 3/4 到 1%。

如果发现了偶然的钢丝绳直径部分减小，可能是以下原因：

①局部过度磨损，可能是扭绞。

②过度加载。

③内部腐蚀。

④安装、操作、机械损伤或突发性损坏导致钢丝绳变形或失衡。

⑤因过度加热、张力或钢丝打结导致芯部故障。

3）定期检查钢丝绳的磨损。外部股线磨损的程度是非常重要的。可通过定期的测量掌握磨损的情况，根据磨损的情况决定更换的时间。

发现严重的局部磨损可能需要预防维护：进一步研究确认槽轮槽、钢丝绳盘的情况是否符合标准，并进行改造，以改变钢丝绳的使用条件，延长钢丝绳的使用寿命。

确保钢丝绳的润滑腐蚀会导致内部摩擦和捆绑，并使每股钢丝的力量都被削弱，从而降低绳子的力量。

如果出现了腐蚀的条件，钢丝绳的缺油是非常重要的因素。外部腐蚀可以通过锈蚀、沉积的外观，或钢丝上的蚀损斑检测到。内部的腐蚀也同样重要，但非常难以检测。

定期性的润滑或自动的加油润滑是确保钢丝绳降低腐蚀的重要手段。

121. 提升机钢丝绳如何更换?

提升机钢丝绳更换的各个步骤、作业内容及需要注意的问题如表2-9所示。

表2-9　提升机钢丝绳的更换

作业要素	作业内容	技术及安全要点
准　备	(1) 将4根长度相同的新钢丝绳及工具提前准备到位; (2) 制定好危害辨识及预控措施, 停电挂牌	(1) 危害辨识确认齐全, 并做好预控措施; (2) 更换现场要加强确认
拆除旧钢丝绳	(1) 拆除吊具绳轮护罩; (2) 拆除钢丝绳挡灰板和超高限位开关; (3) 在平衡臂端钢丝绳上打上卡子; (4) 用提升机室吊葫芦吊绳扣; (5) 拆下平衡臂上吊挂钢丝绳的压板和销子; (6) 用吊葫芦吊下平衡臂端钢丝绳; (7) 在钢丝绳卷筒端打上卡子; (8) 用提升机室吊葫芦吊起绳扣; (9) 拆下钢丝绳卷筒上压绳螺母; (10) 依次将卷筒上缠绕的钢丝绳抽出; (11) 用吊葫芦吊下钢丝绳; (12) 在吊具绳轮处钢丝绳上打上卡子; (13) 用吊葫芦吊起钢丝绳, 将钢丝绳从绳轮中抽出 (如果旧绳不再利用, 用气割将钢丝绳在吊具绳轮位置处割断, 即可一次性抽出); (14) 拆除步骤如上, 依次将另3根钢丝绳拆下	(1) 提升井下严禁人员逗留; (2) 卡子要打牢固; (3) 吊葫芦安全可靠; (4) 吊下的旧钢丝绳放置在空旷位置; (5) 拆卸卷筒上的钢丝绳时, 注意绳头伤人
安装新钢丝绳	(1) 将新钢丝绳吊装到提升井旁; (2) 用铲车将钢丝绳吊起, 逐一破解钢丝绳, 并将其放置于空旷处; (3) 距离钢丝绳绳箍端约40cm处打上卡子; (4) 用吊葫芦吊起绳扣, 将钢丝绳绳箍端吊至提升机平衡臂位置处; (5) 用销子将钢丝绳箍安装在平衡臂上, 用压板锁住; (6) 在距钢丝绳另一端约15m处打上卡子; (7) 用吊葫芦吊起钢丝绳, 吊起高度约使钢丝绳端的高度在吊具绳轮位置处; (8) 调整钢丝绳端高度, 将绳头从吊具绳轮中穿过, 并抽出数米; (9) 解除卡子, 将卡子打在从吊具绳轮下部伸出的钢丝绳上; (10) 用吊葫芦提升钢丝绳至提升卷筒位置; (11) 将钢丝绳在卷筒上缠绕两圈, 并用压绳螺母压紧; (12) 放下钢丝绳, 解除卡子; (13) 安装步骤如上, 依次将另3根新绳安装好; (14) 安装提升机超高限位开关、挡灰板和吊具绳轮护罩	(1) 破解新绳子时要注意安全, 以防绳头伤人; (2) 压绳螺母务必要压紧; (3) 平衡臂调整螺母调整至中间位置; (4) 初始安装时, 压在卷筒上的4根钢丝绳长度相同, 即距最后一个压绳螺母的钢丝绳伸出端距离相同
试　车	确认无其他检修任务后, 摘牌送电, 由操作工按照开车程序进行试车。试车时如有焦罐空提, 没有焦罐盖上下提升两次, 观察4根钢丝绳的松紧度及平衡臂是否倾斜	(1) 试车前需确认提升机无其他检修任务; (2) 试车时, 检修人员和操作工要加强对钢丝绳的观察, 发现问题及时停车处理

作业要素	作业内容	技术及安全要点
调　整	（1）将平衡臂调平； （2）根据平衡臂的倾斜方向，及倾斜程度，松开需调整的钢丝绳螺母，调整钢丝绳	（1）观察4根钢丝绳的松紧度； （2）根据平衡臂倾斜的高度和钢丝绳的松紧度来调整钢丝绳的长度
再试车	将提升机提升几次，观察钢丝绳松紧度，平衡臂是否发生倾斜	（1）4根钢丝绳松紧度一致； （2）平衡臂无倾斜，或倾斜角度较小
吊具水平测量及调整	（1）将焦罐盖提升至放置焦罐盖的上一层平台位置； （2）架设水平仪，测量吊具4个端点的水平高度； （3）如存在倾斜，调整平衡臂	（1）测量时将吊具和焦罐盖必须提起（如有焦罐最好将焦罐一同提起）； （2）吊具4个端点水平高度差应在误差允许范围内
现场清理	将现场工器具收拾干净，方可撤离	

122. 提升机钢丝绳松时，如何调整？

钢丝绳在运行过程中，由于时效伸长的不同，轻则造成平衡臂平衡块倾斜，重则4根钢丝绳明显松弛不一。具体调整方法如下：

（1）安装在同一侧平衡臂上的两根钢丝绳之间出现时效伸长量不同时，可通过平衡臂上平衡块的倾斜自动调整，使得同一个平衡臂上的两根钢丝绳之间的负荷保持平衡，但随着平衡块的倾斜越来越大，促使钢丝绳所承受的负荷量不均衡，此时应加以调整。如果同一平衡块上的两根钢丝绳伸长量差值较小时，通过调整张力杆上的螺母，来调整平衡块的水平，以使同一根平衡臂上的两个钢丝绳负荷均匀；若差值较大时，无法通过张力杆螺母调整，则需要松开卷筒端部的钢丝绳压绳螺母，通过错开钢丝绳的位置改变钢丝绳的长度。

（2）若一个平衡臂上的两根钢丝绳比另一平衡臂上的两根钢丝绳较松，且其伸长量大于平衡臂张力杆上螺母的调节量程，此时应松开卷筒端部的钢丝绳压绳螺母，通过错开钢丝绳的位置改变钢丝绳的长度。调整后，用水平仪测量两吊具是否水平（误差在允许的范围内），若误差不是太大，再通过平衡臂张力杆稍加以调整即可。

123. 提升机平衡臂的作用是什么？

提升机平衡臂位于提升机机械室提升机构卷筒一侧，是提升机构的重要组成部分。平衡臂就像一个倒悬的"杠杆秤"，中间支撑位于机械室内的钢基础上，通过销子与平衡杆连接，平衡杆两侧分别吊挂着卷筒上两根钢丝绳的两个固定端，钢丝绳的另一端固定在卷筒上。通过卷筒的缠绕，钢丝绳就可将焦罐提升上来。而两根钢丝绳是否同时受力、受力是否均衡就可通过"杠杆秤"来衡量。由此可以看出，平衡臂的作用十分重要，它的作用主要为：

（1）作为钢丝绳的固定端，是提升焦罐的重要组成部分。

（2）平衡臂能够自动调节同一个平衡臂上的两根钢丝绳上所受的张力，当一边受力小时说明钢丝绳偏长，在另一端的拉力下，平衡臂就会向上倾斜，直至两边受力平衡为止。

（3）能够保证提升机的运行安全，当平衡臂偏斜到一定程度时，就会触发偏荷限位，提升机就会报故障或跳闸，直至通过调整，方可再次投入运行。

（4）能够对钢丝绳的长度实施微调。钢丝绳固定端设置有微调螺母，通过调整微调螺母，可以对轻微的倾斜进行适当调整，而不影响正常的生产。

124. 提升机大钩打开后，提升钢丝绳继续下移，其主要原因是什么？

提升机大钩打开后，提升钢丝绳继续下移，其主要原因包括以下几个方面：

（1）由于大钩打开到位后，限位开关不起作用，无打开到位信号，使得提升机制动器不动作。

（2）提升机制动器闸片松，制动力矩不够，使得大钩到位后，在钢丝绳自重的作用下钢丝绳继续下移。

（3）由于提升机提升抱闸推动器或制动器故障，大钩产生到位信号后不动作。

125. 若提升机提升时发出异常声音，电流过大，其主要原因有哪些？

提升机启动时发出异常声音，电流过大的主要原因及措施如下：

（1）减速机齿轮损坏。措施：更换减速机齿轮。

（2）卷筒轴承损坏。措施：更换新轴承。

（3）联轴器损坏。措施：更换联轴器，并找正。

（4）各润滑部位润滑不良。措施：加强润滑。

（5）由于焦罐变形或提升机井架变形，焦罐导向轮与提升机井架摩擦严重。措施：调整焦罐导向轮，提升机井架位置，并加强润滑。

126. 提升机构日常点检应注意哪些方面？

提升机构日常点检的内容及注意事项如表2-10所示。

表2-10　提升机构的点检

点检部位	注 意 事 项	点检部位	注 意 事 项
走行导轨	(1)导轨的压板螺栓是否松动或脱落； (2)导轨压板有无损坏	卷　筒	(1)卷筒有无开焊或裂纹； (2)卷筒上的绳槽有无异常磨损、绳槽是否符合钢丝绳直径； (3)卷筒及卷筒轴承箱安装螺栓有无松动； (4)卷筒轴承有无异常发热及异常振动
提升框架	(1)构件是否弯曲，焊缝有无开裂； (2)连接用高强度螺栓有无松弛		
制动器	(1)制动器摩擦片的磨损状态； (2)制动器的工作指示值是否在工作范围内； (3)制动轮外圆表面粗糙度，制动轮有无损坏和裂纹； (4)制动轮和制动器闸片间间隙是否均匀等	钢丝绳	(1)钢丝绳表面是否被磨细或断线断股现象； (2)是否有扭折现象； (3)是否有润滑不良而腐蚀生锈； (4)钢丝绳固定端螺母是否松动或脱落； (5)钢丝绳平衡臂端绳箍是否磨损或有裂纹
减速机	(1)齿轮、轴承等有无异常声音、异常发热和较大振动； (2)螺栓是否有松动或脱落； (3)给油状态、油量是否妥当； (4)是否存在油液泄漏	平衡臂	(1)平衡臂张力杆是否有裂纹，螺母是否松动； (2)平衡块是否出现异常倾斜接触到限位开关
联轴器	(1)螺栓、键有无松动或脱落； (2)齿式联轴器润滑是否良好； (3)间隙是否过大； (4)联轴器外表面有无伤痕裂纹	限位开关	(1)安装螺栓是否松动或脱落； (2)重锤限位检测用钢丝绳卡子是否松动脱落； (3)重锤限位检测用钢丝绳是否挂住提升框架

127. 装焦装置的主要功能及结构有哪些?

装焦装置的主要功能:由焦炉出炉的红焦被装入焦罐,再由提升机设备运送至干熄炉上部。装焦装置设置在干熄炉上部,在将焦罐内的红焦装入干熄炉时起到溜槽的作用。

装焦装置由料斗、炉盖、集尘管等构成,被安装在台车上。台车由电动缸驱动行走在轨道上,如图 2-9 所示。

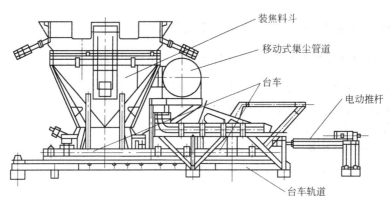

图 2-9　装焦装置外形示意图

装焦装置安装在干熄炉炉顶的操作平台上,主要由炉盖台车和带布料器的装入料斗台车组成,两个台车连在一起,由一台电动缸驱动。装焦时能自动打开干熄炉水封盖,同时移动带布料器的装入料斗至干熄炉口,配合提升机将红焦装入干熄炉内,装完焦后复位。在装入料斗的底口设置了一个布料器,以解决干熄炉内焦炭的偏析问题。装焦装置上设有带配重的防尘门及集尘管,装焦时防粉尘外逸。

128. 装焦装置常见机械故障及处理方法有哪些?

装焦装置常见机械故障及处理方法如表 2-11 所示。

表 2-11　装焦装置常见机械故障及处理方法

故 障 名 称	原 因 分 析	处 理 方 法
减速机振动声音异常	(1) 减速机地脚螺栓松动; (2) 齿轮啮合不良; (3) 联轴器不同心; (4) 减速机缺油	(1) 紧固地脚螺栓; (2) 检查调整; (3) 调整同心度; (4) 检查加油
走行声音异常或电流大	(1) 抱闸线圈损坏; (2) 走行轴承损坏或缺油; (3) 车轮有砂眼或其他缺陷; (4) 联轴器螺栓松动或内部损坏; (5) 减速机内有杂物	(1) 更换线圈; (2) 检修更换轴承及加油; (3) 更换车轮; (4) 紧固联轴器螺栓或更换; (5) 检查清洗,更换加油
电动机不运转,温度升高且冒烟	(1) 单相运转; (2) 三相电源不平衡; (3) 热继电器未复位; (4) 机械传动卡阻	(1) 消除单相; (2) 检查清除单相断路; (3) 手动复位; (4) 消除机械故障

故 障 名 称	原 因 分 析	处 理 方 法
电动机声音 不正常，振动	（1）电动机地脚螺栓松动； （2）联轴器不同心； （3）电动机轴承损坏； （4）电动机单相运行； （5）电动机发热	（1）紧固地脚螺栓； （2）找正联轴器； （3）检修更换轴承； （4）消除单相； （5）检修或更换
行程不到位	（1）行程开关移位； （2）扭转轴弯曲	（1）按规定调整行程开关； （2）检查或更换

129. 装焦装置走行声音异常或电流大，产生的原因是什么？

装焦装置走行声音异常或电流大，产生的原因有：
（1）抱闸线圈损坏；
（2）走行轴承损坏或缺油；
（3）车轮有砂眼或其他缺陷；
（4）联轴器螺栓松动或内部损坏；
（5）减速机内有杂物；
（6）走行轮与轨道犯卡。
可根据以上产生的原因，逐项分析，并采取相应的解决办法来消除故障。

130. 装焦装置走行犯卡，可能有哪些原因？

装焦装置走行犯卡可能有以下几点原因：
（1）炉盖与水封槽有干涉部位；
（2）装焦料斗下部与水封槽有干涉部位，如下部法兰与水封槽或水封槽气、水管间的干涉，密封罩与水封槽或水封槽气、水管间的干涉；
（3）走行轮轴承损坏或缺油；
（4）车轮有砂眼或其他缺陷；
（5）减速机内有杂物；
（6）走行导轨变形，走行轮与轨道犯卡。

131. 装焦装置料斗底部法兰如何更换？

料斗底部法兰更换的步骤如下：
（1）将新的底部法兰吊装到装焦平台合适位置；
（2）拆除下部料斗与底部法兰转角接触处的24块隔热环；
（3）揭开隔热环处陶瓷纤维毡；
（4）用倒链将底部法兰吊起，以防突然落下砸伤人员；
（5）拆卸连接底部法兰与下部料斗的拉筋螺栓；
（6）将拆下底部法兰放置合适位置；
（7）用提升机吊葫芦将新的底部法兰吊至料斗下部位置；
（8）用倒链将底部法兰拉至下部料斗正中位置，并对好连接位置；

（9）使用倒链将底部法兰吊起，用不锈钢螺栓将其与下部料斗上的拉筋连接，并紧固；

（10）将隔热环安装好，确保密封效果；

（11）拆除倒链。

132. 装焦装置炉盖如何更换?

装焦装置炉盖更换的步骤及作业内容如表 2-12 所示。

表 2-12　装焦装置炉盖的更换

作业要素	作业内容	安全要点
准　备	新炉盖吊装到位，吊车及其他使用工具准备到位，危害辨识及预控措施制定好，停电挂牌	（1）危害辨识确认齐全，并做好预控措施； （2）现场要加强确认
拆下旧炉盖	（1）将料斗台车和炉盖台车分开； （2）将料斗台车推至前端，便于施工； （3）卸下两端的炉盖导向槽； （4）卸下吊梁的链子与炉盖连接的卡子； （5）用卡子在炉盖上打上绳扣； （6）用吊葫芦挂住两根绳扣，轻轻吊起炉盖，放置合适位置； （7）用吊车将炉盖吊走，放置在空置位置； （8）卸下吊装绳扣	（1）确认吊葫芦安全可靠； （2）作业人员需注意炉口温度，工作时系好安全带
安装新炉盖	（1）安装新炉盖导向槽； （2）在新炉盖上打上吊装绳扣； （3）用吊车将新炉盖吊至装焦平台合适位置； （4）用吊葫芦吊起新炉盖至干熄炉中心位置，按位置放置好； （5）安装好吊梁链子与炉盖连接的卡子； （6）卸下吊装新炉盖的绳扣	
试车及调整	（1）确认无其他检修任务后，摘牌送电，由操作工按照开车程序进行试车，将炉盖来回试车几次； （2）根据炉盖进入水封槽的深度及运行时的平稳性，调整炉盖配重	（1）试车前要确认无其他装焦检修任务； （2）试车时，检修人员和操作工要密切观察，发现问题及时停车处理
现场清理	将现场工器具等收拾干净，方可离开	

133. 焦罐的基本结构及主要功能有哪些?

焦罐的基本结构及主要功能如下：

（1）焦罐的主要功能是承载红焦。通过不断重复的接焦、运焦、装焦过程，完成红焦装入干熄炉的任务。

（2）焦罐的基本结构包括两种：方形焦罐和旋转焦罐。焦罐主要由罐体、底闸门、拉杆、拉臂、横梁、外罩、内衬板、导向轮等组成。

1）罐体是用来在其上配置车身组成部分，采用焊接金属结构，罐体上安装有支架，用来安装导向辊和底闸门。

2）底闸门、拉杆、拉臂是用来打开或关闭焦罐排出口的。为了覆盖一对底闸门之间的缝隙，防止焦炭洒落，在其中的一个底闸门上安装有密封挡板。

3）横梁是用来配合拉杆提起焦罐。

4）外罩主要是用来在装焦时，防止粉尘外逸。

5）导向轮主要起导向和定位作用，使焦罐在上升或下降过程中运行比较平稳。

6）衬板具有耐磨和耐高温特性，其安装在焦罐的内表面，起到保护焦罐骨架的作用。从衬板外形尺寸和固定方式上考虑，衬板在使用过程中能够进行快速更换。

（3）方形焦罐与旋转焦罐的对比：

旋转焦罐与方形焦罐的形式均为对开底闸门与吊杆联动式，采用型钢与钢板焊接结构。二者的区别仅在于外形：旋转焦罐为圆柱形，方形焦罐为方形。旋转焦罐的结构能保证焦罐的外形尺寸变形较小；方形焦罐外形尺寸变形较大，变形的主要部位包括接焦口和底闸门等。

旋转焦罐与方形焦罐的选用受焦炉规格的影响较大，旋转焦罐一般适用于 6m 以上焦炉配套干熄焦设备。在 4.3m 焦炉配套干熄焦设备中，焦罐的形状一般为方形。这是焦罐的最早形式，和熄焦车道与焦炉间距离有关。因 4.3m 焦炉熄焦车道与焦炉的距离较短，拦焦车轨道与熄焦车轨道的标高太小，若采用旋转焦罐，则罐体容积不能满足一个炭化室焦炭的需要。

方形焦罐存在着致命的弱点：接焦不均匀，焦罐容积不能有效利用。旋转焦罐很好地解决了这一点，通过接焦过程中的焦罐旋转，使焦炭均匀地分布到焦罐的整个平面上，最大限度地利用了焦罐的容积。

134. 旋转焦罐的主要维护内容有哪些?

旋转焦罐的主要维护内容如表 2-13 所示。

表 2-13 旋转焦罐的维护

检查部位	检查项目	维护标准	处理方法
焦罐提升滑道	结构	坚固无变形、无裂纹及开焊	焊接牢固
	润滑	润滑良好，磨损量小于厚度的 20%，挡轮间隙量小于 10mm	润滑更换
	异声	运行无异声	检查、检修
挂钩装置	结构	结构牢固、无开裂	焊接加固
	销轴磨损	直径磨损量小于 10%	更换
焦罐开门装置	结构	结构牢固、无变形、无开焊	调整
	运行	开关灵活，行程到位	调整
焦罐内衬板	完好程度	衬板齐全无缺少、无损坏	更换
	磨损	磨损量小于 20%	更换
	螺栓	连接螺栓紧固无松动	紧固
焦罐钢结构及各部位销轴	结构	无变形、无开裂、结构牢固	检修
	销轴磨损	各部位销轴连接牢固可靠、活动灵敏，直径磨损量均小于 10%	润滑或更换

135. 旋转焦罐的常见故障及排除方法有哪些?

旋转焦罐的常见故障及排除方法如表 2-14 所示。

表 2-14　旋转焦罐的常见故障及排除方法

故 障 名 称	原 因 分 析	排 除 方 法
焦罐提升、回落不到位	(1) 连接销轴磨损过量; (2) 升降滑道变形	(1) 更换销轴; (2) 调整滑道
焦罐底门开、关不严,漏炭	(1) 底门销轴磨损变形,框量过大; (2) 挂钩吊杆不到位,运动不灵活	(1) 更换销轴; (2) 调整变形,加油润滑

136. 导致焦罐底闸门关不严的原因有哪些?

因焦罐底部衬板变形、焦炭过剩等原因,有可能造成装完焦后,焦罐底闸门转轴部位夹焦炭,导致焦罐底闸门关不严。这样,当焦罐落到焦罐旋转托盘上时,焦罐会出现一边抬高或两边同时抬高的现象。

遇到此种情况时,应停止电机车的移动,保持焦罐台车的定位,通过手动操作提升机,将焦罐运行到装焦位置,用准备好的工具将焦罐底闸门部位的焦炭、焦油渣等异物清除干净后,再恢复电机车的生产。

137. 旋转焦罐旋转不到位的原因是什么,应如何处理?

旋转焦罐旋转不到位主要包括以下原因:

(1) 电机车或焦罐台车本身的缺陷或操作上的失误,都有可能导致焦罐旋转不到位。

(2) 设备方面原因有:旋转电动机及减速机的故障、旋转定位装置极限故障和焦罐托盘托轮轴承故障等。

(3) 操作方面原因有:按下焦罐旋转停止按钮后,在焦罐旋转到位前,将焦罐选择开关切换到另一个焦罐,也会造成焦罐旋转不到位。

处理方法:焦罐旋转不到位时,应停止电机车走行,再次旋转焦罐直到正确定位。若焦罐仍不能旋转到位,则应松开旋转电动机的抱闸,手动转动旋转减速机的轴,将焦罐旋转到正确位置,再将焦罐内的红焦装入干熄炉。对于旋转不能正确定位的焦罐,在检查处理好之前,不允许再次装入红焦。

138. 旋转焦罐不能旋转的原因有哪些,如何处理?

旋转焦罐不能旋转的原因及其处理方法主要包括以下几个方面:

(1) 焦罐没有收到旋转信号。经检查确认后,需采用更换焦罐信号元件和控制线路的方法来解决。

(2) PLC 出现故障。遇到此种情况后,可通过 PLC 复位,检查故障源和网络源,加强屏蔽的方式解决。

(3) 变频器故障。首先通过复位、清除报警的方式,临时解决,恢复生产。另外,还需进一步检查变频器,查清根本原因,彻底消除。

(4) 旋转电动机故障。可通过检查主电路或更换旋转电动机的方法消除。

139. 旋转焦罐旋转后停不下来，主要原因有哪些，如何避免？

旋转焦罐旋转后停不下来的主要原因及解决方法包括如下几个方面：

（1）旋转编码器故障。可通过检查或更换编码器的方法消除故障。

（2）焦罐对正检测元件损坏。可通过更换检测元件的方法消除故障。

（3）停止指令 PLC 没有收到。可通过检查主令控制线路或强制信号的方法来消除故障。

140. 焦罐旋转中停车的主要原因是什么，如何处理？

焦罐旋转中停车的主要原因及处理方法如下：

（1）PLC 出现故障。可通过对 PLC 复位的方式临时恢复。具体原因还需进一步检查后，方可进行消除。

（2）变频器出现故障。需进一步检查确认后，通过更换编码器的方法消除故障。

（3）电源故障。检查、消除电源的短路或接地故障。

（4）旋转电动机故障。可通过更换电动机解决问题。

141. 焦罐衬板脱落原因及处理方法有哪些？

焦罐衬板脱落的主要原因及处理方法如下：

（1）衬板背部挂钩断裂。背部挂钩断裂后，衬板无法固定，导致衬板脱落。此时必须更换衬板来解决。

（2）衬板挂钩固定梁开裂。由于固定梁开裂，导致衬板固定不牢固而脱落。必须对固定梁进行重新修复后，安装衬板，才能确保衬板的牢固。

（3）衬板固定螺栓断裂。衬板螺栓断裂也是导致衬板无法固定，而脱落的一个原因。可进一步研究螺栓断裂的原因，对固定螺栓进行更换。

142. 焦罐底闸门与提升吊具脱钩的原因有哪些，如何处理？

焦罐底闸门与提升吊具脱钩的主要原因：

（1）焦罐底闸门转轴转动不灵活。当焦罐装焦时，底闸门开的动作慢于提升吊具下落的动作，造成提升吊具与底闸门脱钩。

（2）装焦装置与提升机的极限位置不配套。因累加误差过大造成焦罐装焦时底闸门被卡住，提升吊具下落而与底闸门脱钩。

处理方法：发生焦罐底闸门与提升吊具脱钩后，应停止干熄焦的生产，将底闸门用手动葫芦提起，慢慢操作提升机，将提升托辊重新归入底闸门凹槽，然后取下手动葫芦，恢复干熄焦的正常生产。

143. 焦罐点检时应注意哪些方面？

焦罐点检时应注意以下几个方面：

（1）对衬板及隔热材料进行检查。

1）衬板是否磨损、开裂；2）固定衬板的螺栓是否松动或脱落；3）隔热棉是否破损脱落。

（2）罐体点检时，需注意焊接部位有无裂纹或开焊；

（3）导向轮点检时，需注意转动是否灵活，转动时有无杂音；

（4）外框架及拉杆点检时，需注意有无裂纹及损伤；

（5）对底闸门进行检查。

1）开关时声音是否异常；2）有无开裂和变形。

（6）检查挡尘罩有无开裂和破损。

144. 干熄炉的基本结构及主要功能是什么？

干熄炉本体的主要功能包括以下两个方面：一是作为红焦的存储设备，可预存部分红焦；二是作为红焦熄灭的设备，通过安装在干熄炉炉底的鼓风装置，将焦炭温度降低到200℃以下。

干熄室砌体属于竖窑式结构，是正压状态的圆桶形直立砌体。炉体自上而下可分为预存段、斜风道和冷却段。

预存段的上部是锥顶区，因装焦前后温度有波动，采用抗热震性好的耐火砖。中部是实心区，下部有多个观察孔。预存段下部是环形烟道，是内墙及环形烟道外墙两重圆环砌体。

斜风道的砖逐层悬挑，承托上部砌体的荷重。由于温度频繁波动，冷却气流和焦炭尘粒激烈冲刷，砖体损坏后极难更换。因此，对内层结构的强度及砖的抗震性、抗磨损和抗折强度要求都很高。

冷却段结构简单，是一个圆桶形，它的内壁要承受焦炭激烈的磨损，是最易受损害的部位。

干熄炉本体主要结构如图2-10所示。

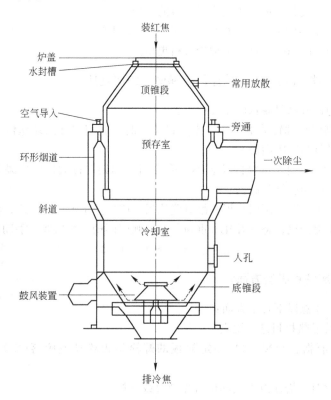

图2-10 干熄炉本体结构

145. 鼓风装置的主要功能及结构有哪些?

干熄炉鼓风装置的主要功能:

从副省煤器出来的约135℃的干熄焦循环气体,通过鼓风装置进入干熄炉,和红焦进行热量交换。鼓风装置内壁既要承受焦炭的冲击磨损,又要承受循环气体的冲刷。

干熄炉鼓风装置的主要结构为:鼓风装置结构如图2-11所示,主要由十字风道、调节棒、环形风道、锥斗和双层风帽组成。

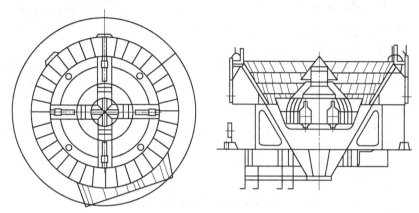

图2-11　鼓风装置俯视图及立面图

146. 水封槽的基本构造包括哪些部分,日常维护应注意哪些问题?

水封槽位于干熄炉顶部,保证装焦间隔时的炉顶密封。其结构如图2-12所示。

水封槽主要由水封槽本体、上水管道、压缩空气管道、内侧隔热板及附属密封材料及回水管道等组成。

水封槽本体内圈直接与炉内循环气体接触,温度较高,因此选用不锈钢材质,内衬耐火材料。

上水管道安装在环形槽底部内侧,在管道外沿上,水平均匀设置了若干放水孔,并安装有水流导向装置,保证水沿一定方向流动,及时将焦粉经回水管道流出,防止沉积。

压缩空气管道位于环形槽底部外侧,在内侧向下45°方向设置了若干小气孔,均匀地向水封槽底部喷射压缩空气进行鼓泡,主要是为了防止焦粉沉积,通过鼓泡使焦粉时刻悬浮,在水流的作用下由回水口流出。

水封槽在日常维护中,应加强对水管上水和压缩空气鼓泡装置的检查,因为一旦两者之一出现问题,极易导致焦粉的沉积和各个小孔的堵塞,严重影响水封槽的使用寿命。

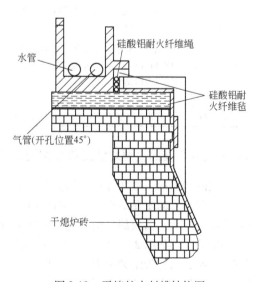

图2-12　干熄炉水封槽结构图

147. 干熄炉水封槽如何更换？

干熄炉水封槽更换方法如表 2-15 所示。

表 2-15　干熄炉水封槽的更换

作业要素	作业内容	安全要点
准备	新水封槽吊装到位，吊车及其他使用工具准备到位，危害辨识及预控措施制定好，停电挂牌	(1) 危害辨识确认齐全，并做好预控措施； (2) 现场要加强确认
拆下旧水封槽	(1) 将料斗台车和炉盖台车分开； (2) 将料斗台车推至前端，便于施工； (3) 启动电动推杆，将炉盖台车拉至最后端，使水封槽更换时方便施工； (4) 卸下水封槽与炉体连接螺栓； (5) 用卡口在水封槽上打上绳扣； (6) 用吊葫芦挂住两根绳扣，轻轻吊起水封槽，放置合适位置； (7) 用吊车将炉盖吊走，放置在空置位置； (8) 卸下吊装绳扣	(1) 确认吊葫芦安全可靠； (2) 若非停炉施工时，作业人员需注意炉口温度； (3) 工作时系好安全带； (4) 吊装用吊葫芦或吊车视具体位置而定
安装新水封槽	(1) 拆下水封槽后，将水封槽下侧、外侧纤维毡和浇注料清理干净； (2) 清理干净后，沿炉口一周重新布置好纤维毡； (3) 在新水封槽上打上吊装绳扣； (4) 用吊车将新水封槽吊至装焦平台合适位置； (5) 用吊葫芦吊起新水封槽至干熄炉中心位置，按连接螺栓孔和水封槽气、水管布置位置放置好； (6) 调整好水封槽水平度，紧固水封槽连接螺栓； (7) 连接好水封槽气、水管及放空管； (8) 卸下吊装新水封槽的绳扣； (9) 重新灌上浇注料； (10) 打开气体吹扫阀门和水管阀门，确认连接无泄漏； (11) 连接料斗台车和炉盖台车	(1) 放置水封槽时，需注意水封槽内的水管和气管与外界的连接位置； (2) 水封槽放置时注意水平度
试车及调整	确认无其他检修任务后，摘牌送电，由操作工按照开车程序进行试车。将台车来回试车几次，观察是否有发卡位置，如有及时调整	(1) 试车前要确认无其他装焦检修任务； (2) 试车时，检修人员和操作工要密切观察，发现问题及时停车处理
清理现场	将现场工器具等收拾干净，方可离开	

148. 一次除尘器的主要功能及基本结构有哪些？

一次除尘器的主要功能：去除循环气体中较大颗粒的灰尘，以减少对锅炉炉管的冲刷。

一次除尘器的主要结构：一次除尘器采用重力沉降方式，其优点是气流阻力损耗少，缺点是槽体体积庞大。槽顶部采用耐火砖拱顶结构，结构简单强度大。

一次除尘器如图 2-13 所示，主要由壳体、金属支架及砌体构成，在负压状态工作。外壳用钢板焊制，内衬为耐磨耐火砖。为提高一次除尘器的除尘效率，在除尘器中设有挡墙。一次除尘器的底锥部出口分隔成漏斗状，下面连接两叉溜槽以将焦粉导入冷却套管。一次除尘器上设有人孔，还设有温度测量装置、压力测量装置等，顶部设有紧急放散口，如图2-14所示。

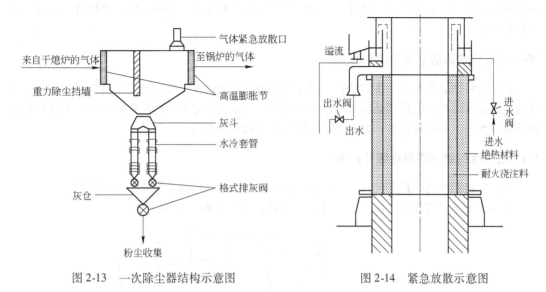

图2-13 一次除尘器结构示意图   图2-14 紧急放散示意图

149. 二次除尘器的主要功能及基本结构有哪些?

二次除尘器的主要功能：将循环气体中的细小灰尘进一步分离出来，减少对循环风机叶轮的磨损。

二次除尘器的主要结构：

二次除尘器采用了陶瓷多管除尘器，以将循环气体中的细粒焦粉进一步分离出来，使进入循环风机中的气体粉尘含量低于 $1g/m^3$，且小于 $0.25mm$ 的粉尘占 95% 以上，以降低焦粉对循环风机叶片的磨损，从而延长循环风机的使用寿命，如图2-15所示。

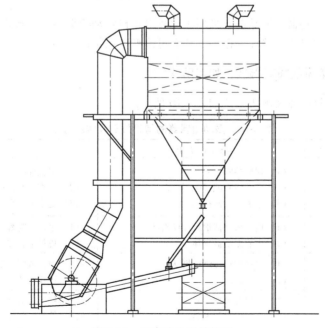

图2-15 二次除尘器结构图

陶瓷多管除尘器主要由单体的陶瓷旋风因子、旋风因子固定部分、外壳、下部灰斗、进口变径管及出口变径管等构成。此外，二次除尘器上还设有人孔、防爆装置、料位计、掏灰孔和检修爬梯等。

150. 振动给料器的主要功能有哪些？

振动给料器是焦炭定量排焦装置，通过改变励磁电流的大小或改变变频电动机的频率，可改变焦炭的排出量。电磁振动器与旋转密封阀组合，保证干熄炉内的焦炭按照一定的排焦量连续不断的排出，同时保证对干熄炉内的循环气体起到密封作用。

151. 振动给料器主要包括哪些部分？

振动给料器常见结构有两种：一是电磁振动给料器；二是激振器式振动给料器。

电磁振动给料器如图 2-16 所示，主要包括筛体及电磁振动头两部分。

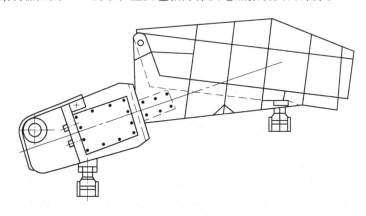

图 2-16　电磁振动给料器示意图

激振器式振动给料器的驱动部分采用了变频电动机带动激振器的方式来带动筛体，通过改变电动机的工作频率可改变筛体的振幅，从而可改变排焦量的大小。

152. 振动给料器常见故障有哪些，如何解决？

振动给料器常见故障及解决方法如表 2-16 所示。

表 2-16　振动给料器的常见故障及解决方法

故障名称	原 因 分 析	解 决 方 法
通电后机器不振动	(1) 保险熔断； (2) 电源线断或接触不良； (3) 电磁振动器损坏	(1) 更换保险； (2) 检查线路，接通断线； (3) 更换电磁振动器
振动力小	(1) 电磁振动器地脚螺栓松动； (2) 电磁振动器损坏	(1) 紧固地脚螺栓； (2) 更换电磁振动器
给料器内衬砖脱落	(1) 紧固用衬砖螺栓松动； (2) 衬砖破碎	(1) 更换或紧固螺栓； (2) 更换衬砖
焦炭仓口下料不畅	(1) 仓口有异物卡阻； (2) 仓口内衬砖脱落； (3) 仓口闸板损坏，开关不灵活	(1) 停机，清理异物； (2) 停机，更换衬砖； (3) 修理，更换闸板

153. 旋转密封阀不动作，如何处理？

旋转密封阀不动作的主要原因有：
(1) 个别焦炭块度过大；
(2) 内部卡住异物，包括焦罐衬板等。
针对以上原因，制定如下处理方法：
(1) 将循环风机风量设置在最小；
(2) 停止振动给料器运转；
(3) 通过现场手动将旋转密封阀正反点动 2~3 次；
(4) 取不出异物时，全关插板阀；
(5) 全开检修集尘阀门；
(6) 打开旋转密封阀的检修闸门；
(7) 取出异物；
(8) 将旋转密封阀和振动给料器内的余焦全部排出；
(9) 旋转阀检修闸门关好，修复衬板；
(10) 关闭集尘阀门；
(11) 全开插板阀；
(12) 从中央自启动；
(13) 循环风机复位。

154. 排焦运行正常，但排不出焦炭，其原因是什么？如何处理？

排焦运行正常，但排不出焦炭的主要原因有：
(1) 炉内可能有异物卡在振动给料器的入口上部；
(2) 调节棒的安装数量较多，且每个调节棒的插入深度较深。
针对以上原因，需采取如下方法进行处理：
(1) 用铁锤敲击干熄炉平板闸门的上部，敲击后如果排焦量稳定，说明是焦炭在振动给料器上部卡住，不需要进一步处理。
(2) 如果敲击仍不能解决问题，就需要把干熄炉各点的调节棒往外抽，如果问题解决，就保持调节棒的现状，不需进一步处理。
(3) 如果往外抽调节棒仍不能解决，说明在振动给料器上部有铁板、杂物卡住，此时就要把调节棒全部抽出，然后对平板闸门进行"关闭"、"打开"操作，并确认平板闸门的开行程是否达到，如果没有达到，就要用手拉葫芦把平板闸门往外抽，直到振动给料器入口上部的铁板落入旋转密封阀，取出铁板。
(4) 待排焦稳定后，再根据 T_4、T_3 各点的温度均匀性，来决定调节棒的安装位置或是否需要进行安装。

155. 旋转密封阀的主要作用有哪些？

旋转密封阀用在干熄焦系统，设置在排焦装置振动给料器的下方，是将冷却到平均温度约 200℃ 以下的焦炭，连续不断地从干熄槽向外排出的装置。通过调节振动给料器的振幅，被冷却的焦炭连续不断地向下定量排出，进入旋转密封阀的上口，由减速机带动转子旋转，将焦炭从旋转密封阀的下口排出。

旋转密封阀在排焦的过程中实现密封，避免了有害气体向周围环境泄漏。旋转密封阀的转子叶片表面、壳体内表面等接触焦炭的部位都加装了耐磨衬板，保证了设备的正常使用寿命。

156. 旋转密封阀的主要结构包括哪些部分？

旋转密封阀的外形结构如图 2-17 所示。主要包括：驱动机构、转子、壳体、走行台车、自动润滑装置、吹扫风机等。

157. 旋转密封阀常见故障有哪些，如何解决？

旋转密封阀常见故障及解决方法如表 2-17 所示。

图 2-17　旋转密封阀外形示意图

表 2-17　旋转密封阀的常见故障及解决方法

故障名称	原因分析	解决方法
旋转密封阀内绞进异物而停止	（1）焦炭块度过大； （2）焦罐内衬板脱落	根据旋转焦罐不动作的处理方法处理
旋转密封阀入口处堵塞	（1）有异物； （2）大块焦炭存在	（1）排出装置停止； （2）将循环风机量设置最小； （3）全关插板阀； （4）全开集尘球阀； （5）旋转密封阀检查闸门打开； （6）取出异物； （7）将旋转密封阀与电磁振动给料器内余焦排出； （8）将电磁振动给料器的检查口打开，如有块状焦炭，将其取出，盖上盖； （9）旋转密封阀检查闸门关闭； （10）关闭集尘球阀； （11）全开插板阀； （12）从中央自动启动； （13）循环风机复位
电磁振动给料器冷却空气入口挠性软管损伤	（1）给料器出口线圈温度上升； （2）泄漏空气进入箱内，焦炭有着火可能	（1）排出装置停止； （2）将循环风机停止，待停止后，冷却空气停止； （3）全关插板阀； （4）打开检修用法兰； （5）振动给料器法兰盖打开； （6）更换挠性软管； （7）振动给料器检查口关闭； （8）关闭集尘阀门； （9）全开插板阀； （10）冷却空气开启； （11）循环风机开启； （12）排出装置开启

故障名称	原因分析	解　决　方　法
电磁振动给料器冷却空气出口挠性软管损伤	泄漏空气进入箱内，焦炭有着火可能	（1）排出装置停止； （2）循环风机停止，待停止后，冷却空气停止； （3）全关插板阀； （4）打开检修用法兰； （5）振动给料器法兰盖打开； （6）打开振动给料器电磁铁护罩； （7）拆下电源线； （8）更换挠性软管； （9）安装电源线； （10）关闭振动给料器的电磁铁护罩； （11）关闭振动给料器检查口； （12）振动给料器箱的集尘停止； （13）全开插板阀； （14）冷却空气开启； （15）循环风机开启； （16）排出装置开启
振动给料器停止作业	（1）振动给料器出口线圈温度上升； （2）旋转密封阀侧面压力低下	（1）排出装置停止作业； （2）将循环风机转速调整到最小； （3）现场切换到预备氮气系统； （4）由中央自动开启； （5）循环风机开启

158. 排出装置日常维护要点有哪些？

在排除装置的日常运行中，要注意以下问题：

（1）振动给料器的冷却用压缩空气要保持一定的压力。振动给料器的整个驱动装置密封在防护罩内，与循环气体直接接触，温度较高。因此，在振动给料器两侧设有压缩空气接管，利用压缩空气来冷却振动器线圈。如果压缩空气低于一定压力，就会对振动给料器线圈产生不良影响，减少线圈的使用寿命，严重时会导致事故的发生。

（2）定期检查压缩空气软管的磨损及管线的磨损情况。软管磨漏或管线磨漏，会导致循环系统中含有的灰尘进入振动给料器内部，严重影响振动器给料的工作。因此，需要定期进行检查维护，一般半年左右检查维护一次即可。

（3）加强对旋转密封阀自动润滑装置的维护保养。定期检查润滑脂的油位、各润滑点的润滑情况等。这是保证旋转密封阀正常运转的重要基础。

（4）定期检查旋转密封阀前部金属安装螺栓的拧紧状况，以及前部金属的磨损情况。

159. 自动加脂器不出油的原因是什么，如何解决？

自动加脂器不出油的原因主要有以下四个方面：（1）油位低于正常油位线；（2）分配器堵塞；（3）换向阀不工作；（4）油泵内进了空气。

针对以上原因，可分别采取如下处理措施：（1）补充润滑油脂；（2）清洗分配器；（3）维修更换换向阀；（4）打开油泵排出空气。

160. 循环风机的主要结构包括哪些部分？

循环风机安装在二次除尘器与副省煤器之间，把闭路循环的气体加压后，源源不断地送入干熄炉内。

循环风机结构如图 2-18 所示。循环风机主要包括：风机转子、风机壳体、入口调节门、联轴器、电动机及其他附属机构。

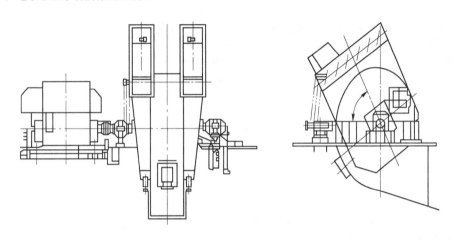

图 2-18　循环风机结构示意图

161. 循环风机与其他风机相比，有何特点？

循环风机与其他风机相比，有如下特点：

（1）循环风机处理的气体介质独特。循环气体不仅含有 CO、H_2 等可燃性气体，而且循环气体中的焦粉含量达到了 $1g/m^3$ 左右，同时气体的温度达到了 170～180℃。这对循环风机的结构和选材提出了更高的要求。

（2）循环风机的结构独特。循环风机不仅采用了双支撑双吸入结构，而且在选材和提高耐磨性方面也采取了特有的材料。

（3）在控制系统方面有独到之处。采用油压调速和进口调节阀方式相结合，根据工艺参数要求，不断进行调节。

（4）无备用设备。循环风机作为干熄焦系统的核心设备，一旦出现问题就会导致重大事故的发生。目前新上干熄焦中，循环风机都是单机设备，无备用设备。因此，该设备大都选用进口设备，以提高设备的可靠性。

162. 循环风机启动前需注意哪些问题？

循环风机启动前需注意以下问题：

（1）风机轴承充分润滑；

（2）设有吸入叶轮的机器，在其滑动部位加油脂。另外，齿轮联轴器的驱动部要加油脂；

（3）轴承为水冷却时，启动前应打开阀门，确认冷却水已流入；

（4）在确认进出口管道安装是否出错的同时，检查有没有安装错误或检修后剩余的材料；

（5）检查循环风机外壳、叶轮、密封套和轴的间隙；

（6）手动转动叶轮时，请确认旋转方向和叶轮旋转时与壳体是否有摩擦；

（7）将风门或进口阀全闭；

（8）将（1）～（7）项确认后，进行小幅度运转，再次确认外壳内部有没有接触发生。

163. 循环风机日常点检维护的要点有哪些？

循环风机日常点检维护的要点如表 2-18 所示。

表 2-18　循环风机的日常点检维护

检查部位	检查内容	标准要求
操作盘	（1）电流表仪表； （2）各开关	（1）动作灵敏，读数准确； （2）自动、手动灵活可靠
电机	（1）结构； （2）运行； （3）润滑； （4）接线	（1）零部件齐全，无损坏，螺栓无松动； （2）运行中平稳，无杂音，无振动或振幅小于 0.05mm； （3）润滑良好，轴承温度 65℃ 以下，不变质； （4）接线牢固，无过热现象
轴承	（1）轴承体； （2）运行； （3）润滑	（1）外观完整，无损坏，螺栓无松动； （2）运行平稳，轴承无噪声； （3）润滑良好，轴承温度 65℃ 以下
联轴器	（1）装配； （2）运行	（1）零部件齐全，无损坏，连接无松动； （2）同轴度在规定范围内，运行平稳
风机	（1）机壳； （2）运行； （3）轴承； （4）叶轮	（1）零部件齐全无变形，螺栓无松动； （2）运行平稳，无振动； （3）供油良好，无杂音，温度低于 65℃； （4）叶轮无损坏，无冲刷壳体声
油泵系统	（1）油温； （2）水温； （3）运行； （4）液位	（1）入口温度 50℃ 左右，出口温度 40℃ 左右； （2）入口温度 20℃ 左右，出口温度 30℃ 左右； （3）运转正常，无异声； （4）保持 H 位（550L）

164. 循环风机都有哪些定期检查内容，检查的周期为多长？

循环风机定期检查内容及检查周期如表 2-19 所示。

表 2-19　循环风机的定期检查

检修类别	检修周期	主要检修内容	备　注
小　修	1~2 月	按照点检发现的实际缺陷，进行检修	报厂周计划
中　修	1~2 年	除正常计划检修外，还包括如下内容： （1）更换轴承润滑油； （2）检查叶轮磨损情况	根据状态检测结果及设备运行状况，可适当调整检修周期
大　修	4~8 年	除正常计划检修外，还包括如下内容： （1）检查入口调节风门； （2）检查各零部件磨损情况； （3）检查测量主轴、转子各部位配合尺寸和跳动； （4）叶轮找静平衡，必要时进行动平衡实验； （5）检查地脚螺栓； （6）联轴器或皮带轮找正； （7）清扫检查冷却水系统及润滑系统	根据状态检测结果及设备运行状况，可适当调整检修周期

165. 循环风机常见的故障有哪些，如何解决？

循环风机常见的故障及解决方法如表 2-20 所示。

表 2-20　循环风机常见故障及解决方法

故障名称	原　因　分　析	解　决　方　法
轴承温度过高	（1）油量过度或不足； （2）轴承间隙过小； （3）轴承损坏； （4）油冷却水不畅	（1）调整油量； （2）调整轴承间隙； （3）更换轴承； （4）检查冷却水量
风机或电动机振动过大	（1）地脚螺栓松动； （2）联轴器不同心； （3）轴承间隙过大或轴承损坏； （4）轴承润滑不良； （5）风机转子不平衡	（1）紧固地脚螺栓； （2）找正联轴器； （3）调整或更换轴承； （4）检查加油； （5）转子找平衡
电动机过热	（1）负载超过额定值； （2）电压过低； （3）散热不良； （4）线路接触不良	（1）检查、降低负荷； （2）调整电压； （3）检查电动机风扇； （4）检查线路接实
运转杂音大	（1）机内有杂物； （2）轴承损坏； （3）各部位连接螺栓松动	（1）检查清除； （2）更换轴承； （3）检查紧固各部位螺栓

166. 循环风机轴瓦或轴承检修判定的方法是什么?

循环风机轴瓦或轴承检修判定的方法如下:

(1) 对于径向厚壁瓦:

1) 用压铅法、抬轴法或其他方法测量轴承间隙与瓦壳过盈量。轴间隙应符合要求,瓦壳过盈量应为 0 ~ 0.02mm。

2) 检查各部件,应无损伤与裂纹。轴瓦应无剥落、气孔、裂纹、槽道与偏磨烧伤情况。

3) 轴瓦与轴颈的接触状况用着色法检查。检查角度为 60°~90°(转速高于 1000r/min 时取下限,转速低于 1000r/min 时取上限)。在接触范围内要求接触均匀,每平方厘米应有 2~4 个接触点,若接触不良,则必须进行刮研。

4) 清扫轴承箱。各油孔畅通,不得有裂纹、渗漏现象。

5) 瓦背与轴承座应紧密均匀贴合。用着色法检查,接触面积不小于 50%。

(2) 对于径向薄壁瓦:

1) 轴瓦的合金层与瓦壳应牢固紧密地结合,不得有分层、脱壳现象。合金层表面和两半瓦中的分面应光滑、平整,不允许有裂纹、气孔、重皮、夹渣和碰伤等缺陷。

2) 瓦背与轴承座内孔表面应紧密均匀贴合。用着色法检查,内径小于 180mm 的,其接触面积不小于 85%;内径大于或等于 180mm 的,其接触面积不小于 70%。

3) 轴瓦与轴颈的配合间隙及接触状况是靠机加工精度保证的,其接触面积一般不允许刮研,若沿轴向接触不均匀,可略加修整。

4) 装配后,在中分面处用 0.02mm 的塞尺检查。不能塞入为合格。

(3) 对于止推轴承:

1) 轴瓦应无磨损、变形、裂纹、划痕、脱层、碾压与烧伤等缺陷;与止推盘的接触处印痕应均匀,接触面积应不小于 70%,且整圆周各瓦块均布;同组瓦块厚度差应不大于 0.01mm,瓦块巴氏合金应按旋转方向修圆进油楔,以利润滑油的进入;背部承力面平整光滑。

2) 调整垫片应光滑、平整、不挠曲,用厚度差不大于 0.01mm 的一层垫片。

3) 轴承盖组装后,反复用推轴法测量止推轴承间隙,其值应在要求范围内。用这种方法测量得到的间隙,和用轴位移探头测得的止推轴承间隙必须一致,并按规定调整好位移探头的指示零位。

4) 轴承壳水平结合面严密,不错位。测油温的油孔与瓦盖眼对准,不偏斜。油孔干净畅通。

167. 循环风机调整风量的方法有哪些,各有什么优缺点?

循环风机调整风量的方法主要有以下两种:

(1) 风机只通过调节进口调节门进行调节。此种方法投资小,设备简单,但风机启动电流大;

(2) 采用油压调速器控制风机的转速。此种方法投资大,设备复杂,但风机启动电流小。同时,运行时可有效降低电耗。只靠此种方法最小调节量为 30%,在开工初期,一般辅以进口阀门调节相结合。

168. 油压调速器的结构包括哪些部分?

油压调速器的结构主要由以下三个部分组成:

（1）本体：本体部分主要由输入轴、输出轴、轴承、轴承箱、调节阀、离合器外筒、离合器内筒、离合器、活塞、活塞缸体、脉冲发生器等组成。

输送至输入轴的动力通过花键传至离合器内筒，然后再传递至离合器组件，离合器组件由多个离合盘交替叠加而成，包括带有花键的钢板制离合器，用来连接离合器外筒的花键以及用来连接离合器内筒的花键。该离合器组件向离合器外筒传递力矩，所传递的力矩大小与液压驱动活塞的压力成正比。该离合器组件还通过输出轴向风机提供驱动力，如果将直接连接螺栓拧紧，则输入轴与输出轴将直接连接起来，与控制油压力无关。本体中的脉冲发生器用来检测风机的转动情况。

（2）液压系统：包括冷却油系统，控制油系统，控制阀类，检测位置及仪表。

冷却油系统主要由吸入式过滤器、冷却油油泵、冷却器等组成。

冷却油经吸入式过滤器从主油箱吸到冷却油油泵中，然后流过冷却油过滤器，由冷却器对其进行冷却。冷却后的油液进入离合器组件，对离合器组件进行冷却，然后进入油箱形成油液循环。

控制油系统主要由吸入式过滤器、控制油油泵等组成。

控制油系统与冷却油系统类似，控制油经吸入式过滤器从主油箱吸入到控制油油泵中，通过控制油过滤器后进入调节阀。

检测装置及仪表主要由油压表、油压温度计、异常现象检测装置等组成。

（3）离合油油压调节机构：主要由伺服电动机、齿轮箱、手柄、蜗轮蜗杆装置、轴承支架、控制杆、铰链杆、PC滑阀、限位器、限位开关等组成。

169. 油压调速器的调节原理是什么？

油压调速器为多板离合式无级变速装置，该变速装置利用了吸附在摩擦材料上的、极薄的一层油粒子层的抗剪切性来传递扭矩。由于这种摩擦力不依赖于固定的接触，因此不会产生磨损，所以它具有非常高的使用寿命。利用由液压驱动活塞产生的力将离合组件压下，就可以实现动力传输。通过改变油压来控制力矩。

170. 油压调速器运行中的常见故障有哪些，如何解决？

油压调速器运行中常见的故障及解决方法如表2-21所示。

表2-21　油压调速器常见故障及解决方法

故障名称	检查内容	解决方法
不运行	（1）速度控制单元的电源开关未闭合或保险丝熔断； （2）如果在开放状态下不运行，应检查运行程序及指令等； （3）检查速度控制单元是否有输出； （4）检查调节阀是否正常	（1）闭合电源开关或更换保险丝； （2）修改程序及指令； （3）如果是速度控制单元故障，则先关闭伺服电动机电源，利用手动方式对阀进行操作； （4）检修调节阀
速度仅仅上升到一半	（1）离合器油压不能上升，应检查调节阀； （2）离合器油压上升，应为过载或离合器的离合能力下降	（1）修复调节阀，可恢复；如果仍不能恢复，停止运行后，可直接拧紧螺栓； （2）发生过载时，可通过调节挡板或阀使负载降低；若离合能力下降，则应先降低负载，降低速度，并切换到直接连接模式

续表2-21

故障名称	检查内容	解决方法
控制系统稳定性差	（1）控制系统在小负载下稳定，但在负载较大时不稳定； （2）负载变化速度很快：若切断伺服电动机的电源，转动速度的变化仍很快，则说明负载波动较大； （3）校准不准确：如果速度控制系统的校准不精确，也会使速度控制不稳定； （4）如果速度指令由调整装置给出时，需要调整仪表设置	（1）若油位过低又无现成的油时，可以直接连接模式运行；在冷却油压过低时也可以直接连接方式运行； （2）为降低速度的变化率，应增大速度调节系统的控制速度； （3）重新进行校准； （4）将该仪表设置为手动模式。控制变稳后，调整仪表的常数

171. 副省煤器的主要功能及基本结构有哪些？

副省煤器的主要功能：副省煤器安装在循环风机至干熄炉入口间的循环气体管路上，用水-水换热器后的锅炉供水，降低进入干熄炉内的循环气体的温度，以改善干熄炉的换热效果。同时利用从循环气体中回收的热量加热锅炉给水，节约除氧器的蒸汽用量，从而节约能量。

副省煤器的主要结构：结构为蛇管间壁式（管内：水；管间：循环气体），外形为方形。另外，还包括给水热交换器（板式）、安全阀等附件。副省煤器外形图如图2-19所示。

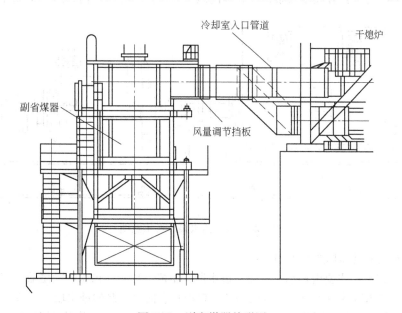

图2-19　副省煤器外形图

172. 锅炉供水设备包括哪些？

锅炉供水设备，主要包括除盐水箱、除氧器给水泵、除氧器循环水泵、除氧器、锅炉给水泵及加药装置等。

（1）除盐水箱：除盐水箱主要作为锅炉给水泵的供水源。水箱上设有低水位报警器，当除盐水箱内部的水位低于最低水位时报警，以便及时采取工艺调整措施，保证锅炉供水的安全。

除盐水箱的形状为圆筒状，顶部封闭，设放散管、人孔等辅助设施。为了延长使用寿命，在内部表面，涂漆 4~6 遍，衬 2~3 层玻璃钢。

（2）除氧器：除氧器的主要作用是，利用蒸汽加热，除盐水被加热至 105℃ 左右，溶解于其中的氧被析出，以降低炉水的含氧量，减少对炉管的腐蚀。

除氧器主要由除氧水箱、除氧塔及附属设施组成。

（3）除氧器给水泵：除氧器给水泵主要作用是，将除盐水箱中的水不断供向除氧器。除氧器给水泵采用了单机悬臂式结构。主要包括如下部分：壳体部分、转子部分、轴承部分、传动部分、密封部分等。

（4）除氧器循环水泵：除氧器循环水泵的作用是，开工时调节副省煤器的温度。在日常的干熄焦检修工作中，起到保温保压的作用。除氧器循环水泵也采用了单机悬臂式结构。其结构与除氧器给水泵基本相同，也是由壳体部分（泵体、泵盖等）、转子部分（叶轮、轴、轴套、叶轮螺母等）、轴承部分（轴承体和滚动轴承等）、传动部分、密封部分等组成。

（5）锅炉给水泵：锅炉给水泵的作用是，将除氧器的水源源不断地供向锅炉，补充因产生蒸汽消耗的炉水，保持余热锅炉的水汽平衡。锅炉给水泵为单壳分段多级泵，在高温高压下运行。

173. 锅炉给水泵的结构特点有哪些？

锅炉给水泵为单壳分段多级泵，在高温高压下运行。其外形结构如图 2-20 所示。

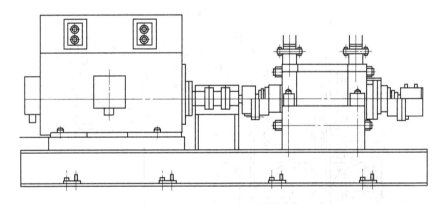

图 2-20　锅炉给水泵外形示意图

锅炉给水泵的具体构造特点如下：

（1）定子部分：主要由轴承、首盖、进水段、中段、导叶、出水段、尾盖等零件用拉紧螺栓连接而成。进水段的吸入口、出水段的吐出口均垂直向上，泵的进水段、中段、出水段的静止密封面靠金属面密封，同时有 O 型密封胶圈作为辅助密封。泵座采用焊接结构。

（2）转子部分：转子的结构对泵的整体结构、运行稳定性及产品性能都有影响。给水泵转子部分由叶轮、轴、平衡盘及轴螺母、轴套、橡胶密封圈、锁紧螺母等组成。整个转子由两端的轴承支撑。

（3）平衡机构：采用平衡盘与止推轴承来平衡轴向力，并使转子在轴向定位，这种平衡机构对泵工作的稳定性、产品运行的可靠性及其寿命有着极为重要的影响，平衡盘能 100% 平衡轴向力，灵敏度高，工况变化时自动调整能力好。

（4）轴端密封：采用机械密封或软填料密封，软填料密封材料为碳纤维填料绳，从首盖及尾盖下方引进冷却水，从上方引出，首盖、尾盖衬套带散热片，冷却水为常温的工业水或自来水。

（5）轴承部分：径向轴承采用多油楔滑动轴承，可以在两个转向下工作，并且在泵的吸入端和吐出端可以互换，轴承采用强制润滑，油通过一段孔和轴承体上的环形空间及轴瓦上的孔流入轴瓦内的油槽中。

推力轴承装在吐出端径向轴承的后面，可以承受两个方向的轴向载荷。它用来确定泵转子在轴向的位置，能够承受水力平衡装置未能完全平衡掉的剩余的那部分轴向力。推力轴承采用强制润滑，油通过一个节流孔流入推力盘与扇形块之间两侧的空间，径向流经推力轴承的两个摩擦表面，并且通过轴承端盖上留出的孔进入轴承体，与径向轴承的润滑油一起流出。

174. 锅炉给水泵常见故障有哪些，如何解决？

锅炉给水泵常见故障及解决方法如表2-22所示。

表 2-22　锅炉给水泵常见故障及解决方法

故障现象	故障原因	解决方法
流量扬程降低	（1）泵内或吸入管内存有气体； （2）泵内或管路有杂物堵塞； （3）旋转方向不对； （4）叶轮流道不对中	（1）排出气体、检查清理杂物、改变旋转方向； （2）检查、修正流道对中
电流升高	转子与定子碰擦	解体修理
振动增大	（1）泵转子或电机转子不平衡； （2）泵轴与电动机轴对中不良； （3）轴承磨损严重，间隙过大； （4）地脚螺栓松动或基础不牢固； （5）泵抽空； （6）转子零部件松动或损坏； （7）支架不牢引起管线振动； （8）泵内部存在接触和摩擦	（1）转子重新平衡； （2）重新校正电机； （3）修理或更换轴承； （4）紧固螺栓或加固基础； （5）进行工艺调整； （6）紧固或更换松动部件；管线支架加固； （7）拆泵检查，消除摩擦
密封泄漏严重	（1）泵轴与电动机对中不良或轴弯曲； （2）轴承或密封环磨损过多，形成转子偏心； （3）机械密封损坏或安装不当； （4）密封液压力不当； （5）填料过松； （6）操作波动大	（1）重新校正电机； （2）更换并校正轴线； （3）更换检查密封； （4）比密封腔前压力大0.05～0.15MPa； （5）重新调整填料； （6）稳定操作
轴承温度过高	（1）轴承安装不正确； （2）转动部分平衡被破坏； （3）轴承箱内油过少、过多或太脏变质； （4）轴承磨损或松动； （5）轴承冷却效果不好	（1）按要求重新装配轴承； （2）检查消除不平衡； （3）按规定添放油或更换油； （4）修理更换或紧固轴承； （5）检查调整润滑冷却系统

175. 锅炉给水泵的润滑方式有几种？

锅炉给水泵的润滑方式有两种：

（1）带润滑站的强制润滑方式：此种方式具有润滑油流动性好、轴承运行环境好等优点。缺点是需要单独增加一套润滑站系统，增加投资，设备构造较复杂，占地面积大。

（2）不带润滑站，仅靠轴承箱内润滑油进行的润滑方式：此种方式的优点是占地面积小，设备构造简单，可减少投资。缺点是润滑油无法流动，降温效果差，无法及时取出润滑油中产生的杂质，必须定期进行换油。

选用润滑方式时，一般要根据给水泵的处理量大小、场地条件等确定。

176. 机械密封的基本结构及主要特点是什么？

机械密封是一种用来解决旋转轴与机体之间密封的装置。它由至少一对垂直于旋转轴线的端面在流体压力和补偿机构弹力（或磁力）作用下及辅助密封的配合下，保持贴合并相对滑动而构成防止流体泄漏的装置，常用于泵、压缩机、反应搅拌釜等旋转式流体机械的密封；也用于齿轮箱、阀门、旋转接头、船舶尾轴等的密封。

机械密封一般由 5 个部分组成：（1）由补偿环和非补偿环构成的密封端面，亦称摩擦副（包括动、静密封环）；（2）由弹性元件为主构成的加载、补偿和缓冲机构；（3）辅助密封；（4）与旋转轴连接，并同轴一起旋转的传动机构；（5）防转机构。

机械密封的结构不同，其零件也不尽相同，但这 5 个要素基本上都应具备。

（1）补偿环与非补偿环：补偿环是具有轴向补偿能力的密封环，它可以是旋转环（亦称动环），也可以是非旋转环。非补偿环是不具有轴向补偿能力的密封环，同样可以是旋转环，也可以是非旋转环（亦称静环）。两者的端面贴合在一起构成密封端面。它是机械密封的主要构件，起主密封作用。近年来，在有些情况下，补偿环用软质材料制造，端面较窄；非补偿环用硬质材料制造，端面较宽。

（2）弹性元件与弹簧座：二者构成了加载、补偿和缓冲机构，以保证机械密封在安装后端面贴合；在磨损时及时补偿；在受振动、窜动时起缓冲作用。

1）弹性元件：指弹簧或波纹管之类具有弹性的元件。由弹性元件产生的弹力大小，必须足以克服补偿环辅助密封圈在轴（轴套）上滑动时的摩擦阻力；过大的弹性力会加剧密封端面的磨损，影响使用性能。弹簧可以是单个圆柱螺旋弹簧、圆锥螺旋弹簧，亦可以是多个周向布置的圆柱螺旋弹簧，或成对的片状波形弹簧、碟形弹簧等。

2）弹簧座：用于弹簧轴向和径向定位的零件，通常还兼备传递转矩或克服转矩的功能。

（3）辅助密封圈：起辅助密封作用，分补偿环辅助密封圈和非补偿环辅助密封圈两种。

1）补偿环辅助密封圈：按其截面形式分为 O 形圈、V 形圈、楔形环等，用来密封补偿环与轴（轴套）之间的泄漏。

2）非补偿环辅助密封圈：在旋转式机械密封中，用以密封非补偿环与端盖之间的泄漏；在静止式机械密封中，用以密封非补偿环与轴（轴套）之间的泄漏。它的截面形状有 O 形、V 形、矩形，也有垫片形式。

（4）传动机构：起传递转矩的作用。在旋转式机械密封中，多弹簧结构常用凸圆凹坑、柱销、拨叉等方式传动，传动机构多布置在弹簧座和补偿环上；单弹簧结构常以弹簧自身的并圈或带钩结构兼起传动作用。在静止式机械密封中，旋转环常以键、柱销来传动。

（5）防转机构：起克服转矩作用，其结构型式与传动结构相反。

常用机械密封结构如图 2-21 所示。由静止环（静环）1、旋转环（动环）2、弹性元件 3、弹簧座 4、紧定螺钉 5、旋转环辅助密封圈 6 和静止环辅助密封圈 8 等元件组成。防转销 7 固定在压盖 9 上，以防静止环转动。旋转环和静止环往往还可根据它们是否具有轴向补偿能力，而称为补偿环或非补偿环。

机械密封中流体可能泄漏的途径：如图 2-21 中的 A、B、C、D 四个通道。

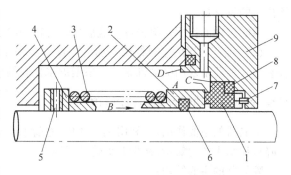

图 2-21　机械密封示意图

C、D 泄漏通道分别是静止环与压盖、压盖与壳体之间的密封，二者均属静密封。B 通道是旋转环与轴之间的密封，当端面摩擦磨损后，它仅仅能随补偿环沿轴向作微量的移动，实际上仍然是一个相对静密封。因此，这些泄漏通道相对来说比较容易封堵。静密封元件最常用的有橡胶 O 形圈或聚四氟乙烯 V 形圈，而作为补偿环的旋转环或静止环辅助密封，有时采用兼备弹性元件功能的橡胶、聚四氟乙烯或金属波纹管的结构。

A 通道是旋转环与静止环的端面彼此贴合，作相对滑动的动密封，它是机械密封装置中的主密封，也是决定机械密封性能和寿命的关键。因此，对密封端面的加工要求很高，同时为了使密封端面间保持必要的润滑液膜，必须严格控制端面上的单位面积压力。压力过大，不易形成稳定的润滑液膜，会加速端面的磨损；压力过小，泄漏量增加。所以，要获得良好的密封性能又有足够寿命，在设计和安装机械密封时，一定要保证端面单位面积压力值在最适当的范围。

机械密封与软填料密封比较，有如下优点：

（1）密封可靠。在长周期的运行中，密封状态很稳定，泄漏量很小。粗略统计，其泄漏量一般仅为软填料密封的 1/100；

（2）使用寿命长。在油、水类介质中一般可达 1～2 年或更长时间，在化工介质中通常也能达半年以上；

（3）摩擦功率消耗小。机械密封的摩擦功率仅为软填料密封的 10%～50%；

（4）轴或轴套基本上不受磨损；

（5）维修周期长，端面磨损后可自动补偿，一般情况下，无须经常性的维修；

（6）抗振性好，对旋转轴的振动、偏摆以及轴对密封腔的偏斜不敏感；

（7）适用范围广。机械密封能用于低温、高温、真空、高压、不同转速，以及各种腐蚀性介质和含磨粒介质等的密封。

但其缺点有：

（1）结构较复杂，对制造加工要求高；

（2）安装与更换比较麻烦，并要求工人有一定的安装技术水平；

（3）发生偶然性事故时，处理较困难；

（4）一次性投资高。

177. 锅炉加药装置的主要功能是什么，由哪些部分组成？

（1）加药装置的主要功能：加氨的作用：中和水中的二氧化碳，调整锅炉给水的 pH 值，减缓给水系统酸腐蚀，降低给水中的含铁量和含铜量。联氨的作用：除氧剂，用来降低除盐水箱出水的氧含量。

磷酸三钠的作用：除去各种盐成分，为锅炉给水除垢剂，降低锅炉垢层厚度。

（2）加药装置的主要结构：加药装置主要采用计量泵的结构。一般设有加药箱，配套搅拌装置，加药泵采用电动机驱动，根据炉水化验结果，可调整加药泵的流量。

178. 除氧器的功能及结构特点有哪些?

除氧器的主要作用是：利用蒸汽加热，除盐水被加热至105℃左右，溶解于其中的氧被析出，以降低炉水中的含氧量，减少对炉管的腐蚀。

除氧器的主要结构：

如图2-22所示，除氧器主要由除氧水箱、除氧塔及附属设施组成。

除氧塔的作用是除氧，需除氧的水自顶部流下，经过配水盘和淋水盘被分散为多股细小的水流，逐层淋下；加热蒸汽自下部通入，经过分配器向上流动，形成水汽热交换，将水加热，从而形成较大的汽水界面进行除氧，所除氧气随余汽一起排出。

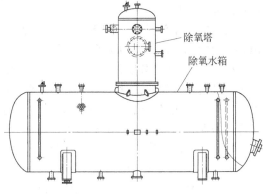

图 2-22　除氧器外形示意图

179. 除尘风机的主要功能及结构有哪些?

除尘风机的主要功能：除尘风机设置在除尘器后端，与除尘器配套，使干熄焦现场的各个扬尘点形成负压，从而使灰尘集中收集到除尘器灰斗，保证现场的清洁。

除尘风机的主要结构：除尘风机一般采用双支撑双吸入或双支撑单吸入结构，轴承一般采用滚动轴承，进口管道上设调节翻板，出口管道上设置消音器。

180. 除尘风机在日常的运行过程中需检查哪些内容?

除尘风机在日常的运行过程中需要检查的内容如表2-23所示。

表 2-23　除尘风机日常运行检查

检查部位	检查内容	标准要求
操作牌	（1）仪表； （2）按钮开关	（1）灵敏可靠，读数准确； （2）自动、手动灵敏可靠
电机	（1）结构； （2）运行； （3）润滑； （4）接线	（1）零件齐全无损坏，地脚螺母无松动； （2）运行平稳，无杂音、无振动； （3）润滑良好，轴承温度低于65℃； （4）接线牢固，绝缘良好
联轴器	（1）结构； （2）运行	（1）零件齐全无损坏、无裂纹，连接螺栓无松动、无脱落； （2）同轴度在规定范围内，运行平稳

检查部位	检查内容	标准要求
风　机	(1) 结构； (2) 轴承； (3) 冷却水管阀门； (4) 风机入口执行机构； (5) 运行	(1) 外壳各部螺栓无松动、无脱落，接口无漏风，焊口无开裂； (2) 润滑良好，无振动、无杂音，温度低于70℃； (3) 水管无泄漏堵塞，水流畅通，阀门开关灵活可靠； (4) 开关灵活可靠，角度准确； (5) 运行稳定，无振动、无杂音

181. 除尘风机常见的故障有哪些，如何解决？

除尘风机常见的故障及解决方法如表 2-24 所示。

表 2-24　除尘风机常见故障及解决方法

故障名称	原因分析	解决方法
电动机振动	(1) 地脚螺栓松动； (2) 联轴器不同心； (3) 轴承间隙不合适； (4) 轴承损坏； (5) 轴承润滑不好	(1) 紧固地脚螺栓； (2) 找正； (3) 调整轴承间隙； (4) 更换轴承； (5) 加油或换油
电动机过热	(1) 负载率超过额定值； (2) 电压过低； (3) 散热系统不良	(1) 降低负荷； (2) 提高电压； (3) 检查风扇
风机振动	(1) 地脚螺栓松动； (2) 联轴器不同心； (3) 轴承间隙不合适或损坏； (4) 轴承润滑不好； (5) 转子不平衡	(1) 紧固地脚螺栓； (2) 找不同心度； (3) 调整或更换轴承； (4) 检查、加油或换油； (5) 转子找平衡
轴瓦过热	(1) 润滑不好； (2) 轴承冷却水不畅； (3) 轴瓦损坏	(1) 检查加油； (2) 检查疏通冷却水管； (3) 更换轴瓦

182. 除尘风机检修周期有多长，检修内容有哪些？

除尘风机检修周期及主要检修内容如表 2-25 所示。

表 2-25　除尘风机的检修

检修类别	检修周期	主要检修内容	备　注
小　修	1~2 月	按照点检发现的实际缺陷，进行检修	报厂周计划
中　修	1~2 年	除正常计划检修外，还包括如下内容： （1）更换轴承润滑油； （2）检查叶轮磨损情况	根据状态检测结果及设备运行状况，可适当调整检修周期
大　修	4~8 年	除正常计划检修外，还包括如下内容： （1）检查入口调节风门； （2）检查各零部件磨损情况； （3）检查测量主轴、转子各部位配合尺寸和跳动； （4）叶轮找静平衡，必要时进行动平衡实验； （5）检查地脚螺栓； （6）联轴器或皮带轮找正； （7）清扫检查冷却水系统及润滑系统	根据状态检测结果及设备运行状况，可适当调整检修周期

183. 干熄焦除尘器的常见结构特点有哪些？

干熄焦除尘器的常见结构特点主要包括如下几点：

（1）干熄焦除尘系统一般采用长袋低压脉冲袋式除尘器。除尘器由上箱体、中箱体、灰斗及支架、卸灰装置和喷吹装置等组成。

（2）除尘器采用低压脉冲喷吹清灰方式。

（3）滤袋材质为防静电覆膜涤纶针刺毡，可满足干熄焦系统烟气治理的需求。滤袋和花板之间采用良好的接口技术，装卸方便，配合紧密。滤带框架采用星形断面，有利于增强清灰效果。滤袋框架中各零件先经模具成形，然后经碰焊机焊接，避免变形和焊疤。

（4）除尘器箱体中进风口处设有挡风板，以减少粉尘对滤袋的冲刷。每仓室设置一灰斗，灰斗上设振动电动机，灰斗下设手动插板阀和星形卸灰阀。上箱体设计为斜坡形式，可防止顶盖积水。

184. 除尘器的日常检查包括哪些内容？

除尘器的日常检查主要包括如表 2-26 所示内容。

表 2-26　除尘器的日常检查

检查部位	检查内容	标 准 要 求
操作室	（1）仪表 （2）各按钮开关	（1）仪表灵敏可靠，读数准确； （2）开关自动、手动灵敏可靠
脉冲阀	（1）结构； （2）运行	（1）零件齐全无损坏，地脚螺母无松动； （2）运行平稳，完好
气　缸	（1）结构； （2）运行	（1）零件齐全无损坏，连接螺栓无松动、无脱落； （2）运行平稳
烟　囱	（1）结构； （2）运行	（1）各焊口及连接点无开焊； （2）出口无黑烟冒出
卸灰阀	（1）结构； （2）运行	（1）运行完好，无异常； （2）零件齐全，连接螺栓无松动

185. 除尘器的常见故障有哪些?

除尘器的常见故障如表2-27所示。

表2-27 除尘器的常见故障及解决方法

故障名称	原 因 分 析	解 决 方 法
脉冲阀常开	(1) 电磁阀不能关闭; (2) 小节流孔完全堵塞; (3) 膜片上的垫片松动	(1) 检修或更换电磁阀; (2) 清除节流孔中污物; (3) 重新安装, 装好垫片
脉冲阀常闭	(1) 控制系统无信号; (2) 电磁阀失灵或排气孔被堵; (3) 膜片破损	(1) 检查控制系统; (2) 检修或更换电磁阀; (3) 更换膜片
脉冲阀喷吹无力	(1) 大膜片上节流孔过大或膜片上有砂眼; (2) 电磁阀排气孔部分被堵; (3) 控制系统输出脉冲宽度过窄	(1) 更换膜片; (2) 检查系统排气孔; (3) 调整脉冲宽度
电磁阀不动作 或漏气	(1) 接触不良或线圈断路; (2) 阀内有脏物; (3) 弹簧橡胶件失去作用或损坏	(1) 调换线圈; (2) 清洗电磁阀; (3) 更换弹簧或橡胶件
卸灰阀电动机 被烧毁	(1) 灰斗积灰过多; (2) 叶片被异物卡住; (3) 减速机故障	(1) 及时排除灰斗内的积灰; (2) 清除叶片内的异物; (3) 排除减速机故障
排放浓度 显著增加	(1) 滤袋破损; (2) 滤袋口与花板之间漏气	(1) 更换滤袋; (2) 重新安装滤袋
进出口阻力过大	(1) 脉冲阀故障; (2) 回转切换阀故障; (3) 滤带被粉尘堵塞, 糊袋	(1) 检查脉冲阀; (2) 检查切换阀转动情况; (3) 减小喷吹周期或更换滤袋

186. 刮板机的功能及结构有哪些?

刮板机的主要功能是: 根据设定的时间周期, 定期将灰仓中收集的灰尘通过刮板输送到指定的位置。

一般适用于一次除尘器、二次除尘器、环境除尘器的集尘灰的输送。

刮板机结构如图2-23所示, 主要由以下几部分组成: (1) 驱动装置: 包括电动机、减速机、传动链轮等; (2) 输送装置: 包括主、从动链轮、刮板链条等; (3) 外壳。

187. 刮板机常见故障有哪些?

刮板机常见故障如表2-28所示。

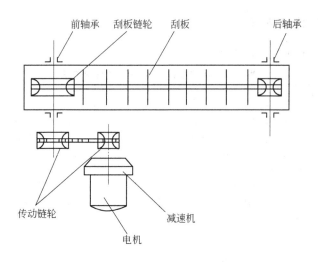

图 2-23　刮板机结构示意图

表 2-28　刮板机常见故障及解决方法

故障现象	原 因 分 析	解 决 方 法
减速机振动 声音不正常	（1）地脚螺栓松动； （2）轴承损坏； （3）链轮不平行，链条咬合不好	（1）紧固地脚螺栓； （2）更换轴承； （3）找正链轮，调整链条
电动机过热	（1）超负荷运行； （2）电压过低	（1）调整下料，减少负荷； （2）提高电压
减速机、电动机不转， 发出"嗡嗡"响声	（1）机械传动系统卡阻； （2）单相运转； （3）电源故障	（1）找出卡阻原因，并排除； （2）消除单相； （3）找出原因，恢复电源
刮板刮蹭机壳	机壳或刮板损坏变形	（1）调整、恢复机壳； （2）更换刮板
链轮与链条 咬合不好	（1）链轮磨损，齿距改变； （2）链条销轴损坏，节距改变	（1）更换链轮； （2）更换链条销轴

188. 刮板机运行过程中应注意检查哪些事项？

刮板机运行过程中应注意检查的内容如表 2-29 所示。

表 2-29　刮板机运行过程中应注意检查的内容

检查部位	检 查 内 容	标 准 要 求
减速机	（1）机　体； （2）运　行； （3）润　滑； （4）接　线	（1）零部件齐全无损坏、无裂纹； （2）地脚螺栓无松动； （3）运行平稳、无杂音、无振动； （4）润滑良好，轴承温度低于65℃； （5）电动机接线牢固，无虚连、过热

续表2-29

检查部位	检查内容	标准要求
传动链轮	(1) 磨 损； (2) 连 接	(1) 磨损不超标准，无损坏； (2) 无跳链现象，与轴连接牢固
轴 承	(1) 润 滑； (2) 声 音； (3) 振 动	(1) 油量适中，润滑良好，温度低于65℃； (2) 运行平稳，无杂音； (3) 无振动
刮 板	(1) 磨 损； (2) 运 行； (3) 连 接	(1) 磨损不超标，无变形、无开裂、无腐蚀； (2) 运行平稳，无卡阻； (3) 连接销轴牢固
机 壳	(1) 结 构； (2) 下料口	(1) 结构坚固，无开焊、无漏洞、无腐蚀； (2) 地脚螺栓坚固，无松动； (3) 下料口畅通，无挂料、无阻滞、无堵塞

189. 刮板机的检修周期有多长，检修内容是什么？

刮板机的检修周期及主要检修内容如表2-30所示。

表2-30　刮板机的检修周期及检修内容

检修类别	检修周期	检修内容
小 修	利用日检修时间进行检修，按照周计划进行	按点检发现的设备实际缺陷进行检修
中 修	2~4年	除小修项目外，还包括如下项目：更换刮板链条，减速机解体检修等
大 修	4~8年	除中小修项目外，还包括如下项目：传动链轮更换，从动链轮更换，拉紧装置更换，壳体部分更换等

190. 加湿机一般由哪几部分构成，加湿机的主要功能有哪些？

加湿机结构如图2-24所示，主要由以下几部分组成：（1）驱动装置：包括电动机、减速

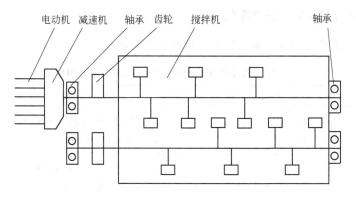

图2-24　加湿机结构示意图

机、齿轮组等；（2）搅拌装置：包括主、从动转子。加湿机的主要功能是：将收集的灰尘在装车外运时加湿，以防止灰尘外逸，污染环境。

191. 加湿机的常见故障有哪些？

加湿机的常见故障及解决方法如表 2-31 所示。

表 2-31　加湿机的常见故障及解决方法

故障名称	原因分析	解决方法
电动机振动	（1）地脚螺栓松动； （2）联轴器不同心； （3）轴承损坏； （4）轴承缺油，润滑不好	（1）紧固地脚螺栓； （2）找正联轴器； （3）更换轴承； （4）加油或换油
电动机过热	（1）超负荷运转； （2）电压低； （3）电动机散热不良	（1）降低负荷； （2）提高电压； （3）更换扇叶
电动机不转，发出"嗡嗡"声	（1）机械传动卡阻； （2）单相运转； （3）电动机定子回路断开； （4）电动机扫膛	（1）找出原因，排除卡阻； （2）消除单相； （3）检查线路，接好； （4）更换电动机
减速机声音不正常，振动大	（1）地脚螺栓松动； （2）传动齿轮啮合不良； （3）联轴器不同心； （4）轴承损坏； （5）减速机缺油	（1）紧固地脚螺栓； （2）调整或更换齿轮； （3）调整同心度； （4）更换轴承； （5）检查油量，加油
加湿机搅拌器转动不灵活，声音不正常	（1）加湿机内有异物； （2）搅拌叶片连接螺栓松动、脱落或叶片变形； （3）卸灰漏斗卡阻，下料不畅	（1）检查，取出异物； （2）紧固螺栓，修复或更换叶片； （3）检查，疏通出料口

192. 加湿机在运行过程中应注意哪些事项？

加湿机在运行过程中应注意检查的内容如表 2-32 所示。

表 2-32　加湿机在运行过程中应注意检查的内容

检查部位	检查内容	标准要求
操作盘	（1）电流表； （2）各开关	（1）电流表活动灵敏，读数准确； （2）开关灵敏可靠
减速机	（1）机体； （2）运行； （3）润滑	（1）零件齐全，无损坏，螺栓无松动； （2）运行平稳无振动，无杂音； （3）润滑良好，不缺油，密封无渗漏，温度低于65℃

检查部位	检查内容	标准要求
轴承	(1) 轴承体； (2) 运行； (3) 润滑	(1) 轴承体完整无损坏，无开裂，无松动； (2) 运行平稳，无杂音； (3) 润滑良好，不缺油，温度低于65℃
加湿机	(1) 结构； (2) 搅拌器； (3) 运行； (4) 喷管	(1) 结构完整，无开焊，无裂纹，无渗漏，无严重腐蚀； (2) 叶片完整，无变形，转动灵活，无卡槽； (3) 运行声音正常，无振动、无刮槽； (4) 喷管喷水均匀，阀门开关灵活无滴漏
卸料阀	(1) 结构； (2) 卸料； (3) 运行	(1) 结构完整，连接牢固，无裂纹； (2) 卸料畅通，无卡阻； (3) 减速机运行平稳,转动灵活,无振动,润滑良好
料仓	(1) 结构； (2) 振动电动机	(1) 结构完整，无开裂，无严重腐蚀，无渗漏； (2) 运行平稳，振动均匀，连接可靠，无松动

193. 加湿机的检修周期为多长，主要包括哪些检修内容？

加湿机的检修周期及主要检修内容如表 2-33 所示。

表 2-33 加湿机的检修周期及检修内容

检修类别	检修周期	检修内容
小修	利用日检修时间进行检修，按照周计划进行	按点检发现的设备实际缺陷进行检修
中修	1~2 年	除小修项目外，还应包括如下项目：更换叶片，减速机解体检查等
大修	2~4 年	除中小修项目外，还包括如下项目：更换传动轴，更换壳体等

194. 正压输灰装置主要功能有哪些，包括哪些部分？

正压输灰装置的主要功能是：利用压缩空气，按照预先设定的程序，自动定期地将各个分灰仓中收集的粉尘，定期输送到集尘仓，以便外运。

整个正压输灰装置由储气罐、发送器、输送管道、防堵排堵管道、控制阀组、尾气处理、PLC 控制系统等组成。

储气罐：用于系统用气的储存和缓冲，以免因供气管网的压力波动和供气量不足，造成控制阀动作不灵敏和送料失败等故障。为防止气体倒流，特在储气罐前设置一个止回阀。

储气罐的容积根据每输送一次的用气量来确定，一般为 3~5m³。储气罐的结构如图 2-25 所示。

发送器：根据干熄焦除尘灰的物料特性，选用 SF 型沸腾式发送器，如图 2-26 所示。

其工作原理是：在发送器底部设一沸腾床（用特殊材料制造），开始发送前，发送器底部进气，使物料呈流态化状态，当内部压力达到一定值后，排料阀突然打开，被送物料便高浓度地进入输料管。

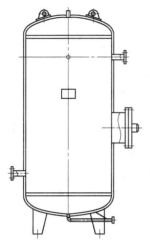

图 2-25　3m³ 储气罐结构示意图

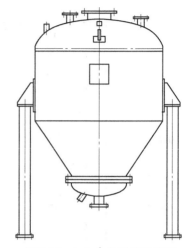

图 2-26　1.5m³ 发送器示意图

与其他型式的发送器相比，主要优点是：混合浓度比高，一般为 50%，最高可达 70%，大大节省了压缩气体使用量，从而节约能源，降低了设备运行成本。

为保证发送器的密封，在发送器上端特别设置了两台密封蝶阀。同时，为便于检修，在储料仓下口处设置了插板阀，正常工作时，此阀是常开的，只有在检修时才关闭。

输送管道：考虑到焦粉对材料磨损较大的因素，所有输送管道均采用了耐磨管道，弯头采用 R1000mm，90°耐磨弯头，从而提高使用寿命。

输送管道上设有气力输送专用三通管以及专用气动截止阀，此阀在保证充分导通面积的同时，能有效地防止堵料及阀门卡死等情况。

在输送管道上，每隔 10～15m 设置一台增压器（涡流式），用于给管内被送物料加压、助吹，从而保证了输送管道的畅通，不会产生堵塞。增压器的气源由另一路气路管供气。

控制阀组：控制阀组是系统实现自动化控制的机构，它包括手动减压阀、电磁阀、气动三联件、二位五通阀、截止阀、单向阀等。

防堵排堵管道：具有助吹、防堵、排堵等作用。

助吹：在输料管上，沿程每隔 10m 设一台增压器助吹，使输料管内的物料始终处于稳定的流动状态，防止出现物料在输料管内沉积而导致堵塞的现象。增压器结构如图 2-27 所示。

排堵：如遇意外事故而出现堵塞，此时装于输料管上的压力变送器采集的压力值达到上限值，控制单元发出指令，发送器所有阀全部关闭，排堵阀突然打开，堵塞的物料在压差下就会迅速反吹回储料仓上部。压力值到达下限时，再重新开启助吹阀，直到管道畅通，再继续输送。

防堵：在输料过程中，若出现压力值大于正常输送压力，且接近压力上限时，排料阀自动调小开度防堵，等到压力达到正常时，重新开到位；若压力继续上升，则进入排堵程序。

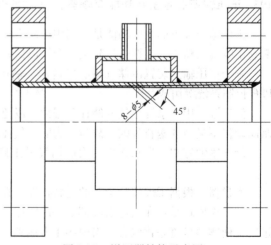

图 2-27　增压器结构示意图

195. 正压输灰装置的常见故障有哪些?

正压输灰装置的常见故障及解决方法如表2-34所示。

表 2-34 正压输灰装置的常见故障及解决方法

故障名称	原 因 分 析	解 决 方 法
堵 管	(1) 电气故障误报警; (2) 输送管内有异物, 进气稳定性不足	(1) 检查线路, 并校验压力变送器; (2) 可通过反复对管路卸压和打压来冲击管路, 如不行, 则应找出管路的堵塞段, 手动拆开管路, 取出异物或强行吹通管路
欠 压	(1) 进气阀未打开; (2) 进料阀漏气或仓泵等漏气	(1) 更换控制进气阀或更换电磁阀; (2) 调整进料阀行程, 法兰连接处更换密封
总气欠压	系统用气量过大	调整总供气量
漏 灰	管道磨损	(1) 焊补; (2) 研究改进措施

196. 正压输灰装置使用时须注意的问题有哪些?

正压输灰装置具有输送压力低, 输送速度低, 设备简单, 输送距离长, 输灰管径小, 维修方便等优点。其最主要的特点是, 由于被输送物料是在充分流化后进行输送的, 气与灰已经混合充分, 既可保证达到较高的输送浓度, 又可防止堵灰现象的发生。输灰管道内输送介质为空气和飞灰, 一般气灰比在 1:10 至 1:40 之间。在其他相同条件下 (流速、灰颗粒硬度), 气灰比越高, 管道磨损越大。

该系统终端流速较高, 磨损严重, 弯管、三通、大小头、系统后半部分 (高流速区域) 水平管和竖直管采用耐磨管道, 其他部分可采用普通炭钢管。在使用过程中, 应注意以下问题:

(1) 保证压缩空气的压力稳定, 一般在 $3 \sim 5 kg/cm^3$。

(2) 发送器上部密封蝶阀的密封垫易损坏, 应加强检查和维护。

(3) 保证防堵排堵管道的完好。

(4) 保证按时对阀门等部位进行润滑, 确保其状态良好。

197. 正压输灰装置的检修周期有多长, 主要检修内容有哪些?

正压输灰装置的检修周期及主要检修内容如表2-35所示。

表 2-35 正压输灰装置的检修周期及检修内容

检修类别	检 修 周 期	检 修 内 容
小 修	利用日检修时间进行检修, 按照周计划进行	按点检发现的设备实际缺陷进行检修
中 修	2~4 年	除小修项目外, 还包括如下项目: 更换密封蝶阀, 检查更换部分管道等
大 修	4~8 年	除中小修项目外, 还包括如下项目: 发送器解体检修, 防堵排堵管道检查更换, 输灰管道检查更换, 控制系统检查更换等

198. 真空吸排车（WSH5252GXY）包括哪几部分，主要功能有哪些？

真空吸排车主要由载料罐体、真空吸料系统、正压压排系统、过滤及回收系统、液压系统、中央控制系统、载料显示及报警系统等组成。

载料罐体：载料罐体采用优质冷轧定尺钢板，参照压力容器制造标准制造，用于承载各种粉粒体物料，并保证在车辆使用期内，不得产生任何扭曲及变形。

真空吸料系统：主要由真空泵、真空管道系统、阀门等组成。用于在同地面料仓的管道连接后，利用真空系统产生的真空，在中央控制系统打开和关闭规定的阀门后，同地面管道形成真空吸料回路，将地面料仓的物料吸引到车辆的载料罐体内。

正压压排系统：主要由空气压缩机、正压管道系统、阀门等组成。用于在同地面接收料仓的管道连接后，利用正压压排系统产生的压力，在中央控制系统打开和关闭规定的阀门后，同地面管道形成正压压排料回路，将车辆载料罐体内的物料压排到地面的接收仓内。

过滤及回收系统：主要由重力沉降装置、超级过滤滤芯、脉冲振打装置和重力回收系统组成。用于在车辆真空系统进行吸料作业时，进行料气分离，以保证车辆的真空吸料系统能够连续工作，及排入到大气中的分离空气满足环保要求。

液压系统：主要由取力传动、油泵、管道及液压控制等部分组成。主要用于在车辆正压压排系统进行排料作业时，举升罐体，保证物料顺利压排到地面接收料仓内，并支撑和平衡车辆，以保证车辆不会发生倾翻，保障作业安全。

中央控制系统：主要由箱体、空气站分配系统、电磁控制装置、各种控制旋钮、导线及各种管线组成。主要用于本车辆各项作业的控制，以保证各作业要求得到准确无误的执行。

载料显示及报警系统：主要由重量显示系统和料位报警系统两个分系统组成。用于提示和警告本车操作人员作业时，随时了解车辆载料罐体内的物料装载情况，以便及时停止或更换作业程序，以保障作业的顺利、安全进行。

由以上介绍可以看出，真空吸排车具有以下功能：

（1）抽吸功能：通过气体转换在罐内形成负压，真空度高，吸力大，能高速抽吸供料仓内物料至车装罐内，抽吸的物料粉尘通过过滤处理，可达到 U 级排放标准。

（2）运输功能：抽吸物料后，不需要转装、转运，车辆直接运输到指定位置进行卸料。运输过程是密封的。

（3）正压压排卸料功能：物料运送到指定接料仓时，连接地面管道系统，专用空压机工作，被流态化的物料利用压缩空气全部被压排到指定接料仓中，整个过程在全密封状态下进行。

（4）回收功能：过滤的粉尘，通过正压压排方式，直接输送到地面的储料仓罐体内。

199. 真空吸排车（WSH5252GXY）的常见故障有哪些？

真空吸排车的常见故障主要包括以下几个方面：

（1）连接软管磨漏是最常见的故障。由于焦粉对管道的冲刷性较严重，抽吸用连接软管一般使用一个月左右就需更换。

（2）堵料故障。一般由于操作、物料的力度等原因，在抽吸或压排过程中，会出现物料堵塞管道的问题。

（3）除尘布袋损坏较为频繁。由于处理焦粉颗粒变化的原因，特别是大颗粒的焦粉对布袋造成的损坏尤为严重。因此，在处理物料时，要注意对物料粒度进行分析和判断，不断提高布袋的使用寿命。

200. 真空吸排车（WSH5252GXY）使用中应注意哪些问题？

真空吸排车使用中应注意以下问题：

（1）行车时的注意事项：

1）确认道路无障碍、无危险，符合道路行车安全；

2）禁火区域车辆配带防火帽，具备防火条件；

3）遵守规则、谨慎驾驶；

4）保证车辆具备安全行车条件；

5）现场行车和倒车应注意人身及设备安全。

（2）装车时的注意事项：

1）装车前确认车辆手刹到位，车辆后轮垫好安全挡，防止车辆滑行撞伤人员和设备；

2）吸尘前，人员在管道与车辆的外侧；

3）装车过程中，驾驶人员严禁离开驾驶室；

4）吸料管要联结牢，气密性好，既保证安全，又提高吸料效率；

5）冬天天冷在装料前发动机要预热好，防止由于润滑不好而损坏设备；

6）处理堵塞等故障时，严禁在"吸引状态"下进行；

7）驶离现场前，确认吸排管放置牢固。

（3）卸车时的注意事项：

1）卸车前确认车辆手刹到位，防止车辆滑行撞伤人员和设备；

2）吸料管要联结牢，气密性好，既保证安全，又提高吸料效率；

3）放料过程中，驾驶室严禁离人，现场操作人员远离管子；

4）车辆后尾放置好安全挡，防止车辆滑行。

（4）其他注意事项：

1）严禁酒后驾驶、操作车辆；

2）吸排车只允许经过正规培训的专职操作人员使用，并应由两名人员操作吸排车，操作中两人分工明确，专人指挥；

3）操作吸排车时，要穿戴好劳动防护用品，不穿宽松的服装、不戴手表或戒指；

4）操作时，无关人员与吸排车保持一定的安全距离，不得把身体的任何部位置于吸嘴前面或吸排出口处；

5）操作前，检查各种安全保护装置是否保持在原位，并保持安全有效；

6）做好设备维护和保养，严禁车辆带故障运行；

7）在吸排车行驶时，不准打开控制箱电源；

8）不准用吸排车抽吸任何液体；

9）不准在行驶中使用吸排系统；

10）吸排物料时，必须停在坚实、平整的地面上，并将车制动。吸排软管与除尘器、排料接口连接后，严禁移动车辆。排料后在开动吸排车之前，罐体必须落回位，收起后支腿；

11）吸排物料过程中，随时注意观察运行中的设备，严禁无关人员接近设备，禁止在排料时从车后穿行；

12）吸排车在运行、生产过程中，不允许带压拆卸连接管或打开人孔盖；

13）上吸排车顶部时，要保证吸排车是制动的，站稳把牢；

14）罐体升起检修时，罐体下面必须有支撑物支撑；

15）当打开后盖时，要使用支撑物支撑；

16）厂内行驶注意行车安全，遵守行驶信号，重载时速不超过 15km/h；

17）煤气区域吸灰作业时，要配备好煤气报警器及通讯器材，并随时注意煤气报警器是否报警，一旦报警应立即停止作业，待查明原因和确认无煤气后，方可作业；

18）在正常卸灰情况下，地面操作人员应远离卸灰口 4m，并站在上风口，操作中要轻拿轻放各种工具，防止撞击产生火花；

19）在煤气区域吸灰作业时，严禁吸烟、动火；

20）当使用外接气源时，将外接气源的快速接头连接好后，确认正常有效后，方可作业，接气源压力不得超过 20MPa，否则不允许使用外接气源作业。

201. 常用焦炭输送机的组成包括哪些部分？

焦炭输送机除皮带机的型号不同外，基本的结构是一样的。主要由以下部件组成：输送带、驱动装置、滚筒、托辊、拉紧装置、机架、漏斗、导料槽、清扫器、卸料器及安全保护装置等。驱动装置主要包括电动机、减速机、高速轴联轴器、低速轴联轴器、制动器、逆止器等驱动单元，固定在驱动架上。

202. 干熄焦用焦炭输送机与其他输送机有什么不同？

干熄焦用焦炭输送机与其他输送机存在着明显的不同，主要有以下几个方面：

（1）皮带的使用不同。干熄焦用皮带必须选用耐温耐磨的阻燃型皮带，以保证皮带的使用寿命。

（2）输送机的运行环境不同。干熄焦焦炭输送机所处环境温度高、粉尘大，必须增设良好的环境除尘设施和降温设施。

（3）皮带机所处的重要位置不同。重要位置处皮带机必须保证连续稳定运行。一旦出现问题超过 1.5h 以上，就会导致整个干熄焦运行的停止，进而导致发电解裂，带来很大的损失。因此，对皮带的日常点检和维护就显得尤为重要。

203. 焦炭输送机选用皮带的原则是什么？

输送皮带一般由四部分组成：（1）增强材料（带芯）：它是输送皮带承载的关键，决定了输送皮带的拉伸强度、抗拉模量，使输送皮带保持良好的成槽性，并能吸收物料对输送皮带的冲击。（2）芯层胶料（贴胶）：它能使增强材料织物层间具有良好的粘合强度，防止使用过程中带芯出现分层现象。（3）覆盖胶：它是输送皮带正常工作的保证，具有保护增强材料，传递动力，输送物料，吸收物料冲击，抵抗磨损的功能。（4）边胶：它的作用是保护增强材料不受介质的侵蚀，吸收来自输送皮带侧的挤压力，防止带芯出现分层现象。

按照增强材料的分类，输送皮带可分为棉帆布带、涤棉帆布带、锦纶帆布带、涤纶帆布带、涤棉帆布带等

按照覆盖胶的分类，输送皮带可分为阻燃型、普通型、耐磨型、抗撕裂型、耐热型、耐油型、耐酸碱型等。

选择合适的输送皮带种类和延长输送皮带的使用寿命，可保证生产的持续稳定，降低生产成本和维护费用。

选择输送皮带时必须考虑以下问题：（1）所运物料的品种、粒度；（2）最大运载量；

（3）设备的工作能力、工况条件、工作环境等。根据以上方面来确定皮带的增强材料的种类和层数、覆盖胶的种类及厚度、皮带的宽度等。

由于焦炭对皮带的磨损严重，因此，输送焦炭用皮带必须首先考虑皮带的耐磨强度，可通过增厚工作面或加强工作面的耐磨强度来提高皮带的使用寿命。

干熄焦用皮带还应考虑焦炭的温度。干熄焦排出的焦炭温度一般在200℃左右。因此应选用耐200℃以上的阻燃性运输皮带。

204. 焦炭输送机在日常运行中应注意哪些问题？

焦炭输送机在日常运行中应注意以下事项：

（1）不准任意拆除和更换设备的保护装置；

（2）未经批准不得对设备的结构进行焊接或切割；

（3）严禁带负荷拉闸；

（4）设备运行过程中不准擦拭、清扫转动部位，不准开机处理故障；

（5）电气设备着火时，应立即切断电源，用干粉灭火器灭火，不准用水或泡沫灭火器灭火；

（6）非本岗位人员不得操作本机（即未取得本岗位操作证人员）；

（7）带病运行的皮带机要有可靠的防护措施，使用中发现问题及时汇报处理；

（8）不准带负荷停机，如因故造成带负荷停机时，必须查明原因并进行必要的处理，待机电设备正常后，方可重载开机。如仍不能正常启动，则需要将负荷减少再启动；开机仍不正常时，维修人员需对设备进行彻底检查；

（9）不允许超载运行；

（10）安全报警装置处于完好状态；

（11）通往紧急开关的通道无障碍物；

（12）各转载处有足够的照明设施；

（13）严格按操作规程进行操作；

（14）驱动装置的调整及各种安全保护装置的调整应由专职人员进行操作；

（15）加强巡回检查，密切注意设备运行情况。主要包括：主电动机温升、噪声，主制动器的动作正常与否，制动轮的接触状态，减速器的油位、噪声，输送皮带是否跑偏及损伤情况，各轴承处的温升和噪声，转载点的转移状态，漏斗有无阻塞，滚筒、托辊、清扫器、拉紧装置的工作状态，电控设备的工作状态等。

205. 焦炭输送机日常检查包括哪些主要内容？

焦炭输送机日常检查内容如表2-36所示。

表2-36　焦炭输送机的日常检查

检查部位	检查内容	标准要求
电动机	（1）电动机轴承； （2）电动机机体； （3）联轴器； （4）接线盒	（1）电动机轴承温度低于65℃，无杂音； （2）机身无裂纹，机架无开焊，地脚螺栓无松动；机壳温度低于70℃； （3）联轴器零部件齐全完好，连接螺栓无松动； （4）接线盒引入线坚固，绝缘可靠，零部件齐全

检查部位	检查内容	标准要求
减速机	(1) 润　滑; (2) 结　构; (3) 运　行; (4) 密　封	(1) 保持油位, 不缺油, 不变质; (2) 零部件齐全无损坏, 地脚螺栓无松动; (3) 运行平稳无振动及杂音; (4) 轴头、端盖、机盖平口密封良好, 无渗漏
滚　筒	(1) 轴　承; (2) 运　行; (3) 筒　皮	(1) 零部件齐全无损坏, 螺丝坚固, 无松动, 润滑良好, 温度低于65℃; (2) 运行平稳无杂音; (3) 筒皮包胶完好无撕裂, 无粘接物, 无开焊, 无窜动
联轴器	(1) 运　行 (2) 结　构; (3) 配　合	(1) 运行平稳, 无跳动, 无磨损; (2) 螺栓、弹簧垫圈等零部件齐全, 坚固无松动; (3) 两半联轴器、同心度及端面间隙在规定范围内
皮　带	(1) 接　口; (2) 皮带表面	(1) 接口完好无开胶, 卡扣完好无损坏; (2) 胶面完好, 无撕裂, 划伤, 磨损量小于25%, 无严重跑偏现象
上、下托辊组	(1) 运　转; (2) 磨　损; (3) 装　配	(1) 运转灵活, 无杂音; (2) 无断裂, 无磨损; (3) 零件齐全无松动
机　架	结　构	(1) 机架无变形, 无开焊, 无断裂; (2) 防腐良好, 无严重锈蚀
张紧装置	(1) 结　构; (2) 装　配	(1) 结构牢固, 部件齐全, 坠砣钢丝绳无腐蚀, 无断丝; (2) 滑道、滑轮, 润滑良好, 传动灵活, 调节性能良好
清扫器	(1) 结　构; (2) 装　配	(1) 结构完整齐全, 紧固无松动, 无开焊; (2) 动作灵活可靠, 无卡阻现象

206. 焦炭输送机易出现的故障有哪些，如何解决？

焦炭输送机易出现的故障及解决方法如表 2-37 所示。

表 2-37　焦炭输送机易出现的故障及解决方法

故障名称	原 因 分 析	解 决 方 法
皮带跑偏	皮带纵向中心线与机架中心线偏差大	找正皮带机与机架中心线
	前后滚筒中心线不平行	(1) 调整前后滚筒; (2) 调整托辊; (3) 调整增面轮; (4) 调整焦炭落点; (5) 调整皮带拉紧装置
	首尾轮包覆胶皮磨损, 不均衡	更换首轮尾轮或对首尾轮重新包覆胶皮

故障名称	原 因 分 析	解 决 方 法
轴承温度过高	(1) 润滑不良; (2) 轴承损坏; (3) 轴承安装不正,或轴向间隙过小	(1) 检查油量,加油; (2) 更换轴承; (3) 找正、调整轴向间隙
电流过大	(1) 超负荷运转; (2) 皮带阻力大	(1) 调整减少料量; (2) 检查有无卡阻,调紧皮带,防止跑偏
减速机振动大, 声音不正常	(1) 减速机地脚螺栓松动; (2) 齿轮啮合不良有损坏; (3) 减速机联轴器不同心; (4) 减速机缺油	(1) 紧固地脚螺栓; (2) 检查齿轮,排除异物,齿轮如损坏 应更换; (3) 调整找正同心度; (4) 检查油位,加油
联轴器振动大	(1) 联轴器与轴连接松动; (2) 不同心; (3) 联轴器损坏,或磨损严重	(1) 紧固螺栓或更换联轴器,重新装配; (2) 找正联轴器,保证同心度; (3) 更换联轴器
电动机振动	(1) 电动机地脚螺栓松动; (2) 联轴器不同心,连接螺栓胶圈损坏; (3) 电动机轴承损坏	(1) 紧固地脚螺栓; (2) 找正同心度,更换螺栓胶圈; (3) 更换轴承
电动机不转	(1) 电源线路问题,单相; (2) 定子回路断线; (3) 机械传动部分卡住	(1) 查明原因,恢复电源,消除单相; (2) 找出断线,修好; (3) 查明消除卡阻点
电动机外壳过热	(1) 负载超过额定值; (2) 电压过低; (3) 电动机风扇损坏	(1) 减少负荷; (2) 提高电压; (3) 更换风扇

207. 皮带连接的方式有哪几种,各有何优缺点?

皮带的连接方法主要有:机械连接法、冷胶连接法、热硫化连接法三种。分别介绍如下:

(1) 机械连接法:

1) 机械连接法的特点:机械连接法具有操作简单,接头时间短的优点。但也存在着致命的缺点:接头强度低,只能达到输送皮带原有强度的 40% 左右;接头处耐挠曲性较差;对滚筒、带轮的磨损大;运输时有噪声和振动;接缝处物料容易撒漏。

2) 机械连接法的适用场合:一般用于抢修时或不重要的皮带。

(2) 冷胶连接法:

1) 冷胶连接法的特点:优点:接头强度较高,运行无噪声、无振动、操作简单、时间短等。缺点:不耐高温、不耐冲击、不耐磨损、怕进水。

2) 适用场合:用于输送常温物料以及冲击、耐磨性不大的物料。

(3) 热硫化连接法:

1）热硫化连接法的特点：优点：接头强度高，使用寿命长等。缺点：接头时间较长。

2）适用场合：在比较重要的输送线上，或输送物料温度较高时，一般都采用此法。

208. 皮带热硫化胶结的主要步骤有哪些，应注意哪些事项？

皮带热硫化胶结的主要步骤包括：皮带扒头、涂胶、合口、上硫化机、打压、升温、硫化、降温、拆硫化机。

各步骤的作业内容、大体时间及注意事项如表 2-38 所示。

表 2-38　皮带热硫化胶结时的注意事项

作业要素	作 业 内 容	技术及安全要点
扒　头	（1）根据硫化机的宽度，扒头长度定为 630mm； （2）在扒头面的前面留出 30mm，仅除去面胶，其余长度按照布层数均匀分布（分段数 = 布层数 − 1）； （3）由最上段开始，将布层逐层剥去，直至最下段剩下一层； （4）在反面的最后面留出 30mm，除去面胶； （5）打毛：使用钢丝刷将扒头轻轻刷一遍，使各布层的表面略微起毛即可，其目的主要是清洁； （6）打毛完毕，用毛刷清洁布层表面	（1）扒头时，应下斜刀，用力不要太大，以防止划的过深； （2）打毛时，在布层与面胶的结合部，在 30mm 内的面胶上也应轻轻刷一下； （3）打毛不能过度，残余胶对胶结头无影响； （4）不能用汽油清洁
涂　胶	（1）准备好糨糊胶（配方，芯胶与 120 号汽油比例为 1:4）； （2）在扒头表面均匀的涂一遍胶； （3）晾胶至不粘手； （4）涂第二遍胶； （5）晾胶至不粘手	（1）糨糊胶成品保质期一般为四个月； （2）涂胶不能太厚； （3）晾胶时，防止灰尘落入
合　口	（1）准备好芯胶、面胶； （2）先在各台阶处，靠近上一布层，铺一段 2cm 宽的芯胶，再在整个表面覆盖一整张芯胶； （3）合头； （4）在两胶结头处，铺设芯胶，再铺设面胶； （5）皮带两侧边沿，各加两层芯胶	（1）芯胶保质期一般为三个月； （2）使用时，应检验是否发生自硫化； （3）不能偏斜，防止落灰； （4）面胶不能太宽，以防重皮；也不能太窄，造成胶结头不满
上硫化机	（1）在皮带表面铺一层报纸； （2）上层加热板、水压板等一一就位； （3）安装螺栓； （4）根据硫化机两侧情况，各割一定宽度的皮带，将两侧芯胶挡住	便于拆卸硫化机
打　压	（1）将压力加到 0.8 ~ 1.0MPa； （2）当硫化机温度升至 80 ~ 100℃时，再将压力加到 1.2MPa 以上	压力越大越好，但应满足硫化机的使用要求，防止水压板漏水
升　温	（1）升温时，速度越快越好，一般升温时间为 30min 左右； （2）升温至 145℃时，升温结束	

作业要素	作业内容	技术及安全要点
硫化	(1) 保持 145℃左右的温度； (2) 保持压力 1.2MPa 以上不变； (3) 保证硫化时间：时间过短，硫化不好；时间过长，则易造成橡胶老化	(1) 温度越接近 145℃越好； (2) 硫化时间公式：$T = 14 + 0.7 \times P + 1.6 \times (S_上 + S_下)$，其中：$T$ 为硫化时间，min；P 为布层数目，$S_上$ 为上面胶厚度，mm；$S_下$ 为下面胶厚度，mm
降温	(1) 硫化过程完毕后，关闭电源，使其自然冷却； (2) 为防止皮带表面起泡，当温度降至 100℃以下时，方可拆除硫化机	
拆硫化机	(1) 拆除硫化机，对皮带进行修边； (2) 继续降温，至常温后，方可运转皮带试车	

209. 皮带机日常点检的主要方法及内容包括哪些?

日常点检是保证设备安全稳定运行的重要手段，掌握日常点检的方法和内容十分关键。

(1) 皮带机日常点检的方法：

1) 看：通过人的眼睛观察设备的状况，发现异常及时进行处理；

2) 摸：通过人的手来触摸设备的非转动部位，感知设备的温度和振动，发现异常及时汇报处理；

3) 听：通过人的耳朵来感知设备的运转声音是否正常；

4) 闻：通过人的嗅觉来感知设备是否存在异常，比如有无异常的气味等；

5) 味：通过人的味觉来感知设备是否存在异常。

(2) 皮带机日常点检的主要内容包括如下几部分：

1) 点检：依靠视、听、嗅、味、触等感觉进行检查，主要检查设备的振动、异音、湿度、压力、连接部的松弛、龟裂、导电线路的损伤、腐蚀、异味、泄漏等；

2) 修理：螺栓、指针、片（块）、保险丝、销及油封等的更换，以及其他简单小零件的更换和修理；

3) 调整：弹簧、皮带、螺栓等松弛的调整，及制动器、限位器、液压装置、液压失常及其他机器的简单调整；

4) 清扫：隧道、工作台、屋顶等的清扫，各种机器的非解体拆卸清扫；

5) 给油：经常检查润滑部位的给油情况；

6) 排水：排出空气缸、煤气缸、管道过滤器各配管中的水分以及各种机器中的水分。

210. 皮带机皮带跑偏如何调整?

皮带机皮带跑偏一般由多种原因造成，首先要查找出跑偏的主要原因，据此采取相应的调整方法。主要有以下几点：

（1）首先检查物料在输送皮带上对中情况，并作调整。

（2）如果输送皮带张力较小，适当增加拉紧力，对防止跑偏有一定作用。

（3）根据输送皮带跑偏的位置，调整上下分支托辊和头尾轮的安装位置，通常效果较好。调整方法分别如下：

1）上皮带跑偏，可通过调整上调心托辊来调整皮带，如图 2-28 所示。

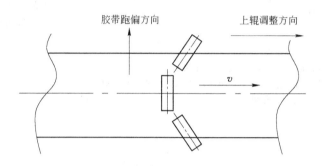

图 2-28　调整上托辊示意图

2）下皮带跑偏：可通过调整下调心托辊来调整皮带，如图 2-29 所示。

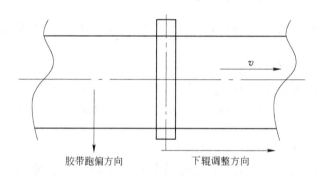

图 2-29　调整下托辊示意图

3）后尾轮皮带跑偏：可通过调整尾部机架或轴承座来调整皮带的方向，如图 2-30 所示。

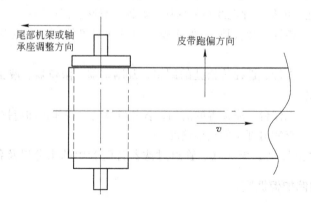

图 2-30　调整尾部机架示意图

4）皮带首轮处跑偏：可通过调整首轮机架或轴承座来调整皮带的方向，如图 2-31 所示。

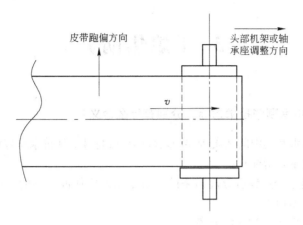

图 2-31　头部机架调整示意图

3 干熄焦锅炉

211. 锅炉汽水品质中有哪些技术指标，分别有什么含义？

所谓水质就是指水和其中的杂质所共同表现的综合特性。评价水质好坏的项目称为水质指标。评价汽水品质的主要指标有：

（1）悬浮物：是指经过滤后分离出来的不溶于水的固体混合物的含量，其中包括了颗粒较大的悬浮物质和胶体物质。

（2）含盐量、溶解固形物和电导率。

含盐量：表示水中各种溶解盐类的总和。含盐量的表示方法有两种：一种是以物质的量浓度来表示，即将水中各种阳离子（或阴离子）的测定结果均按一价离子为基本单元，分别换算成物质的量浓度（mmol/L），然后全部相加；另一种是以质量浓度来表示，即将水中各种离子的测定结果均换算成质量浓度（mg/L），然后全部相加。

溶解固形物：是指分离了悬浮物之后的滤液，经蒸发干燥至恒重所得到的蒸发残渣，包含了水中各种溶解性的无机盐类和不易挥发的有机物等。单位为 mg/L。

电导率：电阻率的倒数，是表示水的导电能力的一项指标，可以用电导仪测定，单位为 S/cm 或 μS/cm。由于水中溶解的盐类大都是强电解质，在水中都电离成能够导电的离子，离子浓度越高，电导率越大，所以水的导电能力可反映出含盐量的多少。

（3）硬度：是表示水中钙、镁离子的含量，是衡量锅炉给水水质的一项重要指标。硬度按组成的阴离子种类分为碳酸盐硬度（暂时硬度）和非碳酸盐硬度（永久硬度）两种。

（4）碱度、相对碱度和酸度。

碱度：表示水中能接受氢离子的一类物质的量。在锅炉用水中，碱度主要由 OH^-、CO_3^{2-}、HCO_3^- 及其他少量弱酸盐类组成。其计量单位为 mmol/L。

相对碱度：表示锅水中游离 NaOH 含量与溶解固形物的比值。相对碱度是为了防止锅炉发生碱脆而规定的一项指标。由于碱脆易发生在铆接和胀接结构的锅炉上，对于焊接结构的锅炉尚未发现有碱脆现象，所以新修订的水质标准规定：全焊接结构的锅炉可不控制相对碱度。

酸度：表示水中能接受 OH^- 离子的一类物质的量。组成酸度的物质主要有各种酸类及强酸弱碱盐。

（5）化学耗氧量（COD）：表示水中有机物及还原性物质含量的一项指标。在一定条件下，用强氧化剂与水样中的各种有机物及亚硝酸盐、亚铁盐、硫化物等作用，将所消耗的该氧化剂的量，计算折合成氧的质量浓度，即称为化学耗氧量，简写代号为 COD，单位用 mg/L 来表示。

212. 锅炉水垢的主要成分有哪些，锅炉为什么会结垢？

锅炉水垢主要有以下几种类型：

（1）碳酸盐水垢：主要成分为钙、镁的碳酸盐，以碳酸钙、氢氧化镁为主。多结生在温度相对较低的部位，如省煤器、进水口附近等。

（2）硫酸盐水垢：主要成分为硫酸钙（常常占 50% 以上），特别坚硬、致密，不易清除。

多结生在温度较高，蒸发强度大的受热面上。

（3）硅酸盐水垢：成分较为复杂，绝大部分为铝、铁的硅酸化合物，其中二氧化硅含量往往占20%以上，高的可达40%~50%。这种水垢多数非常坚硬，导热性最差。通常，易在锅炉受热面强度最大的部位结生，如水冷壁。

（4）混合水垢：是各种水垢及铁锈垢的混合物，不易指出哪一种成分是主要的，常见于水处理不稳的锅炉中。

锅炉结垢的原因，首先是给水中含有钙镁硬度或铁离子、硅离子含量过高；其次是由于锅炉的高温高压特殊条件所造成，如受热分解，溶解度降低，水的蒸发、浓缩，水中盐类相互反应及转化等。

213. 水垢有哪些危害，如何防治？

由于水垢的导热性很差，其导热系数是锅炉钢板的几十分之一至数百分之一，所以，锅炉结垢后会严重阻碍传热，并引起以下危害：

（1）影响传热，降低出力：锅炉结垢后，将严重影响受热面传热，降低热效率，降低锅炉出力，造成不必要的浪费。

（2）易引起事故，影响安全运行：受热面结生水垢后，金属的热量由于受水垢的阻碍，难以传热给锅水，致使金属壁温急剧升高。当温度超过了金属所能承受的允许温度时，金属就会因过热而发生蠕变，强度显著降低，从而导致金属过热变形，严重时将造成鼓包、裂缝甚至爆管等事故。

（3）堵塞管道，破坏水循环：如果水管内结垢，就会减少流通截面积，增加水的流动阻力，破坏正常的水循环，严重时还会完全堵塞管道或造成爆管事故。

（4）引起垢下腐蚀，缩短锅炉寿命：锅炉结垢后，还会引起垢下腐蚀。一旦出现泄漏，只好采用挖补、割换管子等修理方案，不但费用高，而且使受热面受到严重损伤，将大大缩短锅炉的使用寿命。另外，锅炉结垢后，将增加清洗和维修的时间、费用及工作量等，影响生产，减少锅炉的有效利用率，降低经济性。

为了防止锅炉结生水垢，保证锅炉安全经济运行，应做好以下几方面的工作：

（1）加强锅炉的给水处理，保证给水品质符合国家标准。

（2）及时合理的做好锅炉的加药、排污工作，保证锅水品质符合国家标准。

（3）对于电站锅炉应保证凝汽器严密，杜绝因凝汽器泄露导致凝结水硬度升高。

（4）加强锅炉的运行管理，防止锅炉汽水系统的腐蚀，减少给水中含铁量，以确保锅炉在无垢、无沉积物下运行。

214. 如何鉴别水垢？

水垢的鉴别方法见表3-1。

表3-1　水垢的鉴别方法

水垢类别	颜　色	鉴　别　方　法
碳酸盐水垢 $CaCO_3$（占50%以上）	白　色	加5%盐酸可溶解生成大量气泡，酸溶解后剩余残渣很少
硫酸盐水垢 $CaSO_4 + MgSO_4$（占50%以上）	黄白色或白色	加盐酸后可缓慢溶解，溶液中很少生成气泡；加10% $BaCl_2$ 溶液后，生成大量白色沉淀

水垢类别	颜　色	鉴　别　方　法
硅酸盐水垢	灰白色	在盐酸中不溶解，加热后缓慢溶解，有透明状砂粒，沉淀物加入 HF 或 NaF 有明显溶解
铁垢，以铁的氧化物为主的其他杂质	棕褐色	加稀盐酸可溶解，溶液呈黄色
油垢，含油 5% 以上	黑　色	将垢样研碎，加入乙醚后，溶液呈黄绿色

215. 电站锅炉蒸汽品质不良有什么危害？

汽轮机对蒸汽品质要求较高，既使只有少量的蒸汽污染，也有可能对汽轮机等热力设备造成损害。电站锅炉的蒸汽污染主要是指，蒸汽中含有硅酸、钠盐等杂质的现象。其危害主要是，造成过热器和汽轮机内积盐，不但影响传热、降低汽轮机发电能力，而且易损坏设备，影响机组安全、经济运行。此外，蒸汽中往往还含有 CO_2 和 NH_3 等气体杂质，这些气体杂质过多，会导致热力设备的酸性腐蚀和铜管的腐蚀，其腐蚀产物又会沉积成垢。

216. 什么叫锅炉化学清洗，锅炉化学清洗有哪几种方法？

锅炉的化学清洗就是采用某些化学药剂，通过一定的清洗方法来清除锅炉水汽系统中的各种水垢、沉积物及污物，并使金属表面形成良好的钝化保护膜，它包括运行锅炉的除垢清洗和新装锅炉的化学清洗。

锅炉化学清洗主要有碱煮和酸洗两种方法。

碱煮的主要作用是，使水垢转型，同时促使其松动脱落，排出锅炉外。碱煮的常用药剂有：磷酸三钠、碳酸钠、氢氧化钠等。单独采用碱煮除垢，虽然操作简单、副作用小，但除垢时间长，药剂耗量多，除垢不彻底。所以一般大型锅炉化学清洗不单独用碱煮的方法，而是配合酸洗一起进行。

酸洗是除垢效果最好的化学清洗方法，但如果酸洗工艺不合适或控制不当，会增加金属腐蚀，严重时可能会影响锅炉安全运行。通常完整的酸洗工艺主要步骤包括：水冲洗、碱洗（或碱煮转型）、水冲洗、酸洗、水顶酸（中和）、漂洗、钝化。常用酸洗剂有：盐酸、氢氟酸、硝酸、有机酸。清洗锅炉常用的有机酸有：EDTA、柠檬酸、氨基磺酸、甲酸、乙酸等。

217. 锅炉化学清洗的质量验收标准有哪些？

锅炉化学清洗的质量验收标准有：

（1）除垢（锈）效果：被清洗的金属表面应清洁，基本上没有残留水垢、沉积物、氧化皮和焊渣，无明显金属粗晶析出的过洗现象，不允许有镀铜现象。

（2）钝化膜：锅炉清洗表面应形成良好的钝化保护膜，金属表面不出现二次浮锈，无点蚀。

（3）腐蚀速度：用腐蚀指示片测量的金属腐蚀速度的平均值应小于 $6g/(m^2 \cdot h)$，且腐蚀总量不大于 $60g/m^2$。

（4）固定设备上的阀门等不应受到损伤。

218. 电站锅炉的冷却水为什么要进行处理？

电站锅炉的冷却水系统用水量最大的当属汽轮机的凝汽器。冷却水水质不良，往往是凝汽器铜管内生成附着物和铜管发生腐蚀的重要原因。由于附着物的传热性很差，它的形成会导致凝结水温度升高，从而使凝汽器的真空度降低，影响汽轮机的出力和运行的经济性。铜管的腐蚀会降低其机械强度，严重时甚至发生穿孔，使冷却水漏入凝结水中，影响给水品质，危害锅炉的安全运行。因此必须对电站锅炉冷却水进行处理。

219. 电站锅炉循环冷却水的防垢措施有哪些？

电站锅炉循环冷却水的防垢措施有多种，其中较常用的有：石灰软化过滤处理、水质调整处理以及添加阻垢药剂（水质稳定剂）等。分别简要介绍如下：

（1）石灰处理：通过向循环水中加入石灰，使水中的钙、镁离子转变成难溶于水的化合物沉淀出来，从而降低水的硬度，减少了结垢。反应原理为：

$$CO_2 + Ca(OH)_2 \longrightarrow CaCO_3 \downarrow + H_2O$$

$$Ca(HCO_3)_2 + Ca(OH)_2 \longrightarrow 2CaCO_3 \downarrow + 2H_2O$$

（2）水质调整处理：对于碱度较高的循环冷却水，可采用加酸调整处理，以中和水中的碳酸盐，这是一种改变水中碳酸化合物组成的防垢方法。常用的酸是硫酸。反应原理为：

$$Ca(HCO_3)_2 + H_2SO_4 \longrightarrow CaSO_4 + 2CO_2 \uparrow + 2H_2O$$

（3）水质稳定剂的阻垢处理：将一定的阻垢剂或水质稳定剂添加到冷却水中，就可以起到阻止系统结垢的作用。目前应用较为广泛的是人工合成的聚磷酸或聚羧酸等有机化合物。

另外，还必须对循环冷却水进行杀菌处理，以防止微生物的滋生。

220. 什么是锅外水处理，锅外水处理常用的方法有哪几种？

锅外水处理主要是指给水在进入锅炉之前，为了除去其中的硬度和其他盐类，而进行的软化或脱盐处理。目前常用的锅外水处理方法有：石灰-纯碱软化处理、离子交换处理、电渗析法等。

221. 给水经锅外处理后，为什么还要加药补充处理，有哪几种常用加药方法？

给水经锅外化学处理后，虽然基本上除去了硬度，但有时难免会存在一些残余硬度，仍有可能会在锅炉受热面上结生水垢。为了消除残余硬度，进一步防止锅炉结垢，常需进行加药补充处理。另外，为了使给水和锅水水质符合国家标准，防止锅炉腐蚀，有时还需要进行 pH 值调节以及化学除氧等加药处理。

（1）消除残余硬度的加药处理：对于给水采用离子交换软化或除盐处理的锅炉，为防止残余硬度在高温受热面上结生水垢，常采用加磷酸盐做补充处理。这是由于磷酸盐不仅阻垢性能好，并能在一定程度上调节锅水的 pH 值，而且适用于任何压力的汽包锅炉，最常用的药剂就是磷酸三钠。

（2）给水的化学除氧处理：现在多数干熄焦锅炉都采用热力除氧器配化学除氧补充处理的除氧方式。化学除氧就是向水中投加还原性药剂，使之与氧发生化学反应，以达到除氧的目的。最常用的药剂就是联氨。

（3）给水的 pH 值调节：为了防止给水对金属的腐蚀，除了除氧外，还必须调节给水的 pH 值，因为当水的 pH 值增大到一定范围时，可明显降低金属的腐蚀。目前常用的方法就是在给水中加氨。

222. 影响蒸汽品质的因素及提高蒸汽品质的途径有哪些？

蒸汽中带有盐分或杂质后，蒸汽即受到污染。蒸汽带盐的原因有两种，第一种是蒸汽携带锅水水滴，由于锅水具有较高的盐分而使蒸汽带盐，这种带盐方式称为机械性携带；第二种原因为某些盐分直接溶解于蒸汽中造成蒸汽带盐，这种带盐方式称为溶解性带盐或选择性带盐。

影响蒸汽机械性携带的因素有锅炉负荷、蒸汽空间高度、汽包压力以及锅水含盐量等。

影响溶解性携带的因素有盐分的分配系数 a^M、汽包压力、蒸汽温度、锅水的 pH 值等。

提高蒸汽品质的途径有如下几种方法：提高给水品质；增加排污量；改进锅筒内部装置，减少蒸汽带水。

223. 什么叫循环倍率，其意义是什么？

循环倍率用 K 表示，是上升管循环水量 G 与上升管蒸发量 D 的比值。K 的倒数称上升管重量含汽率 x。

$$K = G/D；x = D/G = 1/K$$

循环倍率的意义是：在上升管中每产生 1kg 蒸汽，由下面进入管子的水量，或 1kg 水在循环回路中需要经过多少次循环才能全部变成蒸汽。

224. 什么是自然循环锅炉？什么是强制循环锅炉？

依靠下降管中的水与上升管中的汽水混合物之间的密度差，使锅水进行循环的锅炉称为自然循环锅炉。

除了依靠水与汽水混合物之间的密度差之外，主要靠循环水泵的压头进行锅水循环的锅炉称为强制循环锅炉。

225. 自然循环锅炉与强制循环锅炉的启停有何不同？

自然循环锅炉冷态启动时，因为考虑到锅水受热膨胀，水位要调至 −100 ～ −50mm，且需要引入低压蒸汽促进锅水循环；强制循环锅炉由于循环泵启动时，会使水位下降，所以要求锅炉上水至最高可见水位。此外，还应对强制循环泵进行注水排气操作。

自然循环锅炉在停炉时，整个系统严格按照降温降压曲线和相关的工艺控制制度进行降温，待干熄炉内红焦炭完全熄灭，锅炉压力降至 0 后，停运循环风机，解除锅炉高、低水位保护，缓慢上水至最高可见水位，关闭进水阀门，停止运行锅炉给水泵；强制循环锅炉在停运时，随着系统的降温降压，必须注意锅水循环泵的运行情况。因为随着锅炉压力的逐渐降低，锅水循环泵的进出口压差和电动机电流将逐渐上升，锅水循环泵的连续运行是强制循环锅炉允许快速冷却降温的前提条件。待系统降至常温，锅炉保持正常水位，停运循环风机、给水泵后，停运强制循环泵，注意锅炉水位的变化。

226. 自然循环锅炉的"汽包泵"指什么，"汽包泵"有什么作用？

这里讲的所谓"汽包泵"其实不是泵，而是指自然循环锅炉在汽包、上升管上增设的低压蒸汽引入点。

"汽包泵"的作用：系统启动初期，在没有高温烟气引入的情况下，我们将低压蒸汽引入到锅炉汽包、上升管处，借助低压蒸汽的引射作用，在锅炉的上升管和下降管之间形成良好的水循环。一旦高温烟气引入到锅炉烟风系统，循环良好的锅水便能充分的吸收烟气的余热，从而产生蒸汽。当锅炉汽包压力等于引入的低压蒸汽压力时，就可以将低压蒸汽关闭，"汽包泵"停止工作。这时高温的烟气可以正常的、稳定的流经锅炉的各个受热面，锅炉也就可以形成良好的自然循环，从而源源不断地产生合格蒸汽以满足生产的需要。

汽包泵工作原理见图3-1。

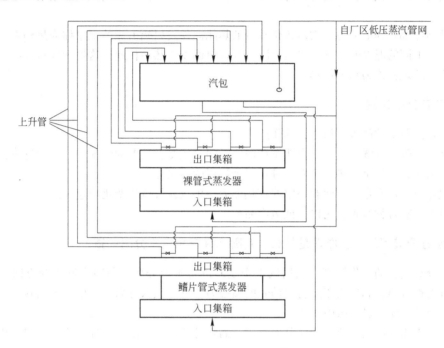

图 3-1　锅炉"汽包泵"的工作原理图

在图3-1中，低压蒸汽来自厂区管网，与蒸发器出口集箱的上升管、锅炉汽包连接。

227. 什么叫自然循环的自补偿能力？

在一定的循环倍率范围内，自然循环回路上升管吸热增加时，循环水量随产汽量相应增加，以进行补偿的特性称为自然循环的自补偿能力。

228. 锅炉传热有哪几种形式，是如何进行的？

锅炉的传热过程有三种基本形式，即导热、对流换热和辐射换热。在一般的工业锅炉中，这三种基本形式常常会同时出现，而以某一种传热方式为主的传热过程。锅炉的主要受热面的传热过程为：

水冷壁：　　高温烟气 $\xrightarrow{\text{辐射换热}}$ 外壁 $\xrightarrow{\text{导热}}$ 内壁 $\xrightarrow{\text{对流换热}}$ 汽水混合物

过热器：　　烟气 $\xrightarrow{\text{对流与辐射换热}}$ 外壁 $\xrightarrow{\text{导热}}$ 内壁 $\xrightarrow{\text{对流换热}}$ 蒸汽

省煤器：　　烟气 $\xrightarrow{\text{对流与辐射换热}}$ 外壁 $\xrightarrow{\text{导热}}$ 内壁 $\xrightarrow{\text{对流换热}}$ 水

229. 什么叫导热、对流换热和辐射换热?

热量从物体的高温部分传递到低温部分,或由高温物体传递到与之直接接触的低温物体的过程,称为热传导,简称导热。

流体(气体、液体)中温度不同的各部分之间,由于相对宏观运动而进行的热量传递现象称为热对流。工程上,把具有相对位移的流体与所接触的固体壁面之间的热传递过程称为对流换热。

凡是物体都有辐射能力。物体转化本身的热能向外发射辐射能的现象称为热辐射。当两物体表面具有不同的温度时,它们之间会因相互辐射而发生热量传递,这种物体本身不直接接触而传递热量的现象称为辐射换热。

230. 汽包有什么作用?

汽包是汽包锅炉的重要组件,其作用为:

连接上升管与下降管,组成自然循环回路,同时接受省煤器的给水,以及向过热器输送饱和蒸汽。因而,汽包是加热、蒸发与过热三个过程的连接点。

汽包存有一定水量,因而有一定的蓄热能力,可以减缓汽压变化的速度。

汽包中装有各种装置,用以保证蒸汽品质。

231. 汽水分离装置的工作原理是什么,有哪几种常用汽水分离装置?

汽水分离装置的工作原理:利用汽水密度差进行重力分离;利用汽流改变方向时的惯性力,进行惯性分离;利用汽流旋转运动时的离心力,进行汽水分离;利用使水黏附在金属壁面上形成水膜往下流,进行吸附分离。

常用的汽水分离装置有:旋风分离装置、涡轮分离装置、波形板分离器以及均汽孔板等。

232. 锅炉水位计的工作原理是什么?

锅炉水位计是用来指示锅筒内水位高低的测量仪表,其工作原理与连通器相同。锅筒相当于一个大的容器,水位计相当于一个小的容器,当它们连通后,理论上两者的水位必定在同一高度上,实际上由于密度的变化二者有一点差别。

233. 为什么汽包的实际水位与就地水位计指示有偏差?

从汽包内部工况分析,汽包内没有明显的汽水分界线,但是可以找到密度变化最快的点,利用这个点定位汽包的实际水位。

汽包水容积中,水的温度较高且含有蒸汽泡,而水位计中的水由于有一定的散热,其温度低于汽包压力下的饱和温度且没有汽泡,所以汽包中的水比水位计中水的密度小,因而造成指示水位低于实际水位。如果汽包水容积充满的是饱和水,则水位指示的偏差,随着工作压力的增高而增大。此外,当就地水位计连通管发生泄漏和堵塞时,将会引起指示水位与实际水位的误差。若汽侧泄漏,将使指示水位偏高;若水侧泄漏,则使指示水位偏低。

234. 三冲量调节工作原理是什么,有什么优点?

如图 3-2 所示为三冲量给水自动调节系统图。

锅炉给水三冲量调节系统中，有汽包水位 H、蒸汽流量 D 和给水流量 G 三个信号。其中汽包水位是主信号，因为任何扰动都会引起水位的变化，使调节器动作，改变给水调节器的开度，使水位恢复至规定值。蒸汽流量是前馈信号，它能防止由于虚假水位而引起调节器的误动作，改善蒸汽流量扰动下的调节质量。给水流量信号是反馈信号，它能克服给水压力变化所引起的给水量变化，使给水流量保持稳定，同时也就不必等到水位波动之后再进行调节，保证了调节质量。所以，三冲量水位调节系统综合考虑了蒸汽流量与给水流量大致相等的原则，又考虑到了水位偏差的大小，因而既能补偿虚假水位的反应，又能纠正给水流量的扰动，是更为完善的给水调节方式。

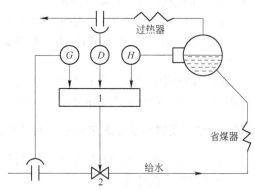

图 3-2　三冲量给水自动调节系统图
1—调节机构；2—给水调节阀

235. 锅炉上有哪些安全附件？

锅炉附件是确保锅炉安全、经济运行必不可少的组成部分，分布在锅炉设备的各个重要部位，对锅炉的运行状况起着监视和控制作用。安全附件主要包括：安全阀、压力表、水位计、温度计、排污和放水装置以及自动控制与保护装置。

236. 锅炉安全阀有什么作用？

锅炉安全阀的作用是，保障锅炉不在超过规定的蒸汽压力下工作，以免发生爆炸。蒸汽安全阀装在锅炉的汽包上和过热器出口联箱上，分别保护蒸发受热面和过热器。为了控制许多安全阀同时开启，排汽过多，汽包上的安全阀分为控制安全阀和工作安全阀两种。控制安全阀的压力低于工作安全阀的开启压力。

237. 锅炉安全阀如何进行热态整定，热态整定注意事项有哪些？

所有锅炉用安全阀在进行冷态校验后，一般都要在运行状态下进行热态整定（或校验），干熄焦锅炉在进行安全阀热态整定时，一定要联系好干熄焦的生产，确保能够按照定压要求进行锅炉的升压和降压操作。

弹簧式安全阀整定时，要先拆下提升手柄和顶盖，用扳手慢慢拧动调整螺丝：调紧弹簧为加压，调松弹簧为减压。当弹簧调整到安全阀能在规定的起跳压力下自动排汽时，就可以拧紧紧固螺丝。定压顺序为：

（1）先确定锅筒上安全阀的开启压力，并先调整开启压力较高的安全阀，而将开启压力较低的安全阀暂时调整到超过较高的开启压力，待开启压力较高的安全阀校验完毕，再降压校验开启压力较低的安全阀。

（2）调整过热器安全阀。

（3）定压工作结束后，应调整干熄焦的生产，在工作压力下再做一次自动排汽试验。排汽试验合格后，将安全阀铅封，校验结束。

热态整定安全阀的注意事项：

（1）检查安全阀的质量是否合格，其铭牌规定的使用压力范围应与锅炉工作压力相适应，压力表的精度高，校验日期应符合要求。

（2）安全阀的回座压差一般为开启压力的4%～7%，最大不能超过开启压力的10%。

（3）校验时一定要戴好防护手套和必要的保护用品。升压和降压速度不能超过操作规程的要求。

（4）锅炉锅筒水位应保持在水位表最低安全水位线与正常水位线之间，并派专人监视压力表和水位表，防止造成超压和缺水事故。

238. 锅炉水压试验的目的是什么，有几种方法？

水压试验是检验锅炉承压部件严密性的一种方法，也是对承压部件强度的检验。

水压试验有两种方法：

（1）工作压力的水压试验：锅炉大、小修或局部受热面检修后，必须进行的试验。

（2）超压水压试验：锅炉遇到下列情况之一才进行的试验。

1）新装或迁装的锅炉投运时；

2）停用一年以上的锅炉恢复运行时；

3）过热器、蒸发器、省煤器等部件成组更换时；

4）汽包进行了重大修理或过热器、蒸发器、水冷壁联箱更换时；

5）根据运行情况，对设备安全可靠性有怀疑时。

239. 水压试验合格标准是什么？

水压试验合格标准有：

（1）关闭上水门，停止打压泵（或给水泵），5min内汽包压力下降值不超过0.5MPa；

（2）承压部件金属壁和焊缝没有渗漏痕迹；

（3）承压部件无明显的残余变形。

240. 如何进行锅炉水压试验？

（1）水压试验前，检查与锅炉水压试验有关的汽水系统、烟道确已无人工作。打开所有放空阀、压力表连通阀、水位计连通阀，关闭所有放水阀及本体管路范围内的二次阀，将安全阀用专用螺钉紧固。

（2）开启锅炉进水阀，启动给水泵或其他压力水源向锅炉慢慢注水。注水过程中应经常检查放空阀是否冒气，注水的速度应根据水温及环境温度的具体情况而定，温差大时上水应慢些，温差小时适当快些。

（3）当锅炉水位计指示满水，锅炉最高点的放空阀向外冒水时，再等3～5min关闭放空阀，暂停注水。

（4）对锅炉进行一次全面检查，看有无泄漏及异常现象，并记录各部分的膨胀指示数值。

（5）检查无异常后，启动升压泵升压。升压速度应缓慢均匀，在达到工作压力之前一般不超过0.2～0.3MPa/min。

（6）当压力升至试验压力的10%左右时，暂停升压，进行一次初步检查，如果没有发现泄漏和缺陷可以继续升压。

（7）当接近工作压力时，应特别注意升压速度，必须缓慢均匀，防止超过工作压力。当压力升至工作压力后，立即停止升压，进行全面检查并观察5min内压力下降情况，对查出的缺陷做好记录。

（8）根据工作压力下全面检查的结果，决定是否继续升压进行超压试验。

（9）进行超压试验前，将水位计解列，所有检查人员停止在承压部件上进行检查和工作，退出炉室，无关人员全部撤离水压试验禁区范围。

（10）从工作压力开始升压的过程中，升压速度不超过 0.1MPa/min。当压力升至试验压力时，立即关闭升压泵出口阀门，停止升压。记录下时间，观察 5min 内压力下降的情况。

（11）在试验压力下保持 5min 后，缓慢降至工作压力，再次进行全面检查，观察原来查出的缺陷有无扩大，承压部件有无残余变形及其他异常，并做好标记及记录。检查期间，保持工作压力不下降，检查完毕可缓慢降压，速度约为 0.3MPa/min。待压力降至大气压力时，打开所有放空阀和放水阀，将锅炉内的水尽量放净，以防内部生锈，距启动时间较长时，还应考虑防腐蚀措施。

（12）如果超压试验结果良好，将紧固的安全阀复原。

241. 锅炉有哪几个工作过程，锅炉设备的特点有哪些？

锅炉的工作包括三个连续进行的过程，即：燃料的燃烧或其他方式的放热过程、热量向锅水等工质的传热过程和工质被加热、汽化的吸热过程。

锅炉是一种受热、承压、易发生爆炸危险的特种设备，具有与一般机械设备不同的特点：

（1）锅炉是一种密闭的容器，具有爆炸危险。

锅炉发生爆炸的原因很多，归纳起来有三种情况：一种是锅内压力持续升高，超过某一受压元件所能承受的极限压力时，发生爆炸；另一种是在正常压力的情况下，由于受压元件结构本身有缺陷，或制造质量低劣，或使用不当而造成损坏等原因，而不能承受原来允许的工作压力时，就可能突然破裂爆炸，如水处理不良造成锅炉严重腐蚀、苛性脆化等，就可能出现这种情况；第三种是锅炉在严重缺水的情况下，错误地进冷水，致使锅筒等受压元件开裂而引起爆炸。锅炉爆炸的破坏力大，不但炉体或构件飞出会造成破坏，而更大的破坏是由于锅炉爆炸时，锅内压力聚降，高温饱和水靠自身的汽化潜热汽化，体积成百上千倍的膨胀，形成冲击波，冲塌建筑物，造成严重的财产破坏和人员伤亡。

（2）锅炉比一般机械设备的工作条件更为恶劣。

锅炉的受热面内外广泛接触烟、火、灰、水、汽、水垢等，它们在一定条件下对锅炉元件有腐蚀作用。锅炉运行时，受压元件上产生相应的应力，随着负荷和压力的变化，这种应力也会发生变化，使承受集中应力的受压元件疲劳破坏；依靠锅内汽水流动循环冷却的受热面因缺水、结生水垢或水循环破坏等原因使传热发生障碍，也可能使高温区的受热面烧损鼓包、开裂；另外，飞灰磨损可造成管壁减薄、泄漏等。

242. 锅炉水蒸气是怎样形成的，经过哪几个主要过程？

工业用蒸汽都是由锅炉产生的，水在锅炉中吸热生成蒸汽可以近似看做是连续的定压加热过程。给水送入锅炉以后，首先在省煤器中加热，水吸收热量后，温度升高，并进入锅筒，到达饱和温度。饱和水在对流管束和水冷壁内继续受热，水的温度不再升高，但一部分水汽化变成水蒸气。在管内形成的水蒸气连同饱和水一起进入锅筒，并在锅筒内进行汽水分离。分离出来的饱和水又流进水冷壁和对流管束继续受热产生水蒸气；分离出来的蒸汽则流经过热器继续受热，形成过热蒸汽。最后由主蒸汽管引出。也就是说，在水蒸气的形成过程中，从水到水蒸气一般要经历未饱和水（过冷水）、饱和水、湿饱和蒸汽、干饱和蒸汽和过热蒸汽五种状态。

综合上述过程，可以把水蒸气的形成归纳成3个阶段：

预热阶段：水被加热，温度不断上升，达到饱和温度。这一阶段水所吸收的热量称为液体热。

汽化阶段：饱和水继续被加热，开始产生水蒸气，但温度不再升高。这一阶段水所吸收的热量称为汽化潜热。

过热阶段：饱和蒸汽再被加热，温度上升到规定的温度，饱和蒸汽变成过热蒸汽。这一阶段蒸汽所吸收的热量称为过热热。

243. 干熄焦锅炉有哪些主要防磨措施？

干熄焦锅炉设计制造时，采取的主要防磨措施有：
（1）降低锅炉内循环气体流速；
（2）水冷壁进口转向室覆盖耐磨浇注料；
（3）吊挂管采用双套管，外面进行镍基热喷涂；
（4）各受热面第一排管子采用防磨盖板，充分考虑焊接强度和包覆角度。同时烟道四周加装挡烟板。

244. 什么是内扰和外扰？

内扰一般是指由于锅炉本身设备或运行工况变化而引起的扰动。内扰主要反映在锅炉蒸汽流量的变化上，因而发生内扰时，锅炉汽压和蒸汽流量是同向变化的。

外扰是指非锅炉本身的设备或运行原因所造成的扰动，主要表现在外界负荷的变化上。

245. 锅炉运行过程是如何调节的？

锅炉运行调节的目的是，在确保锅炉安全、经济运行的前提下，连续不断的输送合格的蒸汽，以满足外界负荷的需要。锅炉运行必须与外界负荷相适应。由于外界负荷是变化的，因此锅炉的运行实际上只能维持相对稳定。当外界负荷变动时，必须对锅炉进行一系列的调节操作。调节的主要任务是：（1）保证蒸汽品质。保持正常的汽温、汽压。（2）保证蒸汽产量（即蒸发量），以满足外界负荷的需要。（3）维持汽包的正常水位。（4）及时进行正确的调节操作，消除各种异常、障碍与隐形事故，保证锅炉机组的正常运行，尽量减少各种热损失，提高锅炉运行的经济性。其内容主要有负荷调节、压力调节、水位调节、汽温调节等。

为了完成上述任务，许多大型机组都配有先进的自动调节装置，同时也要求运行人员不断提高分析判断能力与实际操作技能，掌握锅炉运行的变化规律，精通设备与系统，认真、严格地按照运行规程进行调节操作。锅炉的调节很多都是相互联系的，相互影响的，如循环风量的变化、排焦量的变化、蒸发量的变化以及蒸汽压力的变化等。对于水位调节、汽温调节很多锅炉书上都有详细的说明，这里不再赘述，重点对干熄焦锅炉蒸汽压力的调节做如下描述：

主蒸汽压力调节主要依靠调整排焦量、循环风量及压力调节阀来实现。主蒸汽压力变化是由锅炉蒸发量、外界蒸汽负荷决定的。正常情况下，锅炉蒸发量与蒸汽负荷处于一种平衡状态，蒸汽压力是稳定的。一旦这种平衡被打破，蒸汽压力就发生变化，就需要对干熄焦锅炉系统进行调整，否则就会造成锅炉超压或降压事故。当蒸汽负荷增大时，蒸发量小于蒸汽负荷，锅炉压力会降低，此时应该先加大循环风量，然后增加排焦量（顺序不可颠倒），锅炉蒸发量慢慢增加，与蒸汽负荷达到一个新的动态平衡，蒸汽压力稳定。反之，当蒸汽负荷减小时，蒸发量大于蒸汽负荷，锅炉压力会升高，此时，应先减小排焦量，然后减小循环风量（顺序不可颠倒），锅炉蒸发量慢慢减小，与蒸汽负荷达到一个新的动态平衡，蒸汽压力稳定。这一点，干熄焦锅炉与燃煤燃气锅炉的燃烧调节当属异曲同工。

246. 锅炉暖管与并汽是如何操作的？

锅炉暖管的任务是，送汽前对锅炉主汽门至热网间管道预热。这段管道在较低温度下可能存有积水，如果大量高温蒸汽突然进入，将会产生破坏性的热应力，还会使管道发生水击和振动。因此，蒸汽输送前必须进行预热和疏水，这个过程称为暖管。暖管的方法通常有两种：第一种是用启动锅炉产生的蒸汽暖管。第二种是用蒸汽母管送汽暖管。这种方法没有利用锅炉升压过程中的排汽，使疏水及热损失增加，因此极少采用。

并汽（也称并炉）就是把启动锅炉和蒸汽母管间最后隔着的阀门开启，使蒸汽并入管网。并汽时应注意，启动锅炉汽压应略低于管网汽压，一般中小型锅炉低 0.05 ~ 0.1MPa，高压锅炉低 0.2 ~ 0.3MPa。锅筒水位也应略低一些，通常低于正常水位 30 ~ 50mm。并汽时，缓慢开启主汽阀，直至全开，注意监视锅筒压力和水位变化，并保持稳定，最后主汽阀关回半圈，并汽结束。

247. 水位计如何冲洗？

按照水位计阀门的位置可归纳为"下中中来上上下"七个字。即先开启放水阀（下），冲洗汽、水通路和玻璃板；再关闭水阀（中），单独冲洗汽通路；接着打开水阀（中），关闭汽阀（上），单独冲洗水通路；最后开启汽阀（上），再关放水阀（下），使水位恢复正常。

248. 锅炉为什么要排污，排污的方法有哪几种？

排污的目的：锅炉排污分为定期排污和连续排污两种。锅炉定期排污是从水冷壁下联箱和集中下降管下部定期排水，用以排除锅水中的沉渣、铁锈等，以防这些杂质在水冷壁和集中下降管中结垢和堵塞。连续排污是将锅筒内蒸发面以下 100 ~ 200mm 间，含盐浓度较大的锅水适量排出，降低锅水含盐量。锅炉运行时，由于锅水不断蒸发而浓缩，使其含盐浓度逐渐增加。为了把锅水的含盐浓度控制在允许的范围内，保证蒸汽品质合格，对锅水一定要进行连续排污。连续排污还可以调节锅水的碱度。

排污的方法：锅炉正常运行过程中，连续排污阀在开启状态，其开度的大小根据锅水含盐量的指标要求决定。一般由化验人员通知化验结果，运行人员按要求进行调节。

现代大型锅炉都采用程序控制来进行锅炉的定期排污。对于中小型锅炉大都是采用人工控制，根据水质情况以及排污量的大小，每班或每天排污一次。

249. 锅炉排污怎样操作？

锅炉定期排污的操作有以下两种方法：

（1）先开二次阀，再缓慢稍开一次阀，预热排污管道后再全开一次阀，排污结束后，先关闭一次阀，再关闭二次阀。这种操作方法一次阀容易磨损，排污后两个排污阀之间没有积水。

（2）先开启一次阀，再开二次阀，排污结束后，先关闭二次阀，再关闭一次阀。这种操作方法一次阀受到保护，二次阀容易磨损，但排污后两个阀门之间存有积水。为了防止下次排污时，产生水冲击现象，可在排污后稍开二次阀，放净积水后再关闭。

上述两种操作方法都可采用，共同的要求是：先开启的阀门后关闭，后开启的阀门先关闭，目的是保护先开启，后关闭的阀门。

250. 什么是锅炉排污率，如何计算？

锅炉排污率就是排污水量占锅炉蒸发量的质量百分数，可用下式表示：

$$P = D_p/D \times 100\%$$

式中　　P——排污率，%；

D_p——每小时排污水量，t/h；

D——每小时锅炉蒸发量，t/h。

在实际运行中，由于排污水量难以测定，因此一般不按上式计算，而是由水质分析结果来计算，计算公式为：

$$P = \frac{S_给 - S_汽}{S_污 - S_给} \times 100\%$$

式中　　$S_给$——给水中某物质的含量，mg/L；

$S_汽$——饱和蒸汽中某物质的含量，mg/L；

$S_污$——锅水中某物质的含量，mg/L。

对于用除盐水或蒸馏水做补给水的中、高压锅炉，一般可用水、汽中硅含量的分析结果代入上式计算排污率。

对于普通工业锅炉而言，通常用测定氯离子 Cl^- 含量来计算排污率，又由于蒸汽中带走的杂质含量较少，计算中可忽略不计，这样排污率计算公式可简写为：

$$P = \frac{\rho_{Cl^-_给}}{\rho_{Cl^-_锅} - \rho_{Cl^-_给}} \times 100\%$$

式中　　$\rho_{Cl^-_给}$——给水中氯离子含量，mg/L；

$\rho_{Cl^-_锅}$——锅水中氯离子含量，mg/L。

251. 锅炉汽压过高、过低对设备有什么危害？

锅炉汽压过高、过低对锅炉运行的安全性和经济性有很大影响。

汽压过高，如果安全阀拒动，可能会发生爆炸事故，严重危害设备与人身安全。即使安全阀动作，汽压过高时，由于机械应力过大，也将危害锅炉承压部件的长期安全性。并且安全阀经常动作，将会造成很大的经济损失，并使安全阀回座时关闭不严，导致经常性漏汽，严重时甚至发生安全阀无法回座而被迫停炉的后果。

如果汽压降低，则会减少蒸汽在汽轮机中的做功焓降，使蒸汽做功能力降低，汽耗增大。若汽压过低，由于在相同负荷下汽轮机进汽量的增大，使汽轮机轴向推力增加，易发生推力轴瓦烧毁事故。

252. 为什么要对过热器温度进行调节，如何调节？

锅炉正常运行中，过热蒸汽温度随着机组负荷、锅炉蒸发量、给水温度、循环风量、排焦速度等参数的变化而变化。过热蒸汽温度过高、过低以及大幅波动都将严重影响锅炉和汽轮机的安全、经济运行。

（1）汽温过高：汽温过高将引起过热器、蒸汽管道以及汽轮机汽缸、转子部分金属的强度降低，蠕变速度加快，特别是承压部件的热应力增加。当超温严重时，将造成金属管壁的胀粗和爆破，缩短使用寿命。

（2）汽温过低：汽温过低的危害主要表现在以下几方面：

1）汽温过低将增加汽轮机的汽耗，降低机组的经济性。

2）汽温过低时，将使汽轮机的末级蒸汽湿度增大，加速对叶片的水蚀，严重时可能产生水冲击，威胁汽轮机的安全。

3）汽温过低时，将造成汽轮机缸体上下壁温差增大，产生很大的热应力，使汽轮机的胀差和窜轴增大，危害汽轮机的正常运行。

（3）汽温波动幅度过大：汽温突升或突降，除对锅炉各受热面焊口及连接部分产生较大的热应力外，还将造成汽轮机的汽缸与转子之间的相对位移增加，即胀差增加。严重时甚至可能发生叶轮与隔板的动静摩擦，造成汽轮机的剧烈振动。

为了避免出现上述情况，在锅炉运行中，必须及时采取调节措施，维持汽温在规定范围内。

过热汽温的调节主要通过减温器来实现。减温器又分为表面式和喷水式两种。表面式减温器是一个热交换器，利用给水间接冷却蒸汽；喷水式减温器是把给水或蒸汽冷凝水直接喷入过热器中，以降低蒸汽温度。由于喷水减温器结构简单，调节速度快，所以现代大型锅炉主要采用喷水减温器来调节过热器温度。

253. 锅炉给水量为什么不可以猛增猛减？

锅炉给水量剧增或剧减会引起省煤器管子温度的变化，使管壁发生形变；会影响水位，造成汽压和汽温的波动，特别是，使用给水作为减温水时，汽温影响更大；采用非沸腾式省煤器，当水位猛降时，给水可能汽化，对高压锅炉水循环不利；对强制循环锅炉，循环泵可能汽化而运行不正常，导致循环失常。

254. 锅炉不能快速升压、降压的主要原因是什么？

锅炉升压、降压速度太快，汽包的金属壁往往受到过大的热应力，严重时会使汽包或连接汽包的进水管、出水管以及上升管、下降管弯曲变形，造成泄漏，其主要原因如下：

（1）由于汽包上部和下部的温差。在升温升压初期，锅炉系统的水循环尚不正常。汽包里的水流动很慢或有局部停滞的现象，炉水对汽包壁的放热系数很小，故汽包下部的金属温度上升不快，而汽包上部由于和饱和蒸汽相接触，蒸汽对汽包金属壁冷凝放热，其放热系数比汽包下部的炉水放热系数大好几倍。故汽包上部金属壁温度高，这种上下温差的不均匀，会使汽包趋向拱背形状的变形，但与汽包连接的管子不允许让它自由变形，这样就必然会产生热应力。上、下温差越大，则热应力越大，故一般认为汽包上、下金属壁的温差不允许超过50℃；

（2）汽包内壁与外壁的温差。在升温升压过程中，汽包金属工质吸收热量，其温度逐渐升高，并不断通过保温层向外界散热，因此金属内壁表面温度高而外壁温度较低。

（3）内压所产生的应力。汽包上、下温差与汽包内、外温差很大程度取决于升温、升压速度。速度越大，温差越大，一般升温规定 1.5～2℃/min，在升温开始阶段，汽包内压力很低，金属壁主要承受温度引起的热应力，这时各种温差很大，故升温速度要小。另外，压力越低，升高单位压力时，相应饱和温度的上升速度越大，故升压时亦应缓慢进行。

255. 在什么条件下需要对锅炉采取保温保压的操作方式？

一般情况下，当干熄炉部分的设备损坏或发生故障需要修理时，或公用设施发生故障均采取保温保压的操作方式。

256. 锅炉系统中常见的腐蚀形式有哪几种？

锅炉常见的腐蚀形式有：

（1）氧腐蚀：氧腐蚀是由于氧的去极化作用而造成的局部腐蚀，是最常见、最普遍的一种腐蚀。钢铁受到氧腐蚀时，常常在其表面形成许多小的鼓包，直径由 1mm 至 30mm 不等，这种腐蚀状态称为溃疡型腐蚀。鼓包表面的颜色由黄褐色到砖红色不等，深层次是黑色粉末，这些都是腐蚀产物。当腐蚀产物清除后，便会显示出腐蚀造成的凹坑。其腐蚀电池反应为：

阳极反应：$$Fe \longrightarrow Fe^{2+} + 2e$$

阴极反应：$$O_2 + 2H_2O + 4e \longrightarrow 4OH^-$$

形成的腐蚀产物 $Fe(OH)_2$ 不稳定，还会进一步与氧反应，最终生成 Fe_3O_4。

（2）游离二氧化碳的酸性腐蚀：当水中含有游离二氧化碳时，水呈酸性。游离二氧化碳的腐蚀实质上就是酸性物质引起的 H^+ 去极化腐蚀，多发生在给水系统和凝结水回水系统中。钢材受游离二氧化碳腐蚀而产生的腐蚀产物都是易溶的，因此腐蚀表面上没有沉积物生成，其腐蚀特征是金属均匀变薄。这种腐蚀虽然不一定会很快造成金属的严重损伤，但会使大量铁的腐蚀产物带入锅内，从而引起锅内结生铁垢及电化学腐蚀等许多问题。其电池反应为：

阳极反应：$$Fe \longrightarrow Fe^{2+} + 2e$$

阴极反应：$$2H^+ + 2e \longrightarrow H_2$$

（3）沉积物下的腐蚀：金属表面被水垢等沉积物覆盖后，从表面看似乎减少了金属与氧等腐蚀介质的直接接触，使人误认为，锅炉结垢后能避免金属发生腐蚀。但实际上，锅炉结垢或有水渣堆积时，其下面往往也会发生腐蚀，这种腐蚀称为沉积物下的腐蚀。其原因是：这些沉积物大多都不致密，锅水常会渗透到沉积物下，而且，由于垢渣的热胀冷缩性与金属不同，当锅炉启停较频繁时，即使是较为致密的水垢，也会因此产生许多细小的裂缝或空隙，使锅水由此渗入其下。这样，由于沉积物的传热性很差，沉积物下的金属壁温往往比正常部位高很多，渗透到沉积物下的锅水便会发生急剧浓缩，并会在高温下发生反应。由于沉积物的阻碍，这些高度浓缩的锅水难以通过汽水循环被带走或稀释，从而使沉积物下积聚的浓溶液具有很强的侵蚀性，致使锅炉金属遭到腐蚀。尤其对于中、高压锅炉来说，沉积物下的腐蚀是一种常见的，也是一种对锅炉危害较大的腐蚀。因此，当锅炉受热面上沉积物达到一定程度时，必须及时进行清除，以免发生沉积物下的腐蚀。

（4）应力腐蚀：应力腐蚀是金属材料在应力和腐蚀介质共同作用下产生的腐蚀。主要形式有：应力腐蚀破裂、碱脆（即苛性脆化）、氢脆及腐蚀疲劳。应力腐蚀的后果是，破坏金属的晶格组织。因此，往往比单纯腐蚀介质造成的腐蚀更具隐蔽性和破坏性。

（5）水蒸气腐蚀：当过热蒸汽温度高达450℃以上时（此时过热器管壁温度约为500℃），蒸汽就会与碳钢发生反应，生成产物为Fe_3O_4：

$$3Fe + 4H_2O \longrightarrow Fe_3O_4 + 4H_2$$

当温度达到570℃以上时，反应产物为Fe_2O_3：

$$Fe + H_2O \longrightarrow FeO + H_2$$

$$2FeO + H_2O \longrightarrow Fe_2O_3 + H_2$$

这种由水蒸气与铁的反应所引起的腐蚀属于化学腐蚀，称为水蒸气腐蚀。当发生水蒸气腐蚀时，管壁将均匀变薄，腐蚀产物多半是Fe_3O_4，常呈粉末状或鳞片状。发生的部位一般是汽水停滞区域和过热器中。

257. 影响锅炉腐蚀的主要外在因素有哪些，如何控制？

影响锅炉腐蚀的外在因素主要有：与金属接触的水质、保护膜等。控制方法有：

溶解氧：氧是锅炉金属发生电化学腐蚀的主要因素。在一般条件下，氧的浓度越大，金属的腐蚀越严重。因此，日常运行中，要保证锅炉给水的除氧效果，对于停运的锅炉要做好保养工作，防止氧腐蚀的发生。

pH值：水的pH值对金属的腐蚀影响极大。锅水的pH值过低（小于8）或过高（大于13）都会破坏金属表面的保护膜，加速金属的腐蚀。pH值低，就意味着H^+浓度大，不但会破坏保护膜，而且H^+本身是一种去极化剂，所以在酸性介质中，金属易发生氢去极化腐蚀。当锅水保持合适的pH值（一般为10~12）时，有助于金属表面形成保护膜，减缓腐蚀。

水中盐类含量及组成：

一般来说，水的含盐量越高，腐蚀速度越快。因为水的含盐量高，水的电导率就越大，腐蚀电池的电流就越大。然而盐类中不同的离子对腐蚀的影响有很大差别：如果锅水中含有PO_4^{3-}和CO_3^{2-}时，能在金属表面形成难溶的保护膜，从而使阳极钝化，减缓腐蚀。如果锅水中含有Cl^-时，由于Cl^-容易被金属表面所吸附，并置换氧化膜中的氧元素，形成可溶性的氯化物，破坏金属的保护膜，加速金属的腐蚀过程。因此，锅水中维持一定的PO_4^{3-}或CO_3^{2-}含量，不但可以防止结垢，也有利于防腐。

258. 什么是低温腐蚀，如何预防低温腐蚀？

低温腐蚀又称露点腐蚀，是指循环气体中的SO_2形成SO_3并与水蒸气形成硫酸。当受热面温度低于硫酸蒸气的露点时，硫酸蒸气在受热面上凝结而造成的腐蚀。

防止低温腐蚀的关键在于，减少SO_2含量以及控制烟气温度在露点温度之上。现在几乎所有大型电厂的锅炉都设有烟气脱硫装置。干熄焦锅炉上，由于循环气体中SO_2含量相对较低，目前还没有烟气脱硫设施。烟气露点要依据烟气中硫酸蒸气含量的体积分数而确定。只要把烟气温度控制在露点温度以上，就可以基本消除低温腐蚀。

另外，还可以通过采用新材料的方法预防低温腐蚀。

259. 锅炉烟垢为什么要及时清除，清除的主要方法有哪些？

由于循环气体含有大量细颗粒焦粉，特别是一次除尘效果不好的情况下，焦粉含量更多。在干熄焦锅炉的运行过程中，会有大量焦粉附着在水冷壁、过热器、蒸发器省煤器等受热面管束上，俗称烟垢。

烟垢附在受热面的外表面上，大大削弱了传热能力，减少了循环气体传给工质的热量，增大了锅炉排烟温度，降低了锅炉热效率，同时会增大循环风机的振动，恶化风机的运行工况。此外，烟垢对锅炉受热面又有较严重的腐蚀作用，危及安全运行，影响锅炉的使用寿命，因此必须定期及时清除烟垢。

清除烟垢的方法主要有两种：一种是人工机械法，利用压缩空气或蒸汽进行气力吹灰，然后人工进行清理，一般需停炉操作，效果不是十分理想。二是化学清灰法，利用干冰清洗技术使受热面上的烟垢产生爆破效应，从而清除烟垢。

260. 锅炉停炉后为什么要保养，保养的方法有哪几种？

锅炉停止运行后，受热面表面吸收空气中的水分而形成水膜。水膜中的氧气和铁起化学作用生成铁锈，使锅炉遭受腐蚀。被腐蚀的锅炉投入运行后，铁锈在高温下又会加剧腐蚀的深度和扩大腐蚀的面积，并且氧化铁皮不断剥落，以致缩短锅炉的使用寿命，甚至严重降低钢板强度引发爆炸事故。因此，锅炉停炉后必须进行保养。

常用的停炉保养方法有：湿法保养、干法保养和充气保养等。

（1）湿法保养：这类保养方法是将具有保护性的水溶液充满锅炉，以杜绝空气中的氧进入锅炉。

1）碱液法：采用加碱的办法使锅炉中水的 pH 值大于 10，来抑制水中溶解氧对锅炉的腐蚀。碱液由氢氧化钠和磷酸三钠配制而成。

2）氨液法：将含氨量大于 $800 \sim 1000 mg/L$ 的水溶液加入锅炉内，以保护金属表面不受腐蚀。液氨易蒸发，故锅水温度不宜太高。

3）保持蒸汽压力法：利用锅炉余压保持 $0.05 \sim 0.1 MPa$（表压），锅水温度高于100℃，既使锅炉水中不含氧气，也可阻止外界空气进入锅炉。这种方法适用于停炉期限不超过一周的锅炉。

（2）干法保养：用干燥剂使锅炉金属表面经常保持干燥，防止金属腐蚀。常用的干燥剂有：生石灰、工业无水氯化钠和硅胶等。

（3）充气保养：将惰性气体 N_2 或 NH_3 充入锅炉内，适用于长期停用的锅炉保养。N_2 纯度不能低于98.5%，表压为0.3MPa。充气时，应从锅炉上部冲入。采用充气保养时，一定要保持系统的严密性和维持好要求的压力，才可以达到较好的保护目的。

261. 如何进行锅炉的定期维护保养工作？

锅炉定期维护保养工作应由运行人员和维修人员共同负责进行。锅炉运行期间的保养工作应以运行操作人员为主，维修人员为辅，这种保养称为一级保养。除了执行一级保养外，有计划的安排停炉，进行设备维修或更换零部件的保养工作，称为二级保养。二级保养应以维修人员为主，运行操作人员为辅。

一般情况下，锅炉运行 1~3 个月需进行一次一级保养。特殊的部位如水位表泄漏、照明损坏等，应在日常运行维护和巡回检查中及时解决。锅炉设备保养的内容及要求见表3-2。

表 3-2　锅炉设备保养的内容及要求

保养部位	保养内容及要求
水位表	(1) 检查水位表阀门，消除漏水、漏汽现象； (2) 检查照明设备，若有损坏及时修复； (3) 各水位表指示正确、无误
压力表	(1) 检查压力表及一次阀，应无泄漏，若有及时消除； (2) 关闭一次阀，压力表指针应能恢复到零； (3) 压力表应在校验期限内
安全阀	(1) 检查安全阀，应无泄漏； (2) 检查安全阀铅封，应完好，排汽管畅通
阀门及管件	(1) 填料、垫片、弯管应无泄漏； (2) 管道支吊架、保温应完好
锅炉本体	(1) 检查锅炉外表，应无严重变形、无泄漏； (2) 锅炉、集箱处膨胀指示器应完好； (3) 保温完好，各人孔无泄漏； (4) 烟气系统无漏烟、漏风等缺陷
辅助设备	(1) 给水泵、加药设备运转正常； (2) 除氧器运行正常
温度计	清晰可见、指示正确

262. 冬季锅炉防冻应重点考虑什么部位，为什么？

对于露天或半露天布置的锅炉，如果当地最低气温低于0℃，要考虑冬季防冻问题。由于停用的锅炉本身不再产生热量，且管道内的水处于静止状态，当气温低于0℃时，管道和阀门易冻坏。最易冻坏的部位是水冷壁下联箱定期排污管至一次阀前的管道，各联箱至疏水一次阀前的管道和压力表弯管。由于这些管线细，管内的水较少，热容量小，气温低于0℃时，首先结冰。

为防止冬季冻坏上述管道和阀门，应将所有的疏、放水阀门开启，把锅水和仪表管路内的存水全部放掉，并防止有死角积水的存在。

263. 锅炉事故产生的原因有哪些？

造成锅炉事故的原因有很多种，概括起来主要有以下四个方面：

(1) 锅炉本身有先天性缺陷。

1）结构不合理。如主要受压部件采用不合理的角焊连接形式，水循环不良，锅炉某部位不能自由膨胀等。

2）金属材料不符合要求，质量不合格。

3）制造质量不好。如几何形状超差，焊接质量不合格等。

4）受压元件强度不够。

5）安装不合理。

(2) 安全附件不齐全、不灵敏。

1）没有安全阀或安全阀安装不合理、未定压、黏住等。

2）没有水位计或设计安装、使用不良。

3）没有压力表或不符合要求。

4）给水设备损坏或止回阀损坏。

5）排污阀关闭不严或失灵造成严重泄漏。

（3）不执行操作规程，管理不善。

1）运行操作无章可循。

2）司炉人员不懂操作或擅离岗位，违反操作规程或误操作。

3）设备失修，超过检验期限。

4）无水处理设施或水处理达不到标准。

（4）改造、检修质量不好等其他原因。

264. 如何预防锅炉事故？

为了预防锅炉事故的发生，应采取以下措施：

（1）设计、改造锅炉，应遵守锅炉有关安全规程和技术条件要求，材质应合格，结构应合理，计算应准确。

（2）制造、修理、安装锅炉，应按技术文件和图样施工，严格执行工艺和质量检验制度，确保质量。

（3）锅炉上的安全附件必须齐全、灵敏、可靠，并定期校验。对失灵的安全附件应及时更换。

（4）搞好锅炉的水质处理，严格控制给水和锅水指标，做好排污工作。

（5）认真做好日常维护保养工作，以及定期进行内外部检验，及时发现和消除隐患，防范事故发生。

（6）配备熟悉设备的专职或兼职人员管理锅炉，建立健全以岗位责任制为中心的规章制度，切实做好锅炉安全技术管理工作。

（7）司炉人员经安全技术培训、考核合格后方可独立操作。在工作时间内要严格遵守劳动纪律和安全操作规程、熟悉设备情况，经常进行反事故演习训练，努力提高操作技术和判断事故、处理事故的能力。

265. 常见水循环故障有哪些，分别有什么危害？

常见水循环故障有：

（1）循环停滞：当受热较弱，管子的水流量相当于该管子所产生的蒸汽量时，称为循环停滞。此时循环倍率 $K=1$，上升管的出口区域几乎没有水，很容易造成管壁超温。

（2）自由水面：当上升管连接到锅筒蒸汽空间时，由于一段管子高于锅筒水位，使上升管增加了一个提升流阻损失。当发生循环停滞时，上升管下端水供应不足，而管内的水不断蒸发，钢管上部只有汽没有水，并出现一个水面，这个水面就称为自由水面。由于这种自由水面是波动的，所以在水面附近的管壁受到汽、水交替接触，管壁温度发生交替变化，使管子受热疲劳而损坏。

（3）循环倒流：当受热较弱的上升管有水自上而下流动时，称为循环倒流。发生循环倒流后，水循环被破坏，极易发生锅炉爆管事故。

（4）汽水分层：水平或倾斜度小的上升管，当汽水混合物在其中流动时，受汽水密度差的作用，水在管内下部流动，蒸汽在管内上部流动，严重时会出现清晰的分界面，这种现象称为汽水分层。当出现汽水分层时，管子上部没有水膜冷却，管壁可能出现超温而导致破裂。而且，由于水面的波动，分界处交替与汽、水接触，水面附近的管壁温度也就高、低交替变化，从而使金属发生疲劳损坏。

（5）下降管带汽：在自然循环锅炉中，如果下降管内工质含汽或汽化，会使下降管中工质密度减小，循环回路的运动压头降低，流动阻力增大，因而对水循环不利。造成下降管带汽的主要原因有以下几种情况：锅筒水进入下降管时，因出口有流阻或加速产生压降，使进水产生汽化；在下降管进口截面的上部形成漏斗形漩涡，蒸汽被吸入下降管中；下降管距上升管太近，上升管的蒸汽被带入下降管中；下降管受热产生蒸汽。

266. 锅炉事故处理的一般要求有哪些？

锅炉事故处理的一般要求有：

（1）锅炉一旦发生事故，司炉人员一定要保持清醒的头脑，不要惊慌失措，应立即判断和查明事故原因，并及时进行事故处理。处理事故时要"稳、准、快"。发生严重损坏事故和爆炸事故时，应保护好现场，及时报告有关领导和监察机构。

（2）司炉人员一时查不清事故原因时，应迅速向有关领导报告，不要盲目处理。在事故未妥善处理之前，不得擅离岗位。

（3）事故后，锅炉管理人员应将发生事故的部位、时间、经过及处理方法等情况详细记录在设备档案中，并根据具体情况进行分析，找出主要原因，从中吸取教训，防止类似事故再次发生。

（4）发生严重损坏事故和爆炸事故的单位，应尽快将事故情况、原因及改进措施以书面形式报告主管部门和监察机构。

267. 什么叫汽水共腾，锅炉为什么会发生汽水共腾？

在锅炉运行中，锅水和蒸汽共同升腾产生泡沫，使锅水和蒸汽界线模糊不清，水位剧烈波动，蒸汽大量带水而危及锅炉安全运行的现象，称为汽水共腾。

汽水共腾发生的原因有：

（1）锅水质量不符合水质标准，碱度、含盐量严重超标；给水中含有大量油污和悬浮物，造成锅水质量严重恶化。

（2）排污操作不当，连续排污不开或开度太小，定期排污不进行或间隔时间过长，排污量过小。

（3）并炉时锅炉汽压高于蒸汽母管的汽压，开启主汽阀时速度太快，使锅炉压力急剧下降，造成汽水共腾。

（4）严重超负荷运行或升负荷太急。

268. 常见的水位事故有哪些，如何处理？

常见的水位事故有满水、缺水和汽水共腾等。

水位事故的处理：首先对照各个水位计进行分析，发现指示不一致时，应以锅筒水位为准。然后进行清洗水位计，确定水位事故的性质是缺水还是满水。

若为轻微满水时，将给水自动调节改为手动调节，减少给水，并相应减小排焦量和循环风量。必要时锅炉可进行少量排污，直至恢复正常水位。

当严重满水时，应采取紧急停炉措施。

若为轻微缺水时，应首先减小排焦量和循环风量，减少由干熄炉带入锅炉的热量，并缓慢开大向锅炉进水，直至恢复正常水位。

当严重缺水时，应立即采取紧急停炉措施，绝对不允许向锅炉进水。

发生汽水共腾时，应减小干熄炉排焦量和循环风量，降低负荷，开大锅炉的表面排污（也就是连续排污），适当开启定期排污，加强给水循环保持水位。另外，适当开启过热器、分汽缸等疏水阀门，分析锅水含盐量正常后，可恢复正常运行。

269. 如何判断锅炉的满水、缺水事故？

锅炉运行中，如果水位超过最高许可水位线，但低于水位表的上部可见边缘；或水位虽超过水位表的上部可见边缘，但在开启水位计放水阀后，能很快见到水位下降时，都属于轻微满水。当锅炉水位表见不到水位时，首先用冲洗水位表的方法判断缺水还是满水，俗称"叫水"。"叫水"的方法是：

（1）开启水位表的放水阀，此时若有水线下降则为严重满水，否则为缺水。

（2）关闭汽连管阀门和水连管阀门，再关闭放水阀门，然后开启水联通阀门，看是否有水从水连管冲出。如果有水冲出，则是轻微缺水，如果没有水出现，证明是严重缺水。

"叫水"操作的原理是：当开启水位表的放水阀后，再关闭汽、水连管与水位表之间的阀门，使水位表与大气相通，水位表中的压力为零。这时再关闭放水阀门，开启水连管与水位表之间的阀门。因锅筒内压力高于水位表内的压力，如果锅筒水位正处于水连管附近时，水将被汽流带入水位表中，这说明缺水程度还不严重；如果"叫水"后，水位表中始终不见水位，则认为缺水较严重。

"叫水"过程可反复几次，但不能拖延太久，以免扩大事故。

270. 什么是锅炉超压事故，造成超压事故的原因是什么，怎样处理？

在锅炉运行中，锅炉内的压力超过最高许可工作压力，而危及安全运行的现象，称为超压事故。

造成锅炉超压事故的主要原因有：

（1）用汽单位突然停止用汽，使汽压急剧升高。

（2）安全阀失灵，阀芯与阀座粘连，不能开启，安全阀排汽能力不足。

（3）压力表损坏，或其他原因指针指示压力不正确，没有反映锅炉真正压力。

（4）超压报警器失灵，超压联锁保护装置失效。

锅炉超压事故的处理：

（1）迅速停止排焦，手动开启安全阀或放空阀。

（2）加大给水，同时加强排污(注意保持锅炉正常水位)，降低锅水温度，从而降低锅筒压力。

（3）如果安全阀失灵或压力表全部损坏，应紧急停炉，待安全阀、压力表都修好后再升压运行。

（4）锅炉超压危及安全运行时，应采取降压措施，但严禁降压速度过快。

（5）锅炉超压消除后，要停炉对锅炉进行内外部检验，消除因超压造成的变形、渗漏等缺陷，并修理不合格的安全附件。

271. 什么是锅炉受热面变形事故，造成的原因是什么？

在锅炉运行中，锅炉受热面在受火焰辐射或高温烟气冲刷时，因得不到锅水或蒸汽的及时冷却，其壁温超过钢材允许的使用温度，钢材强度急剧下降，而产生烧损变形的现象称为锅炉受热面变形事故。

造成受热面变形的原因有：

（1）锅炉严重缺水，受热面得不到锅水的冷却而过热变形。

（2）设计结构不合理。如局部循环流速过低、停滞，使壁温超过允许温度，发生变形。

（3）安装不当，使受压部件不能自由膨胀。

（4）水质不合格，水垢较厚，水渣过多。

272. 锅炉炉管爆破现象有哪些，什么原因造成的，如何处理？

锅炉炉管爆破的现象：

（1）给水量比蒸汽流量大出很多（炉管破裂程度严重）。

（2）虽然加大给水，但水位常常难以维持，且汽压降低（炉管破裂程度严重）。

（3）循环气体 H_2、CO 含量超标，风机入口温度降低。

（4）循环风机负荷加大，电流增高。

（5）锅炉底部有水流出。

炉管爆破的原因：

（1）水质不符合标准。没有水处理措施或给水、锅水质量监督不严，使管子结垢或腐蚀，造成管壁过热，强度降低。

（2）水循环不良。锅炉设计不合理，造成局部管子水循环故障；检修时，管子被异物堵塞。

（3）机械损伤。管子在安装过程中受较严重的机械损伤，运行中被耐火砖或其他大块异物跌落砸破。

（4）粉尘磨损。长期运行，管壁被焦粉冲刷、磨损减薄。

（5）材质不合格。

（6）制造有缺陷，施工质量不高。如焊缝质量低劣等。

（7）操作不当。如升温、降温速度过快，管子热胀冷缩不均匀；严重缺水时，管子缺水部分过热，强度降低等。

炉管爆破的处理：

（1）炉管破裂泄漏不严重，且锅炉能保持水位事故不至扩大时，可以短时间降低负荷维持运行，尽快申请停炉处理。

（2）采取措施控制循环气体 H_2、CO 含量，严禁超标。

（3）炉管泄漏严重不能维持水位时，应紧急停炉，干熄焦降温、降压处理。

273. 什么叫锅炉水锤事故？

在锅炉运行中，锅筒及管道内蒸汽与低温水相遇时，蒸汽被冷却，体积缩小，局部形成"真空"，水和汽发生高速冲击、相撞或高速流动的给水突然被截止，具有很大惯性力的流动水撞击管道部件，同时伴随巨大响声和震动的现象，称为锅炉水锤事故。锅炉水锤事故主要有锅筒水锤、蒸汽管道水锤、省煤器水锤和给水管道水锤四种。

274. 蒸汽管道发生水锤的原因是什么，如何处理？

蒸汽管道发生水锤的主要原因有：

（1）锅炉送汽时，主汽阀开启太快，蒸汽管道未经暖管和疏水或疏水不彻底。

（2）锅炉负荷增加太快，造成蒸汽流速太快，蒸汽带水。

（3）锅炉水质不合格，发生汽水共腾，蒸汽带水。

（4）锅炉发生满水事故，锅水进入蒸汽管道。

蒸汽管道水锤的处理：

（1）减小供汽，必要时关闭主汽阀。

（2）开启过热器集箱和蒸汽管道上的疏水阀进行疏水。

（3）锅筒水位过高，应适当排污，保持正常水位。

（4）加强水处理工作，保证给水和锅水的质量，避免发生汽水共腾。

（5）水锤消失后，检查管道和支架、法兰等处的状况，如无损坏，再暖管一次进行供汽。

275. 给水管道发生水锤的原因是什么，如何处理？

给水管道发生水锤的主要原因有：

（1）给水温度变化过大，给水管道内存在空气或蒸汽。

（2）给水泵运转不正常，或并联给水泵压头不一致，造成管路水压不稳。

（3）给水止回阀失灵引起压力波动和惯性冲击。

给水管道水锤的处理：

（1）开启给水管道上的放空阀，排除空气或蒸汽。

（2）检查给水泵和止回阀，如有问题及时检修。

（3）保持给水温度均衡。

4 干熄焦电气

276. 干熄焦在工艺上主要分为哪几部分，每部分主要包括何种电气设备？

干熄焦在工艺上主要分为 APS 系统、牵引系统、提升系统、装焦系统、排焦系统、皮带运输系统、锅炉系统、蒸汽发电系统等。由于各部分的机械装备及控制原理不同，包括的电气设备也不尽相同。各部分主要包括的电气设备如表 4-1 所示。

表 4-1　干熄焦系统划分及主要电气设备

系统划分	主要电气设备
APS 系统	低压供电设备、两台液压泵电动机、电磁阀、限位开关等
牵引系统	低压供电设备、PLC 控制系统、牵引变频器、牵引电动机、抱闸机构、开关检测元件（接近开关、行程开关等）、辅助照明设施等
提升系统	低压供电设备、PLC 控制系统、整流回馈装置柜、逆变器柜、提升电动机、抱闸电动机、走行电动机、开关检测元件（U 形开关、磁性开关、接近开关、行程开关等）、编码器、起重量限制器、辅助照明设施等
装焦系统	低压供电设备、PLC 控制系统、装入变频器、装入电动机、开关检测元件、辅助照明设施等
排焦系统	低压供电设备、PLC 控制系统、旋转密封阀电动机、振动给料器（振动线圈或激振器式）、振动给料器控制装置、开关检测元件、辅助照明设施等
皮带运输系统	低压供电设备、PLC 控制系统、皮带电动机（功率不等）、拉绳开关、压焦限位、转速开关、辅助照明设施等
锅炉系统	高、低压供电设备，锅炉给水泵电动机（高压），除氧器循环泵电动机，除氧器给水泵电动机，加药装置，锅炉系统阀门，辅助照明设施等
蒸汽发电系统	发电机组、高压配电柜等
除尘系统	高压供电设备、风机油压调速系统、除尘风机电动机、风机 PLC 控制系统、电磁阀、输灰电动机、辅助照明设施等

277. 干熄焦电气设备属于几类负荷，为什么？

干熄焦系统属于Ⅰ类电力负荷。干熄焦系统中有循环风机和锅炉给水泵等重要设备，循环风机突然停电会造成干熄炉内的红焦下移，时间长了会烧坏风帽和排焦装置，造成巨大损失；锅炉给水泵突然停电会使锅炉缺水，引起爆管甚至爆炸，造成灾难性后果。因此，干熄焦系统必须有两路供电电源。

278. 干熄焦高、低压系统分别采用何种供电方式？

干熄焦的高、低压供电系统一般采用主接线为两路电源单母线用断路器分段运行方式。平时分段运行，异常情况下任何一路电源均可单独带全所运行。高、低压供电方式分别如图 4-1、图 4-2 所示。

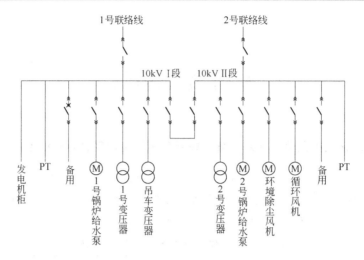

图 4-1　高压配电室供电方式

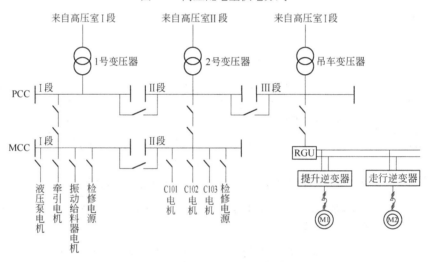

图 4-2　低压配电室供电方式

279. 干熄焦的现场环境对电气设备有什么不良影响，如何防护？

干熄焦的现场设备安装环境有以下几个特点：一是露天；二是多尘。许多电气设备安装在露天，雨水会对这些露天设备的正常运行造成一定的影响，如对地绝缘能力降低或开关误发信号等。干熄焦现场的粉尘大多是导电的焦炭粉尘，这些粉尘进入电气设备后同样会造成绝缘能力下降或短路。因此，必须采取适当的措施进行防护，以减少事故的发生。

干熄焦现场电气设备对雨水和粉尘的被动防护主要有以下措施：

（1）电动机、开关等的接线盒附件要齐全，接线要规范，接线后对接线口要包扎密封。

（2）对接线口用聚氨酯泡沫填缝剂进行密封。

（3）对个别电气元件还可采用绝缘胶剂喷涂的方式进行绝缘处理。

（4）现场的检测开关尽可能采用 24V 电源，以相对提高对雨水、粉尘的防护能力。

280. 在干法熄焦高压系统中，直流屏的作用是什么？

高压室内的直流屏包含整流充电动机、蓄电池组、直流配电和信号显示装置。直流屏的主要作用是：为高压开关的合闸机构提供电源；为高压开关柜顶部的直流小母线提供信号、控制、报警等回路的直流电源；为一些继电保护和自动装置提供直流电源。

281. 干熄焦的高压电气设备有哪些？

干熄焦的高压电气设备主要包括高压电动机和变压器，高压电动机有气体循环风机电动机、锅炉给水泵电动机、环境除尘风机电动机、电站循环水泵电动机等。锅炉给水泵电机为一用一备。变压器一般包括两台配电变压器，大多数干熄焦系统都单独设一台吊车专用变压器。

282. 高压电动机保护单元的主要功能有哪些？

高压电动机保护单元的主要功能有速断保护、过流保护、零序电流（接地）保护、低电压保护、启动时间过长保护、堵转保护、实际启动电流及启动时间显示、过热跳闸记忆及强制复归、谐波分析记录等。

283. 高压设备日常点检包括哪些内容？

高压设备日常点检内容如表4-2所示。

表4-2　高压设备日常点检内容

点检部位	点检项目	点检内容及标准	周　期
高压配电柜	每个动力柜的电压及电流显示	电压、电流应与实际相符，电流不应有较大波动	每　班
	柜上仪表是否有报警显示	若有报警，及时查找并找出原因	每　班
	高压柜表面卫生	保持干净、无灰尘	每　班
变压器	一次侧接线端子	温度应无异常，表面应无灰尘	每　周
	二次侧接线端子	温度应无异常，表面应无灰尘	每　周
	瓷　瓶	表面无灰尘	每　周
	油　标	油标应在正常范围之内	每　周
高压电动机	电动机机体温度	机体温度不能超过正常值	每　班
	电动机轴承温度	轴承温度不能超过正常值	每　班
	振　动	振动不能超标	每　班
	噪　声	无噪声	每　班
	接线盒	密封性完好	每　班

284. 高压电动机日常点检时，应注意哪些事项？

对高压电动机日常点检时，应注意以下事项：

（1）电动机机体温度，机体温度不能超过规定值。

（2）电动机轴承温度，轴承温度不能超过规定值。

（3）振动，振动不能超标。

（4）噪声，应无噪声。

（5）绝缘值，不能低于标准值，规定高压电动机绝缘值不能低于1MΩ/kV。

（6）接线盒，密封应完好，温度没有异常。

（7）冷却水温正常。

285. 低压系统中，PCC 与 MCC 分别代表什么含义？

低压系统中，PCC 代表低压配电室，MCC 代表电动机控制中心，MCC 的电源由 PCC 提供。低压配电室供电方式如图 4-2 所示。

286. PLC 系统由哪几部分组成？

常见的 PLC 系统主要由硬件系统和软件系统组成。硬件系统主要由电源部件、中央处理单元（CPU）、通讯部件、输入/输出接口部件（也称 I/O 模块）、机架等组成。软件系统根据不同型号的 PLC 系统，其编程语言是不同的，在现代 PLC 编程语言中，最常用的就是梯形图编程语言。

287. AB PLC 模块包括哪几类模块，其作用是什么？

AB PLC 模块主要包括电源模块、CPU 模块、以太网通信模块、输入/输出模块、冗余模块等。其具体分类和作用如表 4-3 所示。

表 4-3　AB PLC 模块分类及作用

模块类别	模块名称	特征及作用
电源模块	1756-PA72	一般 PLC 主机架选用的电源型号为 1756-PA72
	1756-PA75	一般每个 I/O 机架选用的电源型号为 1756-PA75
通讯模块	1756-ENBT/A 以太网通讯模块	实现 HMI 与 PLC 之间的通信及数据交换，最多可以支持 64 个 TCP/IP 连接，速率可达 100Mbps
	1756-CNBR/D 通讯模块	用于高速传输实时 I/O 数据和消息数据，包括程序上传和下载、组态数据及对等通讯。本干熄焦系统主机架上控制器与从站的通讯是通过主站上的 1756-CNBR/D 通讯模块连接在一起，网络传输速率达到 5Mbps，刷新时间为 2~100ms
输入模块	1756-IB32/A 数字量直流输入模块	32 位输入点，分为两组，每组 16 位。它的作用是将工业现场送过来的外部数字电平，通过光电耦合转换成模块内部信号电平。输入电压 DC24V，外壳上有绿色的 LED 指示灯，指示输入端的信号状态。该模块用于现场设备的信号输入
	1756-IF6CIS/A 模拟量输入模块	6 路输入点，将工业现场过程 4~20mA 电流信号，转换成模块内部处理的数字信号。模块本身可提供 DC24V 电源。该模块用来处理从现场传送来的模拟量信号
	1756-IF6I 模拟量输入模块	6 路输入点，将工业现场过程 4~20mA 电流信号，转换成模块内部处理的数字信号。模块本身不能提供 DC24V 电源。该模块用来处理从现场传送来的模拟量信号
	1756-IF8 模拟量输入模块	8 路输入点，将工业现场过程 4~20mA 电流信号，转换成模块内部处理的数字信号。模块本身不能提供 DC24V 电源。该模块用来处理提升机电流模拟量信号
	1756-IR6I 热电阻输入模块	6 路输入点，将工业现场过程热电阻检测的温度信号，转换成模块内部处理的数字信号。该模块用于处理从现场热电阻传送来的模拟量信号
	1756-IT6I2 热电偶输入模块	6 路输入点，将工业现场过程热电偶检测的温度信号，转换成模块内部处理的数字信号。该模块用于处理从现场热电偶传送来的模拟量信号

模块类别	模块名称	特征及作用
输出模块	1756-OW16I 数字量触点输出模块	16 位输出点，将模块内部信号电平，通过光电耦合，转换成工业现场需要的外部信号电平。输出电压 DC24V，外壳上有绿色的 LED 指示灯，指示输出端的信号状态。该模块用于控制继电器或现场指示等
	1756-OX8I 数字量触点输出模块	8 位输出点，将模块内部信号电平，通过光电耦合，转换成工业现场需要的外部信号电平。输出电压 DC24V，外壳上有绿色的 LED 指示灯，指示输出端的信号状态。该模块用于控制继电器或现场指示等
	1756-OF8 模拟量输出模块	8 路输入点，将工业现场过程 4~20mA 电流信号，转换成模块内部处理的数字信号。模块工作电压 DC24V。该模块用于控制气动调节阀开度、电磁振动给料器振幅等
	1756-OF4 模拟量输出模块	4 路输入点，将工业现场过程 4~20mA 电流信号，转换成模块内部处理的数字信号。模块工作电压 DC24V。该模块用于备用
冗余模块	冗余模块 1756-SRM	通过冗余模块将 PLC 主机与从机组成一个冗余控制网络，两台系统互为备用

288. AB PLC CPU 模块中，各种指示灯状态分别代表什么含义？

PLC 的 CPU 钥匙转换到"RUN"位置，各种指示灯 LED 状态及说明如表4-4 所示。

表4-4 AB PLC CPU 模块指示灯状态说明

指示灯类别 \ 指示状态	熄灭（OFF）	绿色	绿色闪烁	红色	红色闪烁
"RUN" LED	没有任务在运行或者控制器处于编程方式或测试方式	有任务在运行或控制器处于运行方式			
"I/O" LED	没有组态的 I/O 或通讯	与所有组态的设备通讯正常	有一个或多个设备未响应		没有与任何设备通讯或控制器出现故障
"RS232" LED	该通讯方式未激活	正在接收数据或传送数据			
"BAT" LED	电池可以支持内存			电池已不能支持内存，需更换电池	
"OK" LED	未接通电源	正常		出现重故障(导致停机)	控制器出现轻故障(不会导致停机)

289. ABB PLC 模块包括哪几类模块，其作用是什么？

与 AB PLC 模块类似，ABB PLC 模块也包括电源模块（底座内嵌 CPU 单元）、以太网通信模块、现场总线模块（也称为 I/O 模块）、冗余模块等。其具体分类和作用如表4-5所示。

表 4-5　ABB PLC 模块分类及作用

模块类别	模块名称	特 征 及 作 用
电源模块	SA801F 电源模块	输入电压范围广，为 AC 115～230V（AC90～260V），可满足 AC 115～230V 输入
	SD802F 电源模块	输入电压：双路 DC24V（DC19.2～32.5V），可提供两路冗余输入供电，输入范围为 DC24(1±25%)V，具有 EMC 过滤功能
通讯模块	EI801F 以太网通讯模块	10Base2 模块，使用细同轴电缆
	EI802F 以太网通讯模块	AUI 模块，通过接收发送两用器可以使用同轴电缆（10Base5）、双绞线、光纤电缆
	EI803F 以太网通讯模块	10BaseT 模块，双绞线介质或通过 Hub 使用双绞线或其他介质
现场总线模块	FI810F 现场总线模块	可以与 Freelance2000 原有的过程站 I/O 单元通讯，每一个 CAN 模块最多可以连接 5 个 I/O 单元。标准情况下，通讯距离小于 80m，使用电缆 TK811F/DSU011；大于 80m 时，使用电缆 TK817/DSU07，最远通讯距离为 400m
	FI820F 现场总线模块	FI820F 串口模块遵循 Modbus 协议，通过此模块接口，AC800F 可以与支持 Modbus 协议的智能仪器通讯；可以使用 RS232、RS422 或 RS485 三种接口类型；RS232 与 RS422 工作于双工模式，RS485 工作于半工模式；FI820F 模块可以提供两个串行接口，接口电路彼此间电隔离
	FI830F 现场总线模块	FI830F 遵循 DIN19245 标准，作为 ProfibusDP 主模块，它在就地 Profibus 设备与 AC800F 间提供了一个快速数据交换通道；FI830F 模块没有开关、跨接器或总线端子的设置，所有设置由软件中组态其硬件结构时标识与设置，即 FI830F 既是 Class1DP master 用于连接 DigiTool 组态工具，同时也是 Class2DP master 用于连接现场 Profibus 设备；FI830F 的通讯速率最大允许为 12Mbps，组态时最大通讯速率以最慢设备节点的传输速率为准
冗余模块	RLM01 冗余连接模块	用于连接 ProfibusDP/FMS

290. ABB PLC 通讯模块中，各种指示灯状态分别代表什么含义？

ABB PLC 通讯模块上面的指示灯及工作状态如表4-6所示。

表 4-6　ABB PLC 通讯模块指示灯状态及含义

指示状态 / 代表含义 / 指示灯类别	熄灭（OFF）	绿色	橘黄色	橘黄色闪烁	红色
"状态" LED	没有对模块供电	模块处于正常状态，按照下装组态开始工作	模块供电正常，CPU 已确认该模块；处于模块正常运行前的中间状态，时间很短；或是模块处于 Boot Loader 模式	模块供电正常，CPU 已确认该模块，但模块不能与合适的总线结构通讯	模块供电正常；模块尚未被 CPU 确认（模块刚上电的时间很短）；模块自测出现错误
"电池低" LED	保护电池电压处于正常范围	未安装保护电池或电池电压低于下限			

291. SIMENS PLC CPU 可分为哪几个系列？

SIMENS PLC CPU 根据控制对象规模不同，可分为 S7-200 系列、S7-300 系列和 S7-400 系列，它们分别用在小型控制系统、中型控制系统和大型控制系统中。

292. PLC 控制系统日常维护应注意哪些事项？

PLC 控制系统在日常维护中，主要注意以下几点：
(1) 整个 PLC 控制模块及机架应无灰尘，元器件上部应无灰尘、无杂物。
(2) 应经常检查 PLC 控制柜所在环境的湿度，相对湿度不得超过 85%。
(3) 附近不得有导电、易爆炸、有腐蚀的气体和尘埃。
(4) 应定期检查电源模块上面的电池指示灯，根据其状态判断电池使用情况。
(5) 整个 PLC 控制柜的散热性要良好。

293. ABB PLC 系统中，PLC 模块与上位机是怎样实现通讯的？PLC 模块之间是怎样实现通讯的？

ABB PLC 系统中，PLC 模块与上位机是通过以太网络实现通讯的，构成上位机与以太网络的主要通讯模块就是 EI802F，如图 4-3 所示。上位机由工程师站（DDE）和操作员站（OS）组成。工程师站完成对 PLC 程序的编辑与修改，操作员站完成对监控画面的监视与操作。

ABB PLC 模块之间采用以太网络或控网的方式通讯。构成模块之间通讯的主要模块是 EI802F 或 EI803F，其通讯电缆采用光纤或双绞线。

294. 电机车一般采用什么定位方式？

在没有牵引装置的干熄焦系统中，电机车需要将焦罐台车与提升固定轨道准确对位；在有牵引装置的干熄焦系统中，电机车需要将焦罐台车与牵引装置的轨道准确对位。但电机车是由

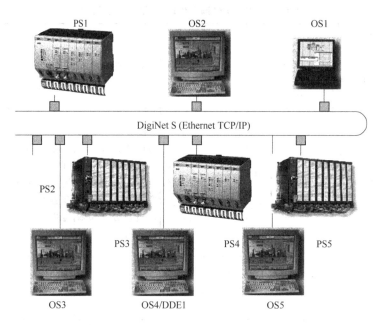

图 4-3　ABB PLC 与上位机及模块之间通讯

人工操作的，不能满足准确快速对位的要求，为此，绝大多数干熄焦系统都设置了 APS 定位装置，用来将人工粗略定位的焦罐台车（包括电机车）进一步精确定位。人工定位的精度为 ±100mm，而 APS 的定位精度达到 ±10mm，完全能够满足工艺要求。

295. APS 装置由哪几部分组成，各部分的作用是什么？

APS 装置主要由液压泵、电磁阀、液压缸、对位盘及控制回路等组成。

两台液压泵电动机（一开一备），功率一般为 18.5kW，用来驱动液压泵运行，以提供液压缸工作的压力。

与液压缸配套的电磁阀，用来控制液压缸的正反向动作，电磁阀的额定电压一般采用 DC24V。电磁阀是 APS 系统中电气与液压系统的交接处，也是最容易发生故障的元件。因此，发生故障后，一般要先从电磁阀开始检查。也就是说，液压缸不动作应先检查电磁阀是否得电，并据此判断故障点是在液压系统还是电气系统。

每个液压缸上设有两个限位开关，用来检测液压推杆的位置，限位开关一般采用磁性开关或接近开关。由于接近开关容易误发信号，所以在实际运用中一般采用不容易误动作的磁性开关。但磁性开关是和磁铁配对使用的，因此安装不是很方便，故障率也相对较高，而且磁铁容易吸上杂物影响正常工作。

对位盘的作用是实现 APS 系统与电机车的通讯及控制。

另外，为了便于现场就地操作，还设有现场操作箱等。

296. APS 的常见电气故障有哪些？

APS 装置的主要电气部件有液压泵电动机、电磁阀和液压缸上的检测开关。其常见电气故障也主要发生在这些部件上。

（1）液压缸动作到位后没有到位信号。这种故障经常发生，其电气方面的主要原因有以下几个：

1）限位开关到继电器再到 PLC 输入模块这一信号传输回路有压线或接头接触不良的现象。

2）限位开关和撞铁（或磁铁）的间隙过大，使开关不能动作。

3）限位开关故障。

（2）液压缸不动作。液压缸不动作的主要电气原因有：

1）电磁阀线圈损坏。

2）PLC 输出回路有问题。

297. 如何判断电磁阀的故障？

液压缸不动作故障发生后可按以下方法检查。

首先将操作方式改为现场操作，让操作人员按正常操作程序操作（夹紧或放松），同时检查相关电磁阀是否得电，检查方法如下：

（1）若电磁阀插头上指示灯不亮，可拔下插头用万用表测量插头电压，若没有电压，则是 PLC 没有输出或输出线路有问题；若有电压，说明指示灯坏了，则按照"指示灯亮"的方法检查。

（2）若电磁阀插头上指示灯亮，则说明有电压，可用一软磁材料检查阀体是否有磁性。若有磁性则说明线圈已得电，液压系统有问题；若没有磁性则说明插头接触不良（处理或更换即可），或者线圈断路（用万用表测电阻确认后更换）。

根据以上方法判断后，若电磁阀得电有磁性，则说明电气部分没有问题，可着重检查液压系统；若电磁阀不得电，则应该通过查询 PLC 程序确定其不得电原因，再行处理。

298. APS 的控制工艺是怎样的？

APS 液压站的两台液压泵一开一备，APS 系统正常情况下是自动运行的。液压泵的启动与停止由主控室来完成操作，液压缸电磁阀的控制是在 PLC 的控制下自动运行的。在现场还设置了机旁操作箱，可操作液压泵的启停和液压缸的夹紧与放松，用来在自动方式发生故障或检修调试时进行现场手动操作。

APS 系统的工作过程（以不设牵引装置的干熄焦系统为例）为：电机车载着焦罐接完红焦以后，行驶到干熄焦提升井下，粗略定位（范围 ±100mm）后，电机车发出"APS 夹紧"信号。该信号经过电机车与地面的对位盘上的电磁铁和磁性开关传给 PLC 系统。PLC 系统发出信号使液压缸的"夹紧"电磁阀得电，两个液压缸同时动作，将电机车夹持到精确定位位置（精度 ±10mm）。放松时，电机车发出的信号通过对位盘上的同一组电磁铁和磁性开关将信号传给 PLC 系统。PLC 系统发出信号使"放松"电磁阀得电，两个液压缸的推动器向相反方向动作，放松到位。

不管是夹紧还是放松，到位后，液压缸上相应的到位限位开关都会动作，将到位信号发给 PLC 系统，使相应的电磁阀失电，电磁阀失电后液压缸保持不动。

299. APS 装置是怎样和电机车传输信号的？

由于电机车是在轨道上活动的，因此它与 APS 控制回路（干熄焦 PLC 系统）的通讯不可能用导线直连，而是需要通过一个特殊装置——对位盘实现。对位盘的实物如图 4-4 所示。

图 4-4　对位盘

300. 对位盘上都有哪些元器件，各自的用途是什么？

对位盘上一般有三种元件：电磁铁、永磁铁、磁性开关。典型的对位盘实物如图 4-4 所示。提升指令的传输由一对电磁铁和磁性开关完成，上方（车上部分）的圆柱形物体为电磁铁，电机车发出提升指令时该电磁铁得电产生磁场。下方（地上部分）的方形物为磁性开关，在上方有磁性时磁性开关动作，将提升信号发送给 PLC 系统。APS 指令装置的结构和工作原理与提升指令相同。

已夹紧信号装置用来将 PLC 发出的 APS 已夹紧的反馈信号送给电机车，其地上部分为电磁铁，车上部分为磁性开关。

粗略定位装置是在地上部分安装数块永磁铁（以加大宽度），车上部分安装磁性开关，当磁性开关进入永磁铁的宽度范围内时，开关动作，向电机车发出"粗略定位"信号，司机即可操作 APS 夹紧，进行精确定位。

301. 如何防止电机车与 APS 装置碰撞？

在实际生产运行过程中，液压缸有时会自行夹紧，其原因或是液压缸泄漏爬行，或是电气失控。此时若电机车司机不能及时发现就会发生电机车和夹持装置碰撞的严重事故。据了解，某公司的干熄焦系统就曾经多次发生过这类事故。所以，干熄焦系统可以设计安装防碰撞警告灯。防碰撞警告系统的工作原理为：在 PLC 系统中编制程序，也可以用继电器，取出液压缸不在放松位的信号，通过继电器的辅助点来控制安装在电机车轨道旁的红色警告灯。只要有一个液压缸不在原位（放松位），警告灯就亮，这样电机车司机就能提前发现并及时停车，避免了电机车与 APS 装置的碰撞事故。图 4-5 是干熄焦 APS 的防撞警告电路图。图中，SQ1、SQ2 分

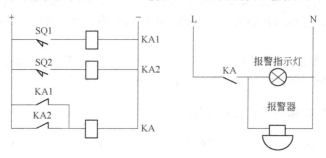

图 4-5　干熄焦 APS 防撞警告电路

别为两个液压缸的放松到位限位开关,其中只要有一个没有放松到位,KA1、KA2 就会有一个不吸合,其相应的常闭触点使 KA 得电吸合,报警指示灯和报警器就会发光和发声,提醒电机车司机注意。

以上方案是应用于没有牵引装置的干熄焦系统,所以电路比较简单。有牵引装置的干熄焦防碰撞警告系统还应该把牵引大钩的落下信号增加进去参与控制。

302. APS 装置的电气专业点检项目有哪些?

APS 系统的日常专业点检维护主要包括对电动机及相关控制回路、电磁阀、限位开关、检测信号、控制信号的检查和维护。

检测信号包括:APS 对位装置电源就绪、1 号油泵运行、2 号油泵运行、夹紧、松开、APS 对位装置中央允许操作、温度高报警、油位低报警、过滤器堵塞、APS 对位装置故障。

控制信号包括:1 号油泵启动、1 号油泵停止、2 号油泵启动、2 号油泵停止、夹紧、放松。

电动机控制回路安装在配电室 MCC 内,巡回点检时应检查开关、接触器、过热继电器等的引线是否松动,可以用红外线测温仪进行测温检查,运行状态时温度明显升高说明压线松动。过热继电器也要按照动电动机铭牌上的额定电流准确整定,以有效地保护电动机,防止电动机因过载而烧毁。

现场电气设备主要有液压泵电动机、电磁阀和液压缸上的限位开关,其点检内容可参考表 4-7 中的内容。

表 4-7 APS 电气设备点检内容及维护标准

点检部位	点检内容	点检维护标准	周 期
电动机	声 音	无异常噪声	每 班
	温 升	电动机温升正常,轴承温升正常,无异常振动	每 班
	接 线	压线紧固不发热,接线盒密封良好	每 周
	绝 缘	不低于 0.5MΩ,与平时相比无明显下降	每 周
磁性开关	接 线	接线可靠,防水防尘,布线规范	每 周
	感应间隙	开关与磁铁间隙在规定范围内	每 周
电磁阀	插 头	接线可靠,螺钉紧固不易脱落	每 班
	线 路	布线规范,没有油污	每 周

需要说明的是,电动机及其轴承的温升和电动机的对地绝缘应有记录,在实际运行过程中,若温度明显高于平时的温度,即使不超过其允许温升但也说明电动机或液压泵有问题了,应仔细检查处理。所以,平时巡检时应该将设备正常状态的温度进行记录,以便异常时做一下比较,这也是对设备劣化趋势分析的一个有效手段。

303. 牵引装置的电气设备由哪几部分组成?

牵引装置的电气设备主要包括牵引电动机、变频器、抱闸制动器及相关电气控制检测元件。

干熄焦牵引装置的电动机采用变频电动机,其功率一般为 30kW 左右。

变频器控制牵引电动机的速度。其基本控制参数为:低速为 7Hz,高速为 20Hz 左右,加速时间为 3s,减速时间为 5s。

抱闸制动器用来在电动机停车时迅速制动，使定位精度高，并避免撞击。

加减速限位开关和提升井下定位开关安装在牵引轨道的两侧，焦罐台车上的相应位置上设有撞铁用来触发这些开关。这些开关的信号都输入到 PLC 系统。

304. 牵引装置的控制工艺是怎样的？

牵引装置的动作过程是这样的：电机车将接满红焦的焦罐运至牵引轨道中心，司机操作 APS 装置将焦罐台车精确对位，再使牵引大钩"抓紧"焦罐台车，然后司机发出"可牵引"信号，牵引电动机即开始在变频器的驱动下把焦罐台车牵引到提升井的下方。

正向牵引时，由于一开始是把焦罐从电机车上牵至牵引轨道上，速度不可以过快，所以刚开始是低速。焦罐台车进入牵引固定轨道后，触发变速限位开关 SQ1，牵引速度由低速变为高速，快到提升井下时，触发变速开关 SQ2，速度变为低速，减速时间大约为 5s。低速运行一段时间后，台车到位，触发到位检测开关，在停车的同时发出"台车在井定位，可以提升"的信号。

反向牵引时，由于焦罐台车在牵引固定轨道上，所以一开始就是高速牵引，直到快到电机车上时，触发变速限位开关 SQ1，速度减为低速，台车到位后触发电机车上的到位检测开关，电机车发出停车指令。

305. 牵引装置是如何变速的？

牵引装置的变速是由现场的变速开关发出变速信号，传给 PLC 系统，PLC 系统控制变频器进行变速。其具体控制接线原理如图 4-6 所示。

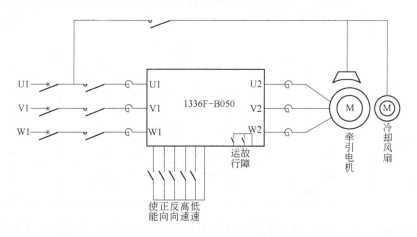

图 4-6　牵引装置电动机的控制原理

306. 牵引允许运行的条件有哪些？

牵引允许运行的条件主要有：

（1）牵引变频器准备好。

（2）牵引变频器无故障。

（3）APS 装置将焦罐台车精确定位。

（4）电机车向地面 PLC 发出"可牵引"指令。

（5）地面 PLC 向电机车反馈挂钩到位信号。

307. 牵引过程中没有高速是什么原因?

干熄焦牵引装置的正反向变速一般是由两个接近开关控制完成的,具体工作过程如下。

正向行车时:低速—触发接近开关 SQ1 变高速—触发接近开关 SQ2 变低速—到位停车。反向行车时:高速—触发接近开关 SQ1 变低速—到位停车。

根据以上控制工艺分析,反向行车时直接起高速。若没有高速,其原因一般是 PLC 的输出继电器回路有问题,使 PLC 输出的高速信号不能传给变频器。正向行车若没有高速则可能是因为变速开关 SQ1 及其回路有问题,或者是开关的撞铁碰不到开关。

308. 牵引装置是怎样和电机车传输信号的?

牵引装置与电机车之间的信号传输和 APS 装置一样,通过一个对位盘实现。其不同之处在于牵引对位盘比 APS 对位盘增加了牵引大钩的抓紧控制、放松控制、抓紧信号的反馈等三组电磁铁与磁性开关。牵引对位盘装置如图 4-7 所示。

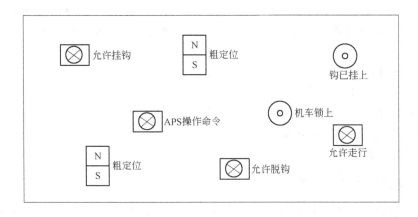

图 4-7　牵引对位盘

309. 牵引装置经常发生的故障一般集中在哪几个方面?

牵引装置经常发生的故障一般集中在以下几个方面:
(1) 变速、定位开关故障或碰触不到造成牵引不变速、没有定位信号。
(2) 抱闸选用不当造成抱闸线圈烧毁故障。
(3) 控制系统方面的故障。

310. 牵引装置的电气专业点检项目有哪些?

日常点检维护时,对牵引电气设备要进行以下几方面的检查:
(1) 变频器及控制回路安装在配电室 MCC 内,巡回点检时应检查开关、接触器、变频器、过热继电器等的引线是否松动,可以用红外线测温仪进行测温检查,运行状态时温度明显升高说明压线松动。同时要注意变频器上各个指示灯的状态,并定期检查变频器的故障记录。变频器有冷却风扇长期运转,散热器容易积灰,因此,每周应对散热器进行吹扫。
(2) 对现场限位开关等器件和线路的检查。对现场定位、变速控制的接近开关应定期(每班)检查其动作间隙是否过大或过小,开关引线是否牢固并密封良好,线路的防火措施是否到位等。

（3）每班检查牵引变频电动机运行状况，包括电动机运行时的机身温度、电动机运行时的声音、接线盒的密封情况等。定期对电动机进行绝缘摇测并做好记录，电动机绝缘值较以前明显下降或低于 0.5MΩ 时，应对电动机仔细检查，找到绝缘下降的原因，必要时更换电动机，防止电动机在线烧毁并连带损坏变频器。

（4）经常检查抱闸的运行情况，包括抱闸电动机的对地绝缘、接线盒的密封情况、电液推动器的有效行程等。

311. 允许提升有哪些条件？

允许提升的条件主要有：

（1）提升逆变器准备好。

（2）提升逆变器无故障。

（3）提升机在提升塔位置中心，即该位置定位开关向 PLC 返回信号。

（4）装满红焦的焦罐车在提升塔下对位完成，即该位置定位开关向 PLC 返回信号。

（5）提升机紧急过卷下检测接近开关、过卷上主令开关、超限行程开关、钢丝绳断检测开关状态均正常。

（6）干熄炉料位正常。

（7）提升编码器工作正常。

（8）钢丝绳在荷、偏荷、过荷检测均无异常。

（9）提升机冷却风机运行正常。

（10）走行油泵运行正常。

312. 提升装置的电气设备有哪些？

干熄焦提升机的主要电气设备包括提升变频器、提升电动机、提升编码器、事故提升电动机、提升制动器以及现场的各个检测和控制限位开关等。

313. 提升装置的常见电气故障有哪些？

在提升装置实际运行中，常见的电气故障主要有：

（1）由于某检测开关或对应电缆等原因引起的输入信号故障，如钩开位信号故障、过卷上或过卷下故障、抱闸打开不到位故障、无"走行可"信号故障、"钢丝绳断"检测信号故障、炉盖长时间具有"开到位"或"关到位"故障等。

（2）变频器故障，主要表现为由于电动机过载或焦罐机械犯卡引起的过流报警故障、直流母线过电压故障，有时还表现为变频器运行模式及参数设置不当引起的变频内部故障。

（3）过荷、偏荷故障，主要表现为焦炭装的不均匀或焦罐犯卡时，检测元器件所发出的报警故障。该故障出现时，生产人员必须到现场进行确认，才能进行下一步操作。

（4）提升抱闸"打开不到位"故障。

（5）编码器故障，直接表现为编码器计数与焦罐实际高度不符。

（6）中间继电器故障，主要表现为继电器辅助点粘点或线圈烧损。

（7）提升机下降到位后钢丝绳过松故障。

（8）提升低速不变高速、高速不变低速故障。

314. 提升机是如何实现速度控制的？

提升机的速度控制信号来源于编码器。编码器随提升机卷筒旋转，将脉冲信号传给 PLC。PLC 将脉冲信号经计算后转换成提升高度数值，再取出各个阶段的高度信号作为变速的控制信号，最终通过 PLC 的输出模块及相应的继电器去控制变频器的变速。

315. 提升机提升时的速度曲线是怎样的？

提升速度曲线图如图 4-8 所示。

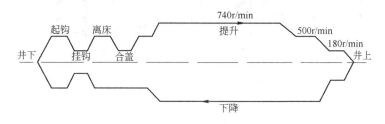

图 4-8　提升速度曲线

316. 提升机有哪些安全保护措施？

为了保证提升的安全稳定运行，提升机设计有许多保护环节，主要包括：

（1）井上过卷下保护：包括主令控制器下限保护、旋转编码器负高度保护。

（2）过卷上保护：包括主令控制器上限保护、重锤式限位开关保护、旋转编码器高度上上限保护。

（3）室上过卷下保护：主令控制器下限保护。

（4）断绳保护。

（5）超速保护：速度检测开关。

（6）过负荷、偏负荷保护：称重仪。

（7）走行超限保护：超限限位开关、旋转编码器超限，另外还有风速仪，用于在风速过大时报警并停止装焦。

317. 提升的电气控制工艺是怎样的？

提升电气控制原理如图 4-9 所示。

提升机在收到可提升信号后，以低速及中速开始提升，顺序完成合拢吊钩、吊起、盖上焦罐盖等动作。当焦罐提升到提升机井架的导向轨道（固定轨道）后，PLC 系统根据编码器的检测高度发出加速指令，提升机以高速进行提升。当焦罐提升到接近终点时，PLC 系统根据编码器的检测高度发出减速指令。到达高度上限时，提升上限检测器发出信号，提升机停止提升。

焦罐提升到位后，"可走行"限位开关动作，提升机在接收到可走行信号后，以高速向干熄炉驶去。当提升机行至距离干熄炉中心大约 1.5m 时，碰到减速限位开关，发出减速指令，提升机减速行驶。到达干熄炉中心后，提升机走行停止，在干熄炉上方定位，此时两个定位开关动作，向 PLC 发出定位信号。提升机开始走行后 PLC 系统会向装焦装置发出炉盖打开指令，待提升机完成对位动作后装焦装置也刚好完成打开炉盖的动作。确认炉盖和装焦漏斗到位后，

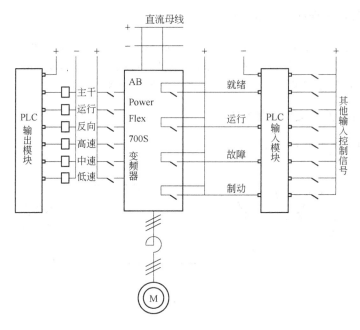

图 4-9　提升电气控制原理

提升机以中速放下焦罐，首先落在装焦漏斗的支架座上，然后提升机再以低速卷下，并依靠重力自动打开焦罐底闸门开始放焦。当焦罐底闸门完全打开时，设在料斗支架座上的焦罐底闸门打开检测开关发出信号，提升机卷下动作停止。底闸门打开检测开关也是干熄焦装焦炉数统计的计数开关。

　　焦炭装入完成后（一般是经过一定的延时以后），提升机以中速卷上空焦罐，直到提升到位 PLC 系统发出"可走行"指令，随后提升机以高速向提升井架驶去，同时向装入装置发出关闭指令，当提升机行驶到距提升机井中心大约 1.5m 时，触发向井减速开关，PLC 系统发出减速指令，提升机低速向提升井架驶去，到井中心后碰触定位开关停车。

　　井中心两个定位开关确认提升机在井定位，提升机按预定的速度曲线卷下空焦罐，在到达待机位置前，PLC 系统发出减速指令，提升机在待机位置停止。在接到空台车已完成对位并可接受焦罐（向提升机发出可卷下指令）后，提升机以中速卷下，焦罐快着床时变低速，着床后又变回中速，直到吊具框架落座以及吊钩打开时才停止卷下。此时，吊钩打开发出钩开位信号，完成本次工作循环并向电机车及自动对位装置发出可动作指令。

318. 提升有时不到位有哪些原因，怎样检查处理？

　　提升机的正常提升到位停车由可走行限位和编码器高度控制。提升时异常停车信号有：编码器高度超限、重锤限位动作、超限主令开关动作、断绳开关动作、定位开关信号缺失等。

　　提升不到位故障发生后，主控室人员应首先检查电脑画面上是否有故障报警。若有则根据故障报警去现场检查处理；若没有，则要打开 PLC 程序进行查询。

　　异常信号停车引起的故障，会在电脑画面上报警。正常到位停车信号若是提前到的话，电脑画面没有报警，但可以根据有关显示判断。一般情况下，编码器高度信号导致提前到的可能性较大。例如，由于偶然因素的影响钢丝绳放得过松，提升时编码器就会多计数，使计数高度大于实际高度，当计数高度达到设定值时就停止提升，但这时焦罐实际高度不够，碰不到"可走行"限位开关，就没有提升到位可走行信号。此时在主控室电脑画面上可看到"可走行"限位开关没有到位，同时编码器高度不小于停车高度。

出现以上故障后，处理方法为：观察焦罐底部高度是否足够，若横移时不能碰到固定轨道，则可以给"可走行"限位开关做假信号，提升机改手动将红焦装入；若焦罐底部高度不够，走行时能碰到固定轨道，则可将编码器的联轴器解开，往向下方向调整一下，使编码器高度与实际高度吻合，接好联轴器后手动将焦罐提升到位，再改自动装焦。

319. 提升的偏荷故障是如何造成的？

目前的提升机大多配置了四根钢丝绳。四根钢丝绳分两组，每组两根的固定端固定在一个吊臂上，每个吊臂安装有一个称重传感器，用来检测焦罐的重量。当两个传感器检测到重量差超过设定值时就会向 PLC 发出故障信号，停止提升，同时在主控室电脑画面上报警。造成提升机偏荷故障的原因有：

（1）两组钢丝绳的长度不同。
（2）焦罐吊具与提升轨道犯卡。
（3）焦罐接红焦时布料不均匀。

320. 提升抱闸设置抱闸打开检测开关有什么作用？

提升机的提升和走行抱闸都设有抱闸打开检测开关，用来将抱闸打开的确认信号传给 PLC。为了防止抱闸没有打开，电动机堵转损坏变频器，在 PLC 程序上设计有检测及保护环节。提升和走行开始以后，若抱闸打开确认信号没有传给 PLC，5s 后会发出停车指令。

因此，在实际生产运行过程中，有时会发生运行大约 5s 后停车，且没有故障报警的现象，再启动后重复以上现象。这种情况就是因为抱闸打开的检测开关回路有问题，或者抱闸确实没有打开。此时应试车检查抱闸的打开情况。

321. 提升系统的一次检测元件一般有哪几种，各有什么优缺点？

干熄焦提升机上使用的一次检测元件主要有：

（1）电感式接近开关。电感式接近开关用于定位或位置检测。它的优点是安装简单，两线制开关接线也比较方便，内部为固体结构，所以使用寿命长。其缺点是容易误发信号，例如只要有金属物体靠近它就会发出动作信号。

（2）磁性开关。磁性开关用于定位或位置检测。它的优点是不会受到其他金属物体的触发而误动作。其缺点是要与磁铁配对安装使用，四线制接线，所以安装维护比较麻烦，开关内部有继电器，使用寿命相对较短。

（3）U 形磁性开关。U 形磁性开关用于定位、位置检测和变速控制。该开关 U 形臂一端有磁铁，另一端设有干簧管。当 U 形槽内有铁磁材料（铁板）进入时，磁场被屏蔽使干簧管动作。U 形磁性开关优点是 U 形开关输出的是无源信号，所以适用于各种电压等级。其缺点是对安装精度要求高，触发用的铁板厚度要足够（3mm 以上），强度也要足够大，否则会被磁铁吸引变形发生碰撞；另外干簧管的寿命不够长，在实际使用中，时间长了有接触电阻变大的现象。

（4）机械式限位开关。机械式限位开关用于极限或事故位置检测，一般不经常动作。

322. 为什么每个提升周期都需要将编码器复位（清零），哪一个开关负责复位？

由于提升塔高度固定，钢丝绳长短固定，每一个提升周期提升的高度是一致的，当焦罐从提升塔中心开始提升时，提升编码器开始从零计数，这个数值是提升焦罐的高度。当焦罐提升到位时，提升高度一定（一般为 36.53m）。当焦罐从提升塔顶开始下降时，提升高度便会从 36.53m 递减，直至到零，这时提升焦罐下降到位。如果由于误差焦罐下降到位后，编码器计数没有递减到零（甚至过卷下时编码器出现负数），那么下一个提升周期开始时，提升机便不会动作。为了消除编码器的累计误差，需要每个提升周期完成后都将编码器数据清零，因此，在程序中必须设置专门的程序模块对此清零。在实际设计中，采用提升大钩打开到位接近开关这个输入信号对提升编码器进行清零。一般情况下，当提升焦罐下降到位时，提升大钩便会打开，碰到大钩打开接近开关，此开关向 PLC 发出信号，使提升下降停止，并同时将编码器清零。大钩打开到位接近开关如图 4-10 所示。

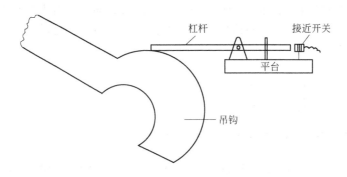

图 4-10　大钩打开到位

323. 提升系统的日常点检项目有哪些？

提升机是干熄焦系统中最重要的设备之一，由于其所处环境恶劣，启停频繁，也是最容易发生故障的设备，因此，必须对它加强日常点检和维护。提升机系统的日常点检项目可参考表 4-8。

表 4-8　提升机系统日常点检项目

点检部位	点检项目	点检内容及标准	周　期
提升电动机	电动机温度	无异常温升	每　班
	电动机绝缘	无明显下降且不低于 0.5MΩ	每次检修
	轴　承	温升正常，无异常振动	每　班
	接线盒	密封良好，接线无发热现象	每　天
冷却风扇	风　扇	风扇电动机温升正常，无异常噪声	每　班
	电动机绝缘	无明显下降且不低于 0.5MΩ	每　周
编码器	编码器外引线	接线口密封良好，走线规范牢固	每　天
抱　闸	电动机温度	电动机温升正常	每　班
	电动机绝缘	不低于 0.5MΩ，无明显下降	每　周
	接　线	接线口密封良好	每　天
	检测开关	接线规范，动作间隙适中	每　天
各个检测开关		接线规范，动作间隙适中	每　天
端子箱		接线无发热，柜内无灰尘	每　天
移动小车	移动电缆	电缆松紧适中，外皮无破损	每　班
	链条及走行轮等	润滑良好，运转正常	每　班

324. 提升高度显示数值与实际不符该如何处理？

提升高度显示数值与实际不符，存在两种情形：

（1）提升高度显示数值准确，但实际没有到达该数值所对应的高度，这说明了提升编码器计数时刻早到。这可能是由于"大钩打开到位"信号所致。这时只要"手动"操作，将编码器与提升联轴器的软连接脱开，手动提升到位，之后将编码器恢复即可。

（2）提升高度自身显示不准确，这与编码器本身有关系，需要检查提升编码器或更换编码器。

325. 造成提升机钢丝绳卷下过松的电气原因有哪些？

造成提升机钢丝绳卷下过松的电气原因主要有：

（1）提升机钩开位信号失去保护作用（表现为该信号没有返回到 PLC），提升机一直下放，直至过卷下，使钢丝绳卷下放松。

（2）提升机钩开位信号晚到，提升机持续下放，直至过卷下，使钢丝绳卷下放松。

326. 检修时如何将钢丝绳放松？

提升机的机械室一般都设置有一个换绳操作箱，该箱的一个重要功能是可以分别测试提升和走行的 4 个抱闸。测试方法是有选择地单独打开每一个抱闸，检验并调试抱闸的工作状态。

在干熄焦检修时，有时为了检修的需要，要将钢丝绳放松。由于吊具已在提升井下，钩开位和编码器信号都到了，所以不能正常操作提升电动机卷下放松钢丝绳。此时放松钢丝绳比较简单的方法是：

（1）将提升抱闸之一用机械的方法强制打开，而另一个抱闸在测试状态打开。此时，卷筒会在钢丝绳的重力作用下转动，将钢丝绳放松，松到所需程度后关闭测试状态，抱闸抱死。

（2）若没有抱闸测试功能则可采用人工按下抱闸接触器使之强制闭合的方法将抱闸打开，让钢丝绳在自重的作用下自然放松，松到位后放开接触器，抱闸抱死。

327. 提升、走行变频器的主要参数有哪些？

提升、走行装置采用 AB 公司的 PowerFlex700S 型变频器，由整流回馈装置、提升逆变器、走行逆变器组成，其型号及主要参数如下。

整流回馈装置：

型号	2364FA-NJN
防护等级	IP20
额定输入电压	AC 380 ~ 400V，50Hz
额定输出电流	997A
过载能力	150% 60s

提升逆变器：

型号	20DH 1K4N2ENNBCGNK
防护等级	IP20
额定输入电压	DC 510 ~ 650V
额定输出电流	1200A
过载能力	150% 60s

走行逆变器：

型号	20DH300N2ENNBCGNK
防护等级	IP20
额定输入电压	DC 510～650V
额定输出电流	300A
过载能力	150%　60s

328. 干熄焦用的变频器由哪几部分构成，各部分的作用是什么？

干熄焦采用的变频器主要有两种，一种是提升装置使用的变频器，另一种是装焦和排焦系统用的变频器。

提升装置用的变频器型号为 PowerFlex 700S，配置为"整流回馈装置＋直流中间电路＋公共直流母线＋逆变器"。也就是说，整流出来的直流电压分别经过提升逆变器和走行逆变器驱动对应的电动机。PowerFlex 700S 变频器柜整体如图 4-11 所示。

变频器整流回馈装置的作用就是将交流 380V 电压通过三相全波可控整流，经中间直流环节平波后为逆变电路和控制电路提供所需要的直流电源；直流中间电路的作用是对整流电路输出进行滤波，以减少电流和电压的波动；逆变器的主要作用就是在控制电路的控制下，将中间直流回路输出的直流电源转换为频率和电压都可调的交流电源。

图 4-11　干熄焦 PowerFlex 700S 变频器外观

干熄焦装焦和排焦系统采用的变频器为 AB PLUS II 变频器。

329. 变频电动机在点检维护中应注意哪些事项？

干熄焦系统的牵引、提升、走行、装焦、排焦等生产主线上都使用了变频电动机，这些电动机出现问题容易连带变频器损坏，直接影响生产。因此应加强对这些电动机的专业点检。

电动机的专业点检应注意以下事项：

（1）定期拆线摇测绝缘性能。由于变频器和电动机之间没有开关或接触器，摇测时若不把电动机负荷线从变频器上拆下来，变频器的内部电路电阻会对检测结果产生影响，得不到准确的电动机绝缘值；

（2）为了防止灰尘进入电动机内部破坏绝缘性能,必须对接线盒进行可靠的密封,并定期检查；

（3）变频电动机一般都有独立的冷却风扇，冷却风扇损坏后电动机温度会过高，容易过热烧毁，所以应经常对电动机的冷却风扇进行检查。

330. 通用变频器常见故障主要有哪些？

通用变频器的常见故障主要有以下几类：

（1）参数设置类故障。

（2）变频器过电流和变频器过载类故障。过电流故障可分为加速过电流、减速过电流和恒速过电流；过载故障可分为变频器过载和电动机过载。

（3）过电压、欠电压类故障。

（4）其他类故障。主要表现为过热保护，漏电断路器、漏电报警器不动作或误动作，静电干扰，载波频率故障等。

331. 通用变频器加、减速时间参数的含义是什么？

加、减速时间是通用变频器两个基本参数，也是比较重要的两个参数。设定的加、减速时间必须与电动机负载的功率相匹配。对于 11kW 以下的电动机，加、减速时间可以设定得短一点，如 1～3s，但对于功率较大的电动机来讲，加、减速时间就应设定得长一点，如 10～20s，甚至更长。对于大功率负载，如果加速时间设定得太短，启动负载时会发生过电流、启动转矩不足等故障而使变频器停机；如果减速时间设定得太短，在负载突变、停机或减速时，易产生再生能量过大致使直流母线电压过高，过电压保护动作而自动停机。一般来说，加、减速时间应随着负载的增大而延长，可视负载的情况而定。功率大的负载，惯性也大，减速时间也相应增大。

332. 通用变频器直流母线过电压是怎样产生的？

通用变频器过电压故障一般集中表现在直流母线过电压上。通常，直流母线电压为三相全波整流后的平均值。若以交流 380V 电源计算，整流后平均直流母线电压为 513V。当过电压发生时，直流母线的储能电容将被充电，当直流母线电压上升至 760V 左右时（目前，150T 提升变频器上限值重新设定为 795V），过电压保护动作。通常，变频器都有一个正常的工作电压范围，当电压超过这个正常范围时，变频器便会保护动作而停止，甚至对变频器造成损坏。举例来说，有的通用变频器规定的电压范围为 380V 级（323～506V），当运行电压超过这个限定的允许电压时，下限（323V）出现欠电压保护（323V）停机，上限（506V）出现过电压保护也会停机。如果输入电压超过506V，过电压保护也保护不了变频器。对于允许的电压波动，变频器的自动电压调整（AVR）会工作。除此之外，变频器在制动过程中，电动机处于发电状态，如果变频器没有制动单元、能量回馈单元或制动能力不足时，就会引起直流电压过高，过电压保护动作，变频器则会停机。处理这种故障时，可以增加再生制动单元，或修改变频器参数，将减速时间设定得长一点。

333. 在较早的提升机系统中，采用转子串电阻进行调速，其工作原理是什么？

电动机的转子上串接电阻用于消耗电动机低速运行时产生的热能。电阻器分为四段，如图 4-12 所示。图 4-12 所示为提升 1 号电动机转子串接触器电路，2 号电动机的与此完全相同，只需

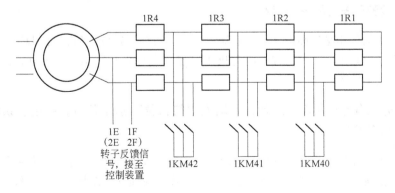

图 4-12 提升 1 号电动机转子串接触器电路

将图中的 1KM40 改为 2KM40，1KM41 改为 2KM41，如此类推。在双电动机工作的情况下，上升调速挡时，1KM40、2KM40 闭合，切除 1R1、2R1 段电阻，加大电动机启动力矩。上升 4 挡时，通过控制 1KM41、1KM42 及 2KM41、2KM42 接触器分别在 50%、70% 速度下闭合，分别切除 1R2、1R3 及 2R2、2R3 段电阻，使电动机平滑过渡到全速，又使切换电流得到控制。下降 1 至 3 挡时，为了降低电动机电流，并使下降 4 挡恢复到下降 1 至 3 挡时切换力矩足够，增加了 1R1 及 2R1 段电阻，转子四段电阻全部串联到转子上。当下降 4 挡时，1KM41、1KM42 及 2KM41、2KM42 分别闭合，使电动机处于发电制动时速度限制在允许范围内。

334. 提升电动机工作于电动机的哪个工作状态?

通用异步电动机可工作在两大运转状态：电动运转状态和制动运转状态。电动运转状态可分为正向电动状态和逆向电动状态；制动运转状态可分为回馈制动状态、反接制动状态、能耗制动状态，其中反接制动状态又分为定子两相反接的反接制动和转速反向的反接制动。

（1）由于干熄焦提升机所载负载为大功率负载，它在提升时，提升电动机工作在正向电动状态，这时转差率 s 为 $0 \sim 1$。

（2）当提升机下降时，焦罐与焦炭的重量完全能带动电动机滚筒下降，这时提升电动机工作在反向电动状态即发电状态，转差率 s 为 $-1 \sim 0$（这种情形在实际中不允许出现）。

（3）当提升机空罐低速下降时，提升电动机工作在反接制动状态，转差率 $s > 1$；高速下降时，若实际转速未超过同步转速，提升电动机工作在反向电动状态，转差率 $s = 0$；若实际转速超过同步转速时，提升电动机工作在发电制动状态，转差率 $s < 0$（这种情形在实际中也不允许出现）。

335. 在干熄焦系统中，测量焦罐和焦炭重量的仪器是什么，它在系统中有什么作用?

在干熄焦系统中，测量焦罐和焦炭重量的仪器为起重量限制器，它由传感器和显示仪表两部分组成。传感器安装在提升机滚筒两侧的平衡臂上，主要测量空焦罐和装满焦炭后焦罐的重量，此重量送给仪表终端显示。在仪表内部，此重量经过 A/D 转换，转换为 PLC 所需的开关量信号。提升机安装起重量限制器有两个作用：一是测量每罐焦炭的重量，二是参与提升及下降控制。在焦罐提升或下降的过程中，如果机械存在犯卡现象，传感器测量出来的值必然增大。当这个值超过设定范围，便会发出偏荷或过荷故障，使提升或下降自动停止，有效地保护了提升装置，提高了安全性。

336. 钩开位检测开关有哪些作用?

钩开位开关的作用是检测提升吊具下降到位（吊钩打开到位）后，向 PLC 发出到位信号，一方面使提升机停止下降，另一方面向电机车发出"允许走行"信号。另外，该开关还负责给提升高度编码器清零。

337. 待机位开关有什么用途，为什么要增设"待机位"这个位置，在控制系统中，以怎样的方式实现?

待机位开关的作用是将装完红焦回来的空焦罐停在待机位置。一般干熄焦系统都是用一台电机车拖两个焦罐台车，用两个焦罐轮流接焦和装焦。在提升机提起其中一个红焦罐装焦的同时，电机车拖另一个空焦罐去接焦。提升机装焦回来后，电机车有可能还没有过来，这时是绝不允许空焦罐下落到底的，因此就需要设置一个等待位置，这个位置就是待机位。在待机位设置一个检测开关，开关检测到焦罐后将其停止，直到空的焦罐台车在下方准确对位并且电机车司机发出下降信号后才再次下降直到钩开位。需要说明的是，为了保证焦罐在待机位处平缓可靠停车，提升编码器也同时参与控制，即编码器检测高度接近待机位时发出指令使提升机减速，下降到碰到待机位开关（或编码器设定高度）时，提升机停止。

338. 在干法熄焦控制系统中，编码器的作用是什么，它主要用在哪些地方？

编码器在干法熄焦控制系统中，是作为测量高度或位移使用的。编码器与 PLC 通讯后，在程序内部可设定编码器高度或位移的上下限值，作为 PLC 的控制信号参与控制。编码器在干熄焦系统中一般用在提升和走行中。

339. 在干熄焦系统中，满足干熄炉上放焦的基本条件有哪些？

满足干熄炉上放焦的基本条件主要有：
（1）装焦变频器准备好。
（2）装焦变频器无故障。
（3）提升机在干熄炉定位完成。
（4）炉盖有开到位信号。
（5）冷却塔过卷下检测限位状态正常。

340. 走行装置的电气设备有哪些？

走行装置主要由走行变频器、走行电动机、走行事故电动机、走行编码器、走行制动器及现场的各个检测和控制限位组成。

341. 走行允许有哪些条件？

运行走行的条件主要有：
（1）走行逆变器准备就绪。
（2）走行逆变器主干投入。
（3）走行逆变器无故障。
（4）走行逆变器运行。
（5）走行锚定 1、2 限位输入状态正常。
（6）提升机走行位置许可。
（7）走行抱闸检测信号正常。
（8）提升编码器高度正常。
（9）应急走行离合器限位状态正常。

342. 走行的电气控制工艺是怎样的？

提升机把焦罐提到可走行位置后，走行机构向室直接高速运行，电动机转速 950r/min。走行到距室中心大约 1.5m 时，触发向室减速限位开关，走行机构减速运行，减速时间一般设定为 5s，电动机转速减到大约 100r/min，直至走行至干熄炉顶部的两个定位信号同时到后，走行停止。提升机下降将焦炭装入干熄炉，提升机再提到"走行可"位置，走行机构开始向井高速运行。走行到距井中心大约 1.5m 时，触发向井减速限位开关后，走行机构减速运行，减速时间也是 5s 左右，低速走行到井上的两个定位信号同时到后，走行停止，提升机开始下降，直至下降到待机位的位置，完成整个焦炭的装入流程，进入下一个装焦流程。

343. 走行装置的常见故障有哪些？

走行装置的常见故障主要有：

（1）提升焦罐未提到位，撞铁没有碰到走行可接近开关，造成主控室无"走行可"信号故障。

（2）提升焦罐未提到位、走行抱闸没有打开（或打开超时）、走行编码器没有清零等原因，造成现场操作室无"走行可"信号故障。

（3）走行逆变器故障，主要表现为过载、过流、直流母线过电压等。

（4）走行编码器故障。

（5）提升塔侧、干熄炉侧对位开关故障。

344. 走行高速不变低速是什么原因？

造成走行高速不变低速的原因主要有：

（1）走行过程中触铁没有碰到"高速变低速"接近开关。

（2）"高速变低速"接近开关本身故障或对应中间继电器故障。

（3）走行逆变器参数设置造成（没有设定高速这个参数）。

（4）走行编码器故障。

345. 高速走行时突然停车容易造成什么故障，怎样处理？

由于整个提升机重量较大，总重超过 200t，因此其惯性很大。提升机高速走行时若突然停车其冲量也很大，常常是抱闸抱死了车轮也会在轨道上打滑，使实际走行距离与编码器检测距离产生偏差，即实际距离大于编码器检测距离。这样会造成前进时实际到位而编码器距离不到，后退时编码器距离到位而实际不到位的现象，都不能下降。

处理方法：一是解开编码器的联轴器调整编码器使之与实际距离相符，这种方法稳妥但耗费时间长；二是操作提升机反向高速走行再突然停车，让提升机在反方向上再滑行一次，使两次滑行产生的距离偏差抵消，这种方法简单易行，但可能不够准确。

346. 走行装置的抱闸在平时运行中应注意检查哪些项目？

在平时运行中应注意检查以下项目：

（1）走行装置抱闸本体，主要检查抱闸片、抱闸打开和释放的灵活性。

（2）走行抱闸打开到位接近开关及引线。

（3）走行抱闸电动机温度、抱闸电动机绝缘及其接线情况，电动机绝缘不能低于 $0.5M\Omega$，且没有明显下降情况。

347. 操作室内操作盘上的"走行可"指示灯与上位机"走行可"指示有什么区别？

当提升高度满足条件且可走行信号具备后，提升机才允许横移，因此，可走行开关具有举足轻重的作用。操作室内操作盘上的"走行可"指示灯需满足一系列条件（如"走行可"接近开关有信号、走行抱闸打开到位有信号、走行变频器准备好等），此灯才亮；而上位机"走行可"指示灯亮时只需要"走行可"接近开关有信号。

348. 提升机在走行过程中，有时会发生走行超限故障，遇到这类故障，生产人员最快的解决方法是什么？

提升机在实际运行中，由于抱闸轮子打滑等原因，有时会发生走行超限故障。遇到这类故障时，为了不影响生产的顺利进行，生产人员可实施以下解决措施：

（1）若"走行超限"限位信号不参与走行逆变器的控制，可临时将该限位从现场拆掉（或拔掉对应的中间继电器），使撞铁接触不到此限位开关，这样"走行超限"限位信号不动作，然后手动往回行车，再让提升机移动到冷塔侧或干熄炉侧，进行焦罐下放。

（2）若"走行超限"限位信号参与走行逆变器的控制，便不能采取拔掉对应继电器的方法了。若拔掉继电器，逆变器便不会动作，这时需要技术人员提前在控制回路中增设一个超限解除开关，如图4-13所示。正常时，合上此开关，超限保护起作用；出现超限情况时，可将该开关断开，临时解除超限信号，然后手动行车，达到快速处理超限的目的。之后应将该解除开关闭合，使超限限位投入保护。

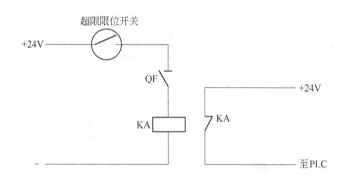

图 4-13 走行超限限位开关解除控制电路

（图中 QF 为超限限位解除开关，正常此开关闭合，超限时可临时断开）

349. 在较早的提升机走行控制系统中采用的 ABB ACS600 系列变频器，常会出现什么故障？

ABB ACS600 变频器在实际应用中主要发生过以下故障：

（1）"PPCC LINK"故障。它是 ACS600 变频器较常见的故障，CPU 板、I/O 板的损坏都有可能导致此故障的出现。

（2）"开关电源损坏"故障。此类故障主要出现在开关管上，由于开关管的短路，常常也会导致用于限流的一个功率电阻烧坏。

（3）"SHORT CIRCUIT"输出短路故障。它是在应用中碰到的最多的一类故障，由于 ACS600 采用了智能化的模块，负载类的故障以及使用中的一些问题都可能导致此类模块的损坏，而模块的损坏也经常连带驱动板的损坏，最后导致"SHORT CIRCUIT"故障。

（4）"散热风扇"故障。这主要是由于环境造成的，风扇长时间的工作或进入灰尘形成堵转，会导致此类故障的出现。

350. 走行装置的电气专业点检项目有哪些？

走行装置的电气专业点检项目如表4-9所示。

表 4-9　走行装置电气专业点检项目

点检部位	点检项目	点检内容及标准	周　期
走行电动机	电动机温度	无异常温升	每　班
	电动机绝缘	无明显下降且不低于 0.5MΩ	每次检修
	轴　承	温升正常，无异常振动	每　班
	接线盒	密封良好，接线无发热现象	每　天
冷却风扇	风　扇	风扇电动机温升正常，无异常噪音	每　班
	电动机绝缘	无明显下降且不低于 0.5MΩ	每　周
编码器	编码器外引线	接线口密封良好，走线规范牢固	每　天
抱　闸	电动机温度	电动机温升正常	每　班
	电动机绝缘	不低于 0.5MΩ，无明显下降	每　周
	接　线	接线口密封良好	每　天
	检测开关	接线规范，动作间隙适中	每　天
各个检测开关		接线规范，动作间隙适中	每　天
端子箱		接线无发热，柜内无灰尘	每　天
移动小车	移动电缆	电缆松紧适中，外皮无破损	每　班
	链条及走行轮等	润滑良好，运转正常	每　班

351. 装入装置的电气设备有哪些？

装入装置的电气设备主要有装焦变频器、电动机以及现场的各个检测和控制限位开关。

干熄焦的装焦电动推动器电动机功率一般为 5.5kW。该电动机的特殊之处在于其内部设有电磁制动器，电动机通电运行时需同时给电磁制动器通电使制动器打开。电动机是变频调速的，高速时频率 45Hz，低速时频率 10Hz。

现场检测开关包括：变速开关 2 个，开到位和关到位检测开关各 1 个。

352. 装入装置的电气控制工艺是怎样的？

装入装置的功能主要是按 PLC 指令开闭炉盖和把红焦经装焦漏斗装入干熄炉，其主要设备有装焦漏斗、炉盖、驱动装置、集尘管道等。炉盖和装焦漏斗安装在一台行走台车上，由电动推动器驱动台车移动。

待机时，炉盖在干熄炉口上方，提升机向室走行时 PLC 系统发出装入装置打开指令，电动推动器拉动台车及其上的炉盖和装焦漏斗沿轨道行走，顺序打开炉盖，将装焦漏斗对准干熄炉口，打开耗时约 20s。在装入装置开始动作打开炉盖时，集尘管道上蝶阀也自动打开，开始集尘。当装焦完毕，提升机卷上空焦罐，提升到位后开始向井走行，同时 PLC 系统发出关闭炉盖指令，装入装置开始做相反动作，移开装焦漏斗，关闭炉盖，关闭耗时约 20s，至此完成一次装入动作。当炉盖完全关闭后，集尘管道上蝶阀也自动关闭，停止集尘。装焦时间由定时器根据工艺情况设定。

开关炉盖时，电动机一开始是低速运行，电源频率为 10Hz，碰到加速开关后变高速，电源频率 45Hz，快到位以前碰到减速开关，又变回低速。

353. 装入装置是如何控制变速的？

待机时，炉盖在干熄炉口上方，提升机向室走行时 PLC 系统发出装入装置打开指令，电动推动器拉动台车及其上的炉盖和装焦漏斗沿轨道行走，顺序打开炉盖，将装焦漏斗对准干熄炉口，打开耗时约 20s。当装焦完毕，提升机卷上空焦罐，卷上到位后开始向井走行，同时 PLC 系统发出关闭炉盖指令，装入装置开始做相反动作，移开装焦漏斗，关闭炉盖，关闭耗时约 20s，至此完成一次装入动作。

开关炉盖时，电动机一开始是低速运行，电源频率为 10Hz，碰到加速开关后变高速，电源频率 45Hz，快到位以前碰到减速开关，又变回低速。

为防止到位不停车，造成变频器过载损坏设备，在 PLC 程序中设计有超时保护环节，即打开或关闭开始后即开始计时，20s 后不管是否到位都使变频器停止运行。

354. 装入装置的保护措施有哪些？

为防止到位不停车，造成变频器过载损坏设备，在 PLC 程序中设计有超时保护环节，即打开或关闭开始后即开始计时，20s 后不管是否到位都使变频器停止运行。

355. 如何防止误发炉盖开到位信号？

为了防止误发炉盖开到位信号造成炉盖假到位的事故，干熄焦的装焦装置设置了炉盖打开到位的双重确认开关，如图 4-14 所示。具体做法是在装焦漏斗的移动小车轨道旁边，安装一个接近开关，该开关在炉盖打开到位后被小车触发动作，开关与原有的电动推动器上的开到位开关触点串联（或者单独接到 PLC 输入模块，在 PLC 程序上将两者串联）。这样，只有两个开关同时动作，才能发出炉盖开到位信号，消除了单用一个开关易误发信号的问题。

图 4-14　炉盖打开到位的双重确认开关

356. 装入装置的电动机有什么特点？

该电动机的特殊之处在于其内部设有电磁制动器，电动机运行时须同时给电磁制动器通电将其打开。

357. 装焦装置的电气专业点检项目有哪些？

变频器安装在 MCC 低压柜中，其相关设备有电源开关、电源接触器、抱闸开关、抱闸接触器以及控制继电器等。

变频器及其相关设备的点检内容主要包括：对开关、接触器等的压线是否松动检查，对变频器的冷却风扇运行情况检查，对变频器上的状态指示灯是否正常检查等。具体点检内容和标准可参考表 4-10。

表 4-10　装入装置的点检内容和标准

点检部位	点检内容	点检维护标准	周　期
电动机	声　音	无异常噪声	每　班
	温　升	电动机温升正常轴承温升正常，无异常振动	每　班
	接　线	压线紧固不发热，接线盒密封良好	每　周
	绝　缘	不低于 0.5MΩ，与平时相比无明显下降	每　周
抱　闸	声　音	无异常噪声	每　班
	接　线	压线紧固不发热，接线盒密封良好	每　班
限位开关	接　线	接线可靠，防水防尘，布线规范	每　周
	开　关	开关动作灵活、可靠	每　周
开关接触器	接　线	接线可靠，压线紧固不发热	每　班
变频器	声　音	无异常噪声，风扇运行正常	每　班
	面板、指示	面板显示正常、无异常指示	每·班
	接　线	接线可靠，压线紧固不发热	每　班

日常点检中对电动机及抱闸应定期检测对地绝缘性能，并做好记录，掌握劣化趋势，防止在线烧毁。某厂的干熄焦装焦装置就曾发生过炉盖电动机抱闸线圈烧毁的故障，造成炉盖打开迟缓、声音异常，最终不得不更换了整套电动推动器。

在装入装置中，故障率比较高的部分主要是电动推动器上的两个到位检测限位开关。这两个开关是机械限位，容易磨损，再加上是露天安装，开关磨损后容易从转轴处或引线口处进水，引起误动作，或者使提升机误认为炉盖已打开而下降将红焦装在炉外。因此，应对这两个开关加强点检，同时可采取一些技术措施进行改进，这些措施包括：

（1）增设防雨棚，防止开关淋雨。

（2）对开关引线口进行密封，防止进水。

（3）改机械限位开关为接近开关。

（4）在移动轨道处安装双重检测接近开关，对炉盖打开到位状态进行双重检测，保证检测可靠，防止误发信号。

358. 排焦装置包括哪些电气设备？

排焦装置包括检修用闸板阀、电磁振动给料器、旋转密封阀、吹扫风机、自动润滑装置等设备。

检修用闸板阀安装在干熄焦的底部出口。正常生产时，检修用闸板阀完全打开，在停炉或排焦装置需要检修时，关闭闸板阀。

电磁振动给料器是焦炭定量排焦装置，通过改变励磁电流的大小，可改变其振幅从而改变排焦量。

旋转密封阀安装在可移动台车上，检修时推出至检修平台。

吹扫风机向振动给料器、旋转密封阀不间断地吹入空气或氮气，保证设备壳体内部为正压，防止炉内气体外溢，同时降低振动器线圈温度。

359. 检修闸板阀有什么用途，是怎样控制的？

检修用闸板阀安装在干熄炉的底部出口。正常生产时，检修用闸板阀完全打开，不经常操作，只有在排焦装置（主要是振动给料器）需要检修时，才关闭闸板阀，防止焦炭下落。

检修用闸板阀的控制不通过 PLC 系统，而是采用继电器与接触器控制，只能通过现场的操作箱操作。检修用闸板阀的控制原理如图 4-15 所示。图中，KM1、KM2 分别为正、反转接触器，SQ1、SQ2 分别为正、反转到位限位开关，SQ3、SQ4 分别为正、反转过转矩限位开关。

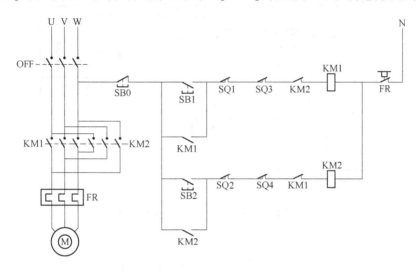

图 4-15　检修用闸板阀的控制原理

360. 常用的振动给料器有哪几种？

排焦装置的振动给料器按驱动方式可分为两种：电磁振动（振动线圈式）给料器和激振器（振动电动机）式给料器。

361. 振动线圈式振动给料器的控制工艺是怎样的？

进口的电磁振动器是由振动线圈驱动的，设有一专门控制屏对其进行控制。控制工艺为：操作人员在上位机上设定排焦速度（一般是每小时排焦吨数），设定数据传给 PLC 系统，PLC 则将设定数据转换成 4～20mA 信号发给控制屏内的控制器，控制器根据设定值调整振动线圈的电压，振动线圈的振幅即发生变化；同时线圈上还装有振幅传感器，将振幅反馈给控制器，实现负反馈调节，使振幅稳定在设定值附近。

电磁振动给料器的控制原理如图 4-16 所示。

362. 激振器式振动给料器的控制工艺是怎样的？

有的干熄焦排焦装置采用激振器式给料器——由两台并列安装、转向相反的激振器组成。激振器由变频电动机驱动，其控制工艺：操作人员在上位机上设定排焦速度（一般是每小时排焦吨数或电动机频率），设定数据传给 PLC 系统，PLC 则将数据转换成 4～20mA 信号发给 MCC 室内的排焦变频器，变频器根据设定值调整振动电动机的频率，使电动机转速发生变化，激振器的振幅相应发生变化。此种驱动方式在振动器上不需要安装振幅传感器，省去了振幅负反馈环节。图 4-17 所示为振动给料器控制原理。

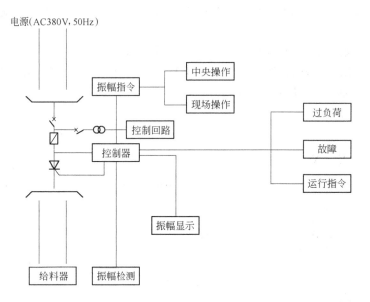

图 4-16　电磁振动给料器的控制原理

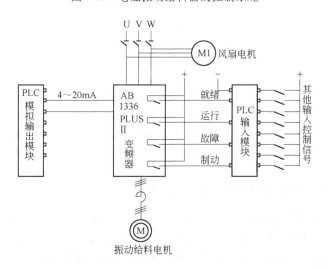

图 4-17　振动给料器控制原理

363. 振动给料器常见的电气故障有哪些?

振动给料器常见的故障主要有:

(1) 振幅检测值丢失故障。

(2) 振幅无反馈故障。

(3) 振动给料器电源开关频繁跳闸故障。

(4) 振动给料器线圈故障,包括线圈绝缘降低、线圈烧损、线圈内部接线等故障。

364. 旋转密封阀的电气控制工艺是怎样的?

旋转密封阀安装在电磁振动给料器的下方,是一种带有密封性能的多格式旋转给料器,由带电动机的摆线减速机驱动旋转密封阀的转子按规定方向旋转。连续旋转的转子将经电磁振动给料器排出的焦炭连续密闭地排出。旋转密封阀两侧的密封腔内需通入空气密封，各润滑点由给脂泵自动加注润滑脂。

旋转密封阀既能连续地排料，又具有良好的密封性，可有效地控制干熄炉内循环气体的外泄，稳定干熄炉内的循环气体压力。同时该设备还具有耐磨、使用寿命长、维修量小等优点。

旋转密封阀主要由旋转密封阀本体、驱动装置（驱动电动机）、进口补偿器、出口补偿器、润滑管道等部分组成。

旋转密封阀工作时为单向连续旋转，维修时可点动反向转动。旋转密封阀运行时与焦炭输送胶带机联锁启动，停车时与电磁振动给料器联锁停止。

旋转密封阀设有现场手动、集中控制两种操作方式。

旋转密封阀正常生产时为正向旋转，现场操作盘上设有反向旋转功能（点动操作）。在处理堵料事故时，可以用来反转、正转反复试车，有时可以将卡住的异物排出来。

365. 旋转密封阀正转超时故障可能是什么原因，如何处理？

红焦在从焦炉里推出到装入干熄炉的过程中，有时会夹带诸如焦罐衬板、废钢铁等杂物。这些杂物在排出时有时会将旋转密封阀卡住，造成电动机堵转，堵转超时后就会停车，并在主控室电脑画面上报警显示"旋转密封阀正转超时"。

为了处理正转超时故障，旋转密封阀都设计有反转功能。发生超时故障后，应将其控制方式改为现场手动操作，然后反向、正向循环操作几次，将堵塞物排出来。

366. 排焦装置各部分之间的联锁关系是怎样的？

根据焦炭排出流程的特点，工艺要求排出装置开车的先后顺序是：皮带→旋转密封阀→振动给料器，停车的顺序则相反。所以，它们的联锁关系是：先开的设备停车后，后开的设备都要立即联锁停车，以避免压焦。

另外，排焦装置还与循环风机和排焦温度有联锁关系，当循环风机停机或排焦温度超过设定值时都要联锁停机，以防止红焦排出。

367. 排焦装置的电气专业点检项目有哪些？

排焦装置的电气专业点检主要包括振动给料器和旋转密封阀的日常点检与维护。

（1）在振动给料器的日常点检维护过程中，要注意检查的项目有：

1）定期检测振动线圈的对地绝缘性能，并做好记录，一旦发现有明显的绝缘下降趋势，就要采取措施，打开接线盒或本体进行检查。

2）定期检查振动给料器的接线盒，看是否有焦粉从内部冒出，必要时做密封处理。

3）控制屏的检查主要是定期用红外线测温仪检测各个压线端子的温度，防止压线松动或接触不良。

由于激振器式振动给料器的电动机连接着激振器，所以电动机轴承的工作条件较差，容易发生轴承损坏故障。电动机是变频器驱动的，一般选用变频电动机，变频电动机都有独立的散热风扇，该风扇的防护等级比较低，环境中的导电粉尘会进入到风扇电动机内部，因此风扇电动机的故障率远高于变频电动机本身。

因此，激振式振动给料器日常点检维护内容主要有：

1）定期检测电动机轴承温度。

2) 每班检查散热风扇运行情况。

3) 定期检测电动机对地绝缘，由于电动机连接有变频器，所以应该将电动机负荷线从变频器上拆下来检测。

(2) 旋转密封阀的电气设备只有电动机及其配套的开关、接触器、过热继电器等，因此点检维护分 MCC 配电柜和现场电动机两部分。旋转密封阀的点检内容及标准见表 4-11。

1) MCC 配电柜内点检内容有：检查开关、接触器的压线是否松动，温度是否有异常，热继电器整定值是否适当等。

2) 旋转密封阀电动机的日常点检内容主要有：定期检测电动机对地绝缘性能，检查接线盒是否密封良好、电动机温度、轴承温度、振动等。

表 4-11　旋转密封阀的点检内容和标准

点检部位	点检内容	点检维护标准	周　期
电动机	声　音	无异常噪声	每　班
	温　升	电机温升正常轴承温升正常，无异常振动	每　班
	接　线	压线紧固不发热，接线盒密封良好	每　周
	绝　缘	不低于 0.5MΩ，与平时相比无明显下降	每　周
	开　关	开关动作灵活、可靠	每　周
开关接触器	接　线	接线可靠，压线紧固不发热	每　班
热继电器	接　线	接线可靠，压线紧固不发热	每　班
	整定值	按电机铭牌参数整定，不可随意改变	每　周

368. 皮带机的安全保护措施有哪些？

皮带机上设有的安全保护装置主要有安全绳开关、跑偏开关、压焦限位、转速开关等。它们的作用都是保证皮带机的安全稳定运行和人身安全。

安全绳开关也称拉绳开关，安装在皮带的两侧，每侧各至少装有一个开关，开关上连有一根绳子（一般为钢丝绳），绳子布置在皮带的两侧。当有人碰触或拉动安全绳时，开关动作，发出停机信号，从而保护人身和设备安全。

跑偏开关也安装在皮带的两侧，用来检测皮带的跑偏。跑偏开关一般有两组触点，根据跑偏程度动作，一组为轻跑偏时动作报警，另一组为重跑偏时动作停车。

压焦限位也称溜槽堵塞限位，用来在发生溜槽堵塞故障时及时检测出来并发出停车信号。

转速开关用来检测皮带速度，并参与联锁控制。当皮带停止或速度减慢时，转速开关动作，发出信号使上一级皮带停车，避免溜槽堵塞故障的发生。

369. 皮带机增加转速联锁有什么好处？

一个工艺流程内的数条皮带机的联锁一般都使用了接触器联锁。接触器联锁的优点是线路简单，故障率低，但也有其不可克服的缺点：当某条皮带滚筒打滑时，皮带转速下降或停止，其上料溜槽势必要堵塞，但接触器联锁不会使其上游皮带停车，因此会造成压焦事故。

解决该问题的方法是增设皮带转速联锁环节，即在每条皮带上设置转速开关，转速开关作为联锁信号控制上游皮带的运行。这样，只要皮带停止或速度变慢其上游皮带就会立即停车，避免压焦事故的发生。

370. 皮带系统的电气专业点检项目有哪些？

皮带电气设备的点检与维护，见表 4-12 所示。

表 4-12 皮带电气设备的点检维护标准

点检部位	点检项目	点检维护标准	处理方法
配电柜	柜　内	内部无灰尘、无杂物	定期清灰
	盘　面	外无灰尘，无乱划痕迹	定期擦拭
断路器	接线端子	无灰尘积聚，相间有隔离措施	定期清扫相间增设隔离片
	压线螺丝	压线螺丝无松动、温度不能超过50℃	紧固检查处理
	声　音	无异音	检查或更换
接触器	接线端子	无灰尘积聚	定期清扫
	压线螺丝	压线螺丝无松动、温度不能超过50℃	紧固检查处理
	内部触点	触点无磨损、无烧损、无开焊脱落	检查处理或更换
	辅助触点	动作灵活	检查处理或更换
	铁　芯	无异音	紧　固
	线圈接线	无虚接、开焊，温度不能超过50℃	紧固或更换
电动机	整体（包括轴承）	电动机（轴承）温度温升正常	停机检查处理
	接线盒	接线无松动、密封良好	紧　固
	绝缘值	对地绝缘在规定范围内，不能低于0.5MΩ	定期摇测低于标准值需更换电动机
现场事故开关	所接电缆	电缆无损伤	防护（穿镀锌管或防火保护层）
	开关接线盒	进线口应密封	密　封

371. 氮气循环风机所属电气设备有哪些？

氮气循环风机所属电气设备主要有风机电动机、风机进口调节阀、风机循环油泵等。风机循环油泵一用一备，当一台有故障时，可随时进行切换。

372. 循环风机电动机的启动条件有哪些？

循环风机启动的条件主要有：高压柜已送电，锅炉给水泵已运行，循环油泵已运行，入口调节阀已关闭等。

373. 循环风机一般有哪些联锁？

风机轴承温度、风机轴承振动、风机电动机轴承温度、除氧器液位、锅炉给水泵运转与否、锅筒液位、氮气压力、压缩空气压力、主蒸汽压力、主蒸汽温度、锅炉循环水流量、风机润滑油泵运转与否。

374. 循环风机电动机有哪些电气保护？

风机润滑油泵故障、电动机轴承温度、电动机定子温度、稀油站油压低、稀油站油位低，还有速断保护、过流保护、低电压保护、零序电流（接地）保护、启动时间过长保护等微机综保。

375. 循环风机的电气控制工艺是怎样的？

循环风机电动机的控制分为主控集中控制和现场控制，现场操作箱上设有"集中/就地"选择开关，可优先选择。正常情况下选"集中"，在主控室的上位机上控制启动和停止；当选择开关选"就地"时，只能在现场启动和停止，主控室不能操作。

在高压室的循环风机高压开关柜上，设有"远控/本地"选择开关。开关打在"远控"位置时，可以在机旁"就地"操作，或者在上位机上"集中"操作；打在"本地"位置时，则可以用高压柜上的操作开关"合闸"或"分闸"进行操作。循环风机电动机高压断路器控制回路原理如图4-18所示。

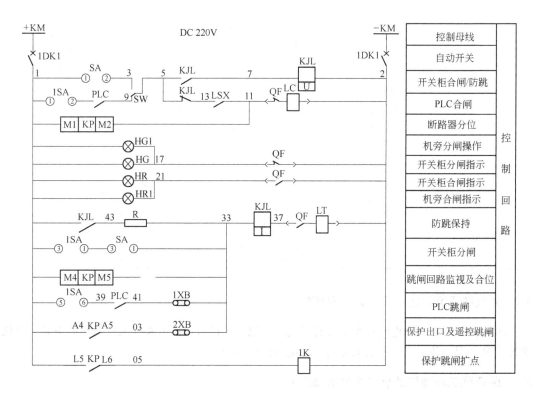

图 4-18　循环风机电动机的高压断路器控制回路原理

376. 循环风机的电气专业点检项目有哪些？

对电动机的专业点检包括以下几个方面，见表4-13。

表 4-13　循环风机电动机的点检内容和标准

点检部位	点检内容	点检维护标准	处理方法	周　期
高压电动机	电动机机体温度	机体温度不能超过正常值	检查处理	每　班
	电动机轴承温度	轴承温度不能超过正常值	检查处理	每　班
	振　动	振动不能超标	检查处理	每　班
	噪　声	无噪声	检查处理	每　班
	绝缘值	不能低于标准值，规定高压电动机绝缘值不能低于（电动机电压等级/1000）MΩ	摇　测	3 个月
	接线盒	密封性完好	密封处理	每　班

需要指出的是，由于在主控室的上位机上都有电动机绕组及轴承的温度显示，主控室的操作人员应该经常进行观察。

377. 锅炉给水泵的电气控制工艺是怎样的？

锅炉给水泵共有两台，正常时，一台运行，另一台热备。当运行泵有故障停机时，备用泵自动启车运行，并在主控室电脑画面中报警；当锅炉的蒸发量增大或其他原因使运行泵的供水压力不足时，备用泵也自动启车运行，直到供水压力达到要求后，原来的运行泵停车进入备用状态。

锅炉给水泵电动机的控制分为主控集中控制和现场控制，现场操作箱上设有"集中/就地"选择开关，可优先选择。正常情况下选"集中"，在主控室的上位机上控制启动和停止；当选择开关选"就地"时，只能在现场启动和停止，主控室不能操作。

在高压室的循环风机高压开关柜上，设有"远控/本地"选择开关，该开关的操作优先于现场操作箱上的"集中/就地"选择开关。开关打在"远控"位置时，可以在机旁"就地"操作，或者在上位机上"集中"操作；打在"本地"位置时，则可以用高压柜上的操作开关"合闸"或"分闸"进行操作；正常情况下，开关应在"远控"位置，只有在高压柜检修或试验断路器时才使用"本地"操作。锅炉给水泵电动机高压断路器的控制回路原理如图 4-19 所示。

378. 锅炉给水泵的启动条件有哪些？

锅炉给水泵冷却油泵正常运转，防过热阀打开，高压柜已送电，除氧器液位正常，锅炉给水泵冷却水流量、压力正常等。

379. 锅炉给水泵的联锁条件一般有哪些？

电动机轴承温度、电动机定子温度、除氧器液位、锅炉给水泵冷却水流量、漏水检测、冷却油泵运行，还有速断保护、过流保护、低电压保护、零序电流（接地）保护、启动时间过长保护等微机综保。

380. 两台锅炉给水泵是如何互相热备的？

（1）当除氧器液位正常时，检测到在用泵停止运行，备用泵自动启动。
（2）当除氧器液位较低时，两台泵不允许启动。
（3）当给水压力较低时，运行泵运行的时候，备用泵应该自启，当给水压力高于下限的

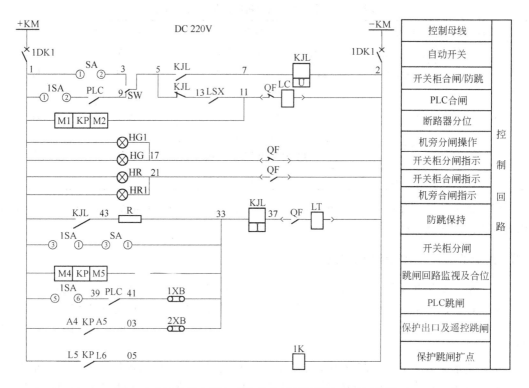

图 4-19　锅炉给水泵电动机的高压断路器的控制回路原理

时候，运行泵自动停止。

381. 锅炉系统的电气专业点检项目有哪些？

对电动机的专业点检可参考表 4-14。

表 4-14　锅炉给水泵电动机的点检内容和标准

点检部位	点检内容	点检维护标准	处理方法	周　期
高压电动机	电动机机体温度	机体温度不能超过正常值	检查处理	每　班
	电动机轴承温度	轴承温度不能超过正常值	检查处理	每　班
	振　动	振动不能超标	检查处理	每　班
	噪　声	无噪声	检查处理	每　班
	绝缘值	不能低于标准值，规定高压电动机绝缘值不能低于（电动机电压等级/1000）MΩ	摇　测	3个月
	接线盒	密封性完好	密封处理	每　班
冷却系统	水　温	水温正常	检查处理	每　班
	滴　漏	无滴漏	检查处理	每　班

需要指出的是，由于在主控室的上位机上都有电动机绕组及轴承的温度显示，主控室的操作人员应该经常进行观察。

382. 带有油压调速的环境除尘风机如何实现调速？

干熄焦的环境除尘风机变速采用的是油压调速器，其正常工作时有两个转速。低速运转时风机转速在600r/min左右。装焦时，风机高速运转，转速达到900r/min左右，以增加风量，保证将装焦产生的烟尘全部收集起来，改善现场环境。

383. 油压调速器的工作原理是什么，电气控制原理是怎样的？

油压调速器，也称液体黏性调速器或调速离合器，是依靠液体的黏性和油膜的剪切作用传递力矩的。油压调速器主要由主机、油系统和控制器组成，通过速度负反馈实现闭环调速，可实现手控和远程自动控制。

油压调速器的电气控制系统主要包括安装在风机轴上的转速传感器、控制器和电液比例阀等。磁电式转速传感器检测并输出转速脉冲信号到控制器，经过与给定指令信号对比，运算放大以后发出增、减速信号到电液比例阀控制伺服电动机，将电信号转换为压力信号，从而调节离合器控制油缸的油压，改变两组摩擦片之间的距离，达到调速的目的。

384. 除尘风机的启动条件有哪些？

风机入口阀关闭、冷却水流量正常、风机轴承温度正常、电动机轴承温度正常、电动机定子温度正常、耦合器油温正常、耦合器油压正常、压缩空气压力正常。

385. 除尘风机一般有哪些联锁？

电动机定子温度、风机轴承振动、除尘器入口温度、耦合器出口油压、除尘风机故障、除尘风机过热保护、耦合器出口温度。

386. 除尘系统的控制工艺是怎样的？

当高压电动机启动以后，带动除尘风机旋转，除尘管道内部形成负压，利用这个负压作用将各个吸尘口的含尘气体通过管道输送至布袋除尘器。在除尘器内部，通过PLC自动控制程序，完成脉冲反吹功能。堆积在除尘室底部的灰尘利用输灰系统，将灰尘输送至拉灰车上。风机风量手动控制利用现场控制风机开度的电动调节阀调节，自动控制方式在上位机中实现。风机系统具有电动机轴承温度在线监测、电动机绕组温度在线监测和风机轴承温度在线监测。上述参数不仅在现场温度显示仪和上位机中自动显示，而且作为模拟量输入给PLC，作为高压电动机运行保护的参数。

387. 除尘系统的电气专业点检项目有哪些？

除尘系统的电气专业主要点检项目如表4-15所示。

表4-15　除尘系统的电气专业点检项目

点检部位	点检项目	点检标准	处理方法
PLC柜	柜内部分	整洁、元器件上部无灰尘、无杂物	定期清扫
	散热性	散热效果好	开启顶部冷却风扇
	安全性	附近不得有导电、易爆炸、有腐蚀的气体和尘埃；相对湿度不得超过85%，更不得有凝结水	否则必须安装防护措施
	PLC电池	保证电池使用状况正常	更换电池

点检部位	点检项目	点检标准	处理方法
断路器	进线端	无灰尘积聚，相间有隔离措施	定期清扫，相间增设隔离片
	压线螺丝	压线螺丝无松动、温度不能超过50℃	紧固检查处理
	异　音	无异音	检查或更换
接触器	进线端	无灰尘积聚	定期清扫
	压线螺丝	压线螺丝无松动、温度不能超过50℃	紧固检查处理
	内部触点	触点无磨损、无烧损、无开焊脱落	检查处理或更换
	辅助触点	动作灵活	检查处理或更换
	铁　芯	无异音	紧　固
	线圈接线	无虚接、开焊，温度不能超过50℃	紧固或更换
继电器	压线螺丝	压线螺丝无松动、温度不能超过50℃	紧固检查处理
	内部触点	触点无磨损、无烧损、无开焊脱落	检查处理或更换
	辅助触点	动作灵活	检查处理或更换
电磁阀	电磁阀底座	无灰尘、无破损	更　换
	电磁阀本体	无灰尘、引线或接头无接地现象	更　换
低压电动机	整体（包括轴承）	电动机（轴承）温度不能超过65℃、无异音	停机检查处理
	接线盒	接线无松动	紧　固
	绝缘值	对地绝缘在规定范围内，不能低于 0.5MΩ，3kW以下电动机出现故障时，相间绝缘值要平衡，差别不得低于10%	定期摇测，低于标准值需更换电动机
高压电动机	电动机机体温度	机体温度不能超过正常值	检查处理
	电动机轴承温度	轴承温度不能超过正常值	检查处理
	振　动	振动不能超标	检查处理
	噪　声	无噪声	检查处理
	绝缘值	不能低于标准值，规定高压电动机绝缘值不能低于（电动机电压等级/1000）MΩ	检查或更换
	接线盒	密封性完好	密封处理

388. 除尘器的提升阀和脉冲阀的控制工艺是怎样的？

除尘器的提升阀与脉冲阀的控制原理如图 4-20 所示。T1～T16 为 16 个提升电磁阀，KA1～KA16 为提升阀的控制继电器，M1-1～M1-6 为 1 号气室的 6 组脉冲电磁阀，依此类推，M16-1～M16-6 为 16 号气室的 6 组脉冲电磁阀，1KA～6KA 分别为 6 组脉冲电磁阀的控制继电器。工作时，KA1 先得电吸合，1 号提升阀 T1 得电动作，1 号气室因出口被关闭而停止工作，然后，1KA～6KA 依次得电，使 1 号气室的 6 组脉冲电磁阀 M1-1～M1-6 依次瞬间得电打开，压缩空气冲入除尘袋内，形成风锤，把布袋外侧的灰尘吹落（完成反吹）。1 号气室的 6 组布袋反吹完毕后，KA1 失电，1 号提升阀打开，1 号气室投入工作，接着 KA2 得电吸合，开始 2 号气室的反吹过程。16 个气室全部反吹完毕后，经过一定的延时后再自动开始下一个反吹循环过程。

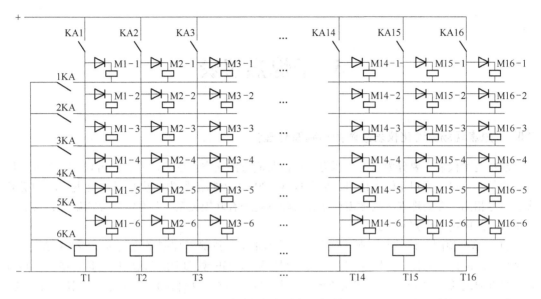

图 4-20 脉冲阀与提升阀的控制原理

389. 除尘系统中的卸灰阀电动机经常发生什么故障，如何检查处理？

除尘系统中的卸灰阀一般采用旋转密封阀（也称分格轮式卸灰阀）。这种卸灰阀经常会被灰仓中的杂物卡死，使电动机过载，因此卸灰阀电动机过载是经常发生的故障。

由于卸灰阀电动机功率一般都比较小，在 1.1~4.0kW 之间，短时间的堵转不会烧毁电动机，因此，发生电动机堵转故障时可采用检测电动机堵转电流的方法判断电动机是过载还是单相。具体方法是：启动电动机后，用钳形电流表测电动机的三相电流，若三相电流明显不平衡则应考虑电动机或电源缺相，可分别检查电源电压和电动机三相绕组的电阻，根据检查情况采取相应的措施；若三相电流平衡且超过额定电流，则可以肯定是电动机过载，一般这是由于卸灰阀卡死造成的。

5 干熄焦仪表

390. 干熄焦现场自动化仪表故障如何判断处理？

现场检测仪表主要分为温度、压力、物位及流量四大类。按照输入、输出划分，温度、压力、物位及流量为模拟量输入信号，调节阀 4～20mA 控制信号为输出信号。仪表故障种类繁多，不尽相同，在处理现场故障需要注意故障点是否有联锁关系，若有需要提前解除，避免发生事故。总体的分析判断思路如下：

（1）单个检测点显示不正常。单个点显示不正常，排除了控制系统通讯、整个控制系统、单个模块故障的可能性，可以先用万用表检测信号是否正常，现场确认取压管是否堵塞，热电阻、热电偶的接线是否正确；其次检测安全栅（配电器、隔离器）或温度变送器是否正常；最后检测模块通道是否损坏。

（2）多个点显示不正常。多个点显示不正常，一般是：

1）单个模块故障，如模块供电故障、模块底座故障、模块损坏。

2）某个通讯模块故障。某个通讯模块故障，可能造成一个或多个机架所有模块无法与 CPU 进行通讯，从而造成数据丢失或显示不正常。

（3）全部显示不正常。

1）网络通讯故障。查看网络是否能"ping"通，通则查看控制系统 CPU 运行情况，不通则查看控制室内的交换机状态。

2）控制系统故障。查看控制系统 CPU 状态指示灯，若全部熄灭则为供电故障，需要查看 UPS 状态及上一级供电开关；若为红色故障状态，则为 CPU 故障，需要重新下载程序或更换 CPU 模块；若为绿色闪烁或橙色，需要重新下载程序。

（4）单个调节阀故障或某几个调节阀故障。查看调节阀在自动状态的确认上位手动是否能动作；查看现场气源管是否堵塞；查看阀门定位器是否故障；查看模拟量输出模块通道或模拟量输出模块是否故障；查看模拟量输出模块底座是否损坏；查看模拟量输出模块供电是否正常。

391. 温度检测故障如何判断处理？

（1）分析思路：不是新安装的测温元件可排除热电偶补偿导线极性接反或不配套、热电阻线接错等因素。

（2）判断处理：

1）检查输入信号。

①温度变送器的输出是否正确。

②毫伏值或电阻值是否正确。

③是否接地。

④热电阻、热电偶模块或模块通道是否正常。

2）检查接线盒或端子。

①是否进水、潮湿。

②接线柱间是否松动或短路。

3）传输线路检查。

①补偿导线绝缘老化情况。

②热电阻传输线绝缘是否良好、线电阻是否平衡。

4）工艺因素。

392. 热电偶常见故障有哪些，如何处理？

（1）热电偶无热电势输出。

1）测量线路短路。将短路处重新绝缘或更换新电偶。

2）测量电路断线。用万用表分段检查找出断路处，重新连线。

3）接线极松动。只需拧紧接线柱。

4）热电偶烧断。重新焊接或更换新的热电偶。

（2）热电偶有电势输出，但不稳定。

1）热电偶接线柱和热电极接触不良。将接线柱和热电极参考端擦净，重新拧紧。

2）热电偶测温回路部分绝缘被破坏，引起时断时续短路或接地现象。找出故障点，修复绝缘。

3）热电极或测量端将断未断，有断续连接的现象。断点若是在测量端或离测量端较远的热电极上，需剪掉断点部位，重新焊接。断点若是离测量端较远或在热电极中间，需更换新热电偶。

4）热电偶安装不牢或外部振动。需将热电偶重新安装牢固或采取减振措施。

5）外界干扰。查出干扰后进行屏蔽或接地。

（3）热电偶输出的热电势低于实际值。

1）热电偶内局部短路，造成漏电。将热电偶电极取出，检查漏电的原因，若是因绝缘管绝缘不良引起应更换绝缘管。

2）热电偶内部受潮。将热电偶热电极取出，分别将热电极和保护管烘干，并检查保护管是否有漏气、漏水等现象，对不合格的保护管予以更换。

3）热电极腐蚀或变质。把变质部分剪去重新焊接工作端或更换新的热电偶。

4）热电偶接线盒内部接线柱局部短路。打开接线盒，清洁接线柱，清除造成局部短路的原因，把接线盒盖紧。

5）补偿导线局部短路。将局部短路处重新绝缘或更换补偿导线。

6）补偿导线与热电偶种类不匹配。换成与热电偶分度号相同的补偿导线。

7）补偿导线与热电偶极性接反。重新连接。

8）热电偶安装位置不当或插入深度不够。改变安装位置，或插入深度。

9）热电偶参考端温度过高或两接点温度不同。准确地进行参考端温度补偿。

10）热电偶种类与仪表分度号不一致。更换热电偶及补偿导线，使之与测量仪表分度号一致。

11）热电偶回路电阻过大。调整电阻，使回路电阻满足要求。

12）热电偶保护管表面积垢太多。拆下热电偶，清除保护管外面的积垢。

13）软件程序内部设置的热电偶型号与现场热电偶型号不一致，需要对程序进行修改，如图 5-1 和图 5-2 所示。

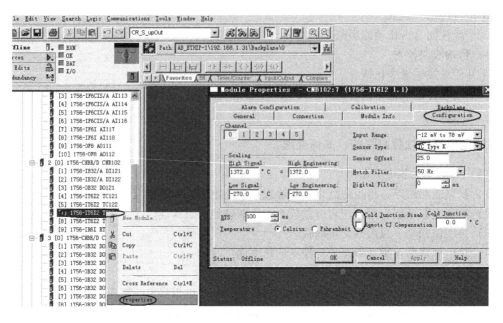

图 5-1　　AB 控制系统热电偶设置

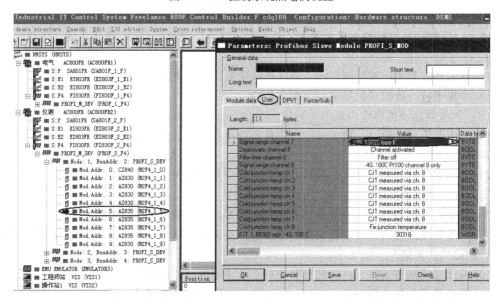

图 5-2　　ABB 控制系统热电偶型号设置

（4）热电偶输出的热电势高于实际值。

1）热电极变质。更换热电偶。

2）补偿导线与热电偶分度号不符。更换补偿导线，使之与热电偶分度号相符。

3）热电偶安装方法、位置或插入深度不符合要求。按热电偶的正确安装方法重新安装。

4）绝缘破坏造成外电源进入热电偶回路。修复或更换绝缘材料。

5）补偿导线与热电极连接处两接点温度不同。延长补偿导线使两接点温度相同。

6）有干扰信号进入。检查干扰源，进行排除。

7）补偿导线与热电极两接点处温度偏高。调整参考端温度或进行补偿。

8）软件程序内部设置的热电偶型号与现场热电偶型号不一致，修改见图5-1和图5-2所示。

393. 热电阻常见故障有哪些，如何处理？

（1）显示值比实际值低或者不稳：保护管内有金属屑、灰尘，接线柱积灰，热电阻短路。将保护管内金属屑或灰尘等清理干净，打磨接线柱，检查接线。

（2）显示无穷大：热电阻断路，引出线断路，模块通道出现故障。用万用电表检查断路部位，确定是连接导线还是热电阻断路。若是连接导线断路应予修复或更换；若是模块通道出现问题则更换该通道；模块指示灯红色闪烁则为模块故障，需要更换模块。

（3）显示值负值：热电阻短路，接线错误或者模块通道出现故障。首先用万用表检测电阻值，检查接线；然后检查模块通道，若是模块通道出现问题则更换该通道；模块指示灯红色闪烁则为模块故障，需要更换模块。

（4）阻值与温度关系不对应：电阻丝受腐蚀变质。需要及时更换电阻丝。

394. 检修热电阻、热电偶元件时应注意哪些问题？

（1）首先确认该温度点是否存在联锁，若有联锁，需要提前解除，避免发生工艺事故。

（2）感温元件抽出保护套管后，应将保护套管内的锈蚀或油污清除。

（3）对接线柱、接线需要及时打磨氧化层，减小测量误差。

395. 安装辐射高温计需要注意哪些事项？

（1）辐射高温计应和被测物体垂直，并使被测物体的影像完全充满瞄准视场。

（2）辐射高温计和被测物体间，尽可能避免烟雾、水蒸气、CO等不良杂质存在。

（3）辐射高温计应该增加风冷或者水冷设备。

396. 测量排焦温度的辐射高温计日常点检维护的要点有哪些？

（1）检查冷却用的风源是否正常。

（2）周期性检查辐射高温计的镜头是否有灰尘，若有灰尘则需要解除联锁，对镜头进行清洁。

（3）周期性检查接线是否松动，需要定期进行紧固，防止接线存在虚接的情况。

397. 压力检测故障如何判断处理？

不同的故障现象用不同的方法处理，一般先检查现场变送器、引压管，再检查控制系统模块，最后是工艺因素分析处理。

（1）检查现场一次阀、排污阀是否有泄漏的情况。

（2）检查接线是否松动。

（3）检查故障点所在的模拟量输入模块指示灯是否正常。

（4）检查安全栅是否正常，若输出信号正常则检查控制系统模拟量输入模块的通道。

（5）若控制系统模拟量输入模块检查没有问题，检查该模拟量输入模块底座是否存在问题。

（6）分析工艺因素。

398. 干熄焦压力检测点常见故障有哪些，如何处理？

干熄焦压力检测点主要有锅筒压力、主蒸汽压力、预存段压力、锅炉进出口压力、低压蒸汽压力等，常见的故障主要有计算机显示偏大、偏小，计算机显示回零或不变等。故障原因及处理方法主要有以下几点：

（1）安全栅故障。在压力检测点显示不正常时，首先检测 4～20mA 信号是否正常，若用万用表检测的电流信号偏大或偏小，可以首先检测安全栅是否正常，包括电压是否正常、输入输出是否正常。

（2）现场接线松动或接触不良。紧固现场接线。

（3）现场取压管堵塞。预存段压力、锅炉进出口压力检测的介质为循环气体，由于循环气体含有大量的粉尘，容易将取压管堵塞，造成压力显示偏离真实值；锅筒压力、主蒸汽压力、低压蒸汽压力检测介质为蒸汽，造成其取压管堵塞的原因主要是有杂质或者冬季气温偏低。处理方法为开启排污阀及时排污，冬季时及时开启保温或增加保温。

（4）一次阀、二次阀泄漏。若现场检查发现阀门泄漏后，及时对泄漏点进行处理，更换阀门或者焊接漏点。

（5）控制系统模块故障。一般情况，控制系统模块故障多为单通道损坏，若整个模块故障，该模块状态指示灯为红色。若模块指示灯无异常情况，则可以将模块的该通道与相邻的显示正常的通道接线进行调换，若显示正常则说明模块通道没有问题，若不正常则判断为该通道故障，可以更换通道，修改程序后即可消除故障。

（6）压力变送器故障。该情况较为少见。在判断排除控制系统模块、安全栅、取压管故障后，则可更换变送器。

399. 在主蒸汽压力变送器故障的情况下，如何使压力调节阀不全关或全开，保障工艺正常生产？

为了保障工艺正常生产，需在软件内部对调节阀阀位进行限制。在自动控制情况下，即使压力变送器出现问题，阀门也不完全关闭，而是保持一定的阀位，即设置自动状态下的阀位下限，以保障发电的正常运行。但在手动状态下，阀门可以全开全关。

400. 预存段压力调节阀如何有效调节？

预存室压力调节阀的作用是通过控制流径阀的气体流量来控制预存室压力。由于预存室压力为负压，因此阀开度越大，通过阀的气体流量越多，预存室负压越大（绝对值大）。调节阀选在手动时由操作人员设定阀的开度，此时阀与装入装置无联锁。当循环风机停止或仪表气源压力低于 0.2MPa，调节阀将强制关闭并锁住安全励磁阀，此时调节阀无法控制。当外部条件恢复正常，操作人员确认可以重新投入自动时，点击画面上调节阀下方的解锁按钮，解锁后才能重新使用调节阀。

（1）焦炭装入时炉盖开闭点补正控制。在装焦过程中，干熄炉盖的开闭造成预存段压力的大范围波动，如果仅仅通过调节阀本身的响应控制，会使预存段压力在炉盖开时波动大，无法满足工艺要求，因此对于预存段压力的控制采用补正 PID 调节控制方式。

如图 5-3 所示，在装入装置全关时，通过调节阀自动调节预存段压力。全关后，延时 T_1 时间（工艺要求），在调节阀最后输出的基础上，增加裕量 A 并保持输出，直到装入装置全开后 T_2 时间（工艺要求）；在 T_3（工艺要求）时间内，将调节阀的输出量减少裕量 B 并保持。装

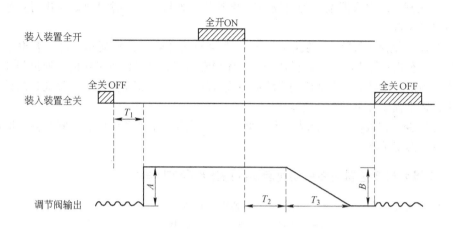

图 5-3　对应关系示意图

T_1，T_2，T_3—3 个延时的时间段；A，B—阀位值

入装置开始关时进行 PID 调节。

（2）循环气体风量。干熄炉预存室压力与循环气体风量有一定的关系。在现场实际运行过程中，根据实际的循环风量进行调节，即 10 万 m^3/h 为分界点，大于 10 万 m^3/h 与小于 10 万 m^3/h 各为一个 PID 控制参数。

401. 流量检测故障如何判断处理？

不同的故障现象用不同的方法处理，检查顺序一般是由现场变送器信号及接线、引压管到控制室，再到工艺因素分析处理。

（1）检查现场一次阀、排污阀是否有泄漏的情况。

（2）检查现场取压管、三阀组，看是否堵塞，冬季时要特别检查伴热线路。

（3）检查接线是否松动。

（4）检查故障点所在的模拟量输入模块指示灯是否正常。

（5）检查安全栅是否正常，若输出信号正常则检查控制系统模拟量输入模块的通道。

（6）若控制系统模拟量输入模块检查没有问题，检查该模拟量输入模块底座是否存在问题。

（7）分析工艺因素。

402. 干熄焦流量检测常见的故障有哪些，如何处理？

（1）安全栅故障。在压力检测点显示不正常时，首先检测 4~20mA 信号是否正常，若用万用表检测的电流信号偏大或偏小，可以首先检测安全栅是否正常，包括电压是否正常、输入输出是否正常。

（2）现场接线松动或接触不良。紧固现场接线。

（3）现场取压管堵塞。预存段压力、锅炉进出口压力检测的介质为循环气体，由于循环气体含有大量的粉尘，容易将取压管堵塞，造成压力显示偏离真实值；锅筒压力、主蒸汽压力、低压蒸汽压力检测介质为蒸汽，造成其取压管堵塞的原因主要是有杂质或者冬季气温偏低。处理方法为开启排污阀及时排污，冬季时及时开启保温或增加保温。

（4）一次阀、二次阀泄漏。若现场检查发现阀门泄漏后，及时对泄漏点进行处理，更换阀门或者焊接漏点。

（5）控制系统模块故障。一般情况，控制系统模块故障多为单通道损坏，若整个模块故障，该模块状态指示灯为红色。若模块指示灯无异常情况，则可以将模块的该通道与相邻的通道接线进行调换，若显示正常则说明模块通道没有问题，若不正常则判断为该通道故障，可以更换通道，修改程序后即可消除故障。

（6）差压变送器故障。该情况较为少见。在判断排除控制系统模块、安全栅、取压管故障后，则可更换变送器。

403. 蒸汽流量差压变送器安装后初次启动的操作步骤有哪些？

（1）检查各个阀门、导压管、接头等是否连接牢固。

（2）检查二次阀和排污阀是否关闭，平衡阀是否关闭。

（3）稍开一次阀，检查导压管、阀门、接头等是否漏水，不漏后全开一次阀。

（4）分别打开排污阀，进行排污后，关闭排污阀。

（5）拧松差压室丝堵，排除其中的空气。

（6）待导压管内充满凝结水后方可启动差压变送器。

（7）启动差压变送器应按以下顺序操作：打开正压阀，关闭平衡阀，打开负压阀。

404. 差压变送器的取压管有什么要求？

（1）为了避免差压信号在传送时失真，正负压导压管应靠近敷设。

（2）导压管应保持垂直或者与水平面之间成不小于 1∶12 的倾斜度，弯曲处应为均匀的圆角。

（3）导压管既应不受外界热源的影响，又要注意保温。如加伴热，则不要过热，以免液体气化，产生假差压。

（4）导压管较长时，应在最高点和最低点分别装设集气器和排气阀、沉降器和排污阀。

（5）导压管的内径应根据介质的性质而定，一般为 10～13mm，最小不得小于6mm，长度最好在 16m 以内。

（6）导压管中应装有必要的切断、冲洗、排污等阀门。

405. 怎样操作三阀组，需注意什么？

操作仪表三阀组，需注意：

（1）不能让导压管内的凝结水或隔离液流失。

（2）不可使测量元件受压或受热。

（3）三阀组的启动顺序应该是：打开正压阀，关闭平衡阀，打开负压阀。

（4）三阀组的停运顺序应该是：关闭负压阀，打开平衡阀，关闭正压阀。

406. 液位故障如何判断处理？

单点显示不正常，一般先检查现场一次表的取压管、一次阀及接线，再检查控制系统模块及接线，最后检查工艺是否正常。

（1）检查现场一次阀、排污阀是否有泄漏的情况。

（2）检查现场取压管，看是否堵塞。

（3）检查接线是否松动。

（4）检查安全栅是否正常。

（5）检查控制系统模块及通道。

（6）分析工艺因素。

407. 锅筒液位常见故障有哪些，如何处理？

（1）安全栅故障。在检测点显示不正常时，首先检测 4～20mA 信号是否正常，若用万用表检测的电流信号偏大或偏小，可以首先检测安全栅是否正常，包括电压是否正常、输入输出是否正常。

（2）现场接线松动或接触不良。紧固现场接线。

（3）现场取压管堵塞。造成取压管堵塞的原因主要是有杂质或者冬季气温偏低。处理方法为开启排污阀及时排污，冬季时及时开启保温或增加保温。

（4）一次阀、二次阀泄漏。若现场检查发现阀门泄漏后，及时对泄漏点进行处理，更换阀门或者焊接漏点。

（5）开工后液位不稳定。由于汽包内温度低、压力低，蒸汽不能在平衡容器内自行凝结，无法建立参比水柱。为此，需采用人工向平衡容器内注水的方法，同时，尽可能排出取样管路中的空气泡，使差压变送器的正负取样管路全部充满水。

408. 电接点液位计的常见故障有哪些，如何维护与使用？

（1）电接点液位计上、下限报警装置有时出现非常矛盾的同时动作，即电接点液位计二次表的上、下限报警指示灯同时闪光。这种高、低两端实际液位高度尽管不可能同时存在，但却是在二次表上经常发生的现象，尤其是当液位检测筒刚排放之后重新开表时，更易出现。例如，当现场玻璃液位计指示 60% 刻度处时，控制室的二次表液位指示灯在低于下限 50% 和高于上限 75% 两个位置都闪光，表示液位既高于上限又低于下限，显然这是不可能的。

分析其原因如下：在液位检测筒刚排放后，实际玻璃液位计指示低于上限（75%）刻度处，但此时高报警指示灯闪光，说明此时高报警回路已形成通路。这可能是电极短路；或电极外端接线脱落，与检测筒外壳（电源公共端）相接触；也可能是电极外端脏污，与检测筒外壳短路；还可能是该回路电缆有接地现象，故指示灯闪光。有时这种高报警指示灯闪光现象持续几十分钟左右会自行消失，恢复正常，说明高报警闪光是由于在排放时电极上的残留液珠与检测筒容器壁上流下的液珠相通，造成误指示。假如过半小时后高报警指示灯还闪亮，而实际液位又正常，那么就应该按照上述几种原因来查找了。这种高报警闪光现象有时还是由于假液位引起的。而有时在正常液位时，液位检测筒经过排放后，下限 5% 刻度处闪光报警，说明该回路已断路，可能在排放时造成电极外端接线断或接触不好、电缆引线断或接线端子接触不好所致；也可能是二次表下限（50%）的回路有问题。有时假液位也会引起低报警闪光。

（2）电接点液位计的电极易产生被氧化物覆盖的现象，使得电接点液位计随着时间的延长，其可靠性和灵敏度逐渐降低。这可采用降低电极点电流的方法来解决，因为这样就使电极的吸附力大大减小。也可采用尖头电极，因为它具有一定的自清洗能力，从而延长电极的使用寿命，增加工作的可靠性。另外，也可以采用倾斜安装的方法，以便减少电极上、下限同时报警的机会，因为这样有可能使电极液珠与容器壁流下的液珠相通的概率减少。电接点液位计要经常排污，用蒸汽冲刷，以减少电极触头上的覆盖物，使其触头清洁，使二次表的指示灯不至于发暗或误指示。

409. 开工初期锅炉水位测量注意事项有哪些?

（1）首次需要对远传液位计的平衡容器内注满水。首次投入远传的液位计，部分平衡容器需要打开顶部注水孔加满水，进行调试。

（2）需要对仪表取压管经常排污。由于锅炉开工初期，锅炉、管道内部铁锈等杂质较多，容易堵塞取压管，需要周期性的排污，确保取压管畅通。

（3）排污后需要关闭二次阀，待平衡容器、取压管内充满冷凝水后方可开启远传仪表。

（4）在排污时，最好将二次阀关闭，避免损坏现场差压变送器。特别是要待平衡容器、取压管内充满冷凝水后方可开启远传仪表，确保不损伤仪表。

（5）由于开工初期工况未达到设计要求，水位自动控制需要投入手动，待工况稳定后方可投自动。在开工初期，压力、温度、水质等未达到设计要求，水位波动较大，精度偏低，所以锅筒水位自动控制调节阀的调节需要手动进行，避免发生锅炉满水或亏水的现象。

（6）电接点水位计、双色水位计也需经常排污。与远传的液位计一样，电接点液位计、双色液位计也需经常排污，确保水质达到设计要求。

410. 目前干熄焦料位控制方式主要有哪些，料位是如何演算的?

目前干熄焦料位的测量方式有两种：

（1）采用静电容料位计、γ射线及皮带秤共同组成的测量系统进行干熄炉料位的演算、控制，见图5-4。

静电容料位为高料位，用于警示料位已到高料位，不允许再次装入或只允许再装入一罐焦炭，防止红焦溢出。

γ射线料位计用于测量干熄炉内的正常料位测量，同时每次到达该料位时，强制对料位进行校正，强制干熄焦炉内的料位为某一个值。

安装在排焦皮带上的皮带秤连续测量排出焦炭的重量。

料位测量演算系统的公式：炉内瞬时焦炭重量＝每一罐焦炭重量×装入罐的数量－瞬时排出焦炭重量。

（2）采用静电容料位计、微波料位计和皮带秤组成的测量系统进行干熄炉料位的演算、控制，见图5-5。

安装在顶锥段的微波料位计可以连续测量炉内的料位情况，连续显示炉内的料位高度，也

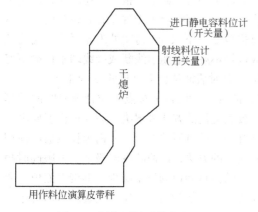

图 5-4　料位测量系统方案一

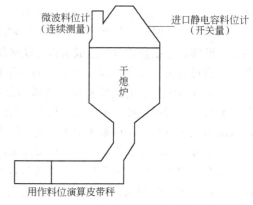

图 5-5　料位测量系统方案二

可以换算显示为炉内的重量。

同样安装的顶锥段的静电容料位计为高料位，用于警示料位已到高料位，不允许再次装入或只允许再装入一罐焦炭，防止红焦溢出。

安装在排焦皮带上的皮带秤用于测量排出焦炭的重量，可以参与干熄炉内焦炭总量的计算或者用来粗略校验微波料位计。

411. γ 射线料位计由几部分组成，各部分的作用是什么？

γ 射线料位计主要由核源、接受端、放大转换输出单元（二次表）等三部分组成。

（1）干熄焦料位的核源一般为 Co^{60}，作为发射端。

（2）接收端主要是接收核源信号，并进行传输。

（3）放大转换单元主要是对接收的微弱信号进行放大处理，输出开关量信号。

412. γ 射线料位计常见故障有哪些，如何进行检查处理？

（1）信号时有时无。可能是探测孔内积聚了焦粉或者脱落的耐火砖，焦粉或者脱落的耐火砖吸收了部分 γ 射线，当部分焦炭超出 γ 射线位置时，显示炉内的焦炭超过 γ 射线，也就是虚假的信号。可以在检测孔盖板上加装氮气吹扫管，定期对检测孔进行吹扫；同时要定期打开检测孔，看是否有耐火砖脱落，挡住射线的线路。

（2）料位计完全失灵，无信号变化。

1）可能是接收端传感器故障。需要关闭核源，检查接收端设备的水冷套管，查看是否存在漏水。若漏水，则可能是漏水造成接收端设备损坏；若无漏水情况，用测试源靠近接收端，看是否有变化，若无变化则说明接收端故障，需要更换接收端设备，有变化则需要检查模块的输入线路。

2）耐火砖或大量焦粉挡住射线。焦粉或者脱落的耐火砖吸收了 γ 射线，导致料位一直无变化。关闭核源后，打开探测孔，清理探测孔内的焦粉或者耐火砖。可以在检测孔盖板上加装氮气吹扫管，定期对检测孔进行吹扫；同时要定期打开检测孔，看是否有耐火砖脱落，挡住射线的线路。

413. 干熄焦现场 γ 射线料位计如何维护？

（1）查看上位计算机显示的数值是否在 85t（数值以 150t 干熄焦为例）以上。

（2）若计算机显示 85t 以上，观测现场二次表电流指示。料较多时，二次表显示的电流数值为 0μA 左右；料在 85～100t 之间显示为 22μA 以下，指示灯位红色；料在 50～85t 之间，电流值显示为 22～45μA，指示灯为绿色。

（3）当料位排到 γ 射线时，槽内的红焦为 85t，此时二次表指示灯由红色跳变为绿色，上位计算机显示一条 γ 射线；反之，当装入红焦超过 85t，指示灯由绿色跳变为红色，上位计算机显示的 γ 射线消失。

（4）点检时，注意测量二次表电压，测量点为二次仪表后高压、地两端子，正常电压为 600V 左右。

（5）检测接线端子是否存在松动的情况。

（6）检查冷却水阀门是否打开。

（7）关闭核源，打开接收端的冷却水套，检查探头是否有浸水的情况。

（8）检查接收端的高压、信号线接口是否有松动的情况。

（9）料位故障时，先检测二次仪表的高压，再检查信号线的各接线处。

414. 静电容料位计安装注意事项有哪些，如何校验？

（1）干熄炉高料位 AP-200PHN 安装。安装时探头部必须伸出炉内壁，如图 5-6 所示。同时安装探头要固定在安装孔中心和安装孔同心，如图 5-7 所示。

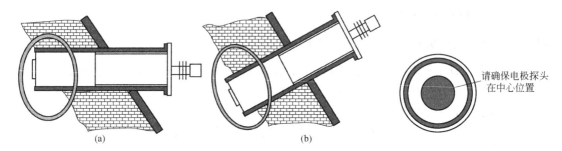

图 5-6　安装示意图　　　　　　　　　图 5-7　安装示意图
（a）水平安装；（b）垂直安装

（2）一次除尘料位计 AP-50PHN-20 安装。该料位计是测量一次除尘后套管冷却部积尘的高度，当积尘达到一定高度时，就应该开启阀门放灰。在实际安装使用过程中，必须向下斜插安装，如图 5-8 所示。

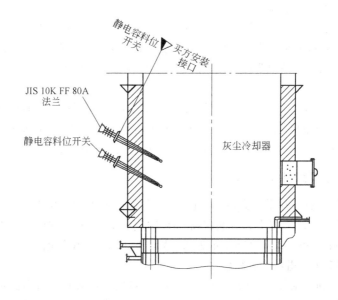

图 5-8　安装示意图

需要特别指出的是静电容式料位仪电极端部绝缘体是陶瓷制造的，因此在搬运和装卸时应注意以下事项。

1）在搬运和堆放时不可对其施加冲击；安装和拆卸时注意不能对电极施加大的力量，以免损坏电极。

2）在高温场所输入和抽出电极时，温度不能发生急剧变化（热冲击），需要用较长的时间（2h）慢慢推进或抽出。正常操作要求规定：电极推进或抽出速度为 10cm/min，而电极端部的抽、送速度为 30cm/min。

（3）调试校验。

1）通入电源。

2）把零位调整旋钮和灵敏度调整旋钮反时针方向调整至零（见图5-9）。

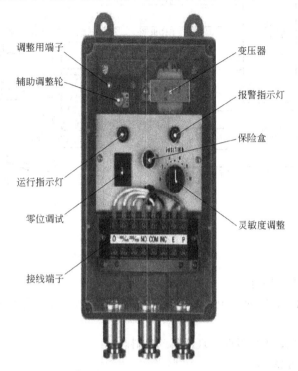

图5-9　调试转换箱

3）把EP信号线两端拆下，并用导线短接，此时报警指示灯亮。

4）向上调整零位使报警灯灭，零位调整完毕。

5）顺时针调整灵敏度，报警灯亮。

6）再顺时针调整灵敏度一大格，灵敏度调整完毕。

7）拆下短接导线，接入EP信号线。

需要注意的是：

1）灵敏度调整旋钮顺时针方向调得越多，灵敏度越高。但若调整太高容易引起假报警，反之太低则会不报警。

2）EP信号线必须可靠屏蔽接地，防止干扰。

415. 静电容料位计的日常点检维护内容有哪些？

（1）查看转换器指示灯是否正常。

（2）打开转换器检查接线是否松动。

（3）检查探头处的密封情况，看是否存在泄漏的现象。

（4）查看工艺情况，若料位长时间保持有，则应协调工艺及时排灰，避免烧损探头。

416. 微波料位计由哪几部分组成，优点有哪些？

料位计的组成如图5-10所示。

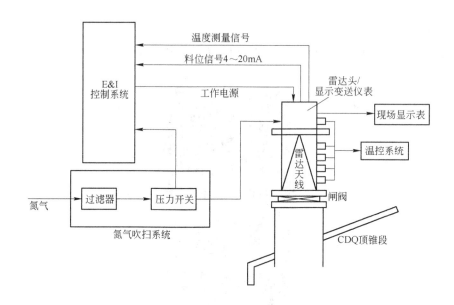

图 5-10　微波料位计的组成

微波料位计的优点主要有：

（1）实现连续测量，非常有利于实际的生产监控操作，可以有效地保障稳定、高效地生产。

（2）由于连续测量，可以及时发现滑料或悬料。

（3）精度较高，可靠性高。

（4）使用维护简单方便。

417. 目前干熄炉料位测量的几种使用方案优缺点是什么？

目前干熄炉料位测量使用的方案见 408 问。

方案一的优点为：

（1）γ射线料位计可靠性比较高。

（2）每到γ射线料位计处可以对料位进行一次料位校正，可以实现周期性在线校准；

方案一的缺点为：

（1）料位演算粗略，不能较为准确地反映料位。

（2）γ射线料位计有放射性，为一类危险源点。

方案二的优点为：

（1）实现连续测量，非常有利于实际的生产监控操作，可以有效地保障稳定、高效地生产。

（2）由于连续测量，可以及时发现滑料或悬料。

（3）精度较高，可靠性高。

（4）使用维护简单方便。

方案二的缺点：

（1）微波料位计需预留口直径约 900mm，同方案一相比较需要改变干熄炉上部的部分结构，同时上部斜面需要砌出一部分，需要变更部分耐火砖的型号。

（2）对闸阀的可靠性要求较高。

（3）需要定期对微波料位计进行标定。

（4）微波料位计故障率较 γ 射线料位计稍高。

418. 热导式 H_2 气体分析仪常见故障有哪些，如何处理？

（1）显示器不显示。检查左边的电源板上 5V 电压是否正常，检查显示器是否损坏。

（2）温控电路有故障。在正常情况指示灯应为闪烁。若指示灯不亮，说明不加温；若指示灯亮，但不灭，说明已加热，但失控。这时应注意：不能长期启动仪器，以免因过热而烧毁仪器。

（3）端子 4 与端子 5 短接测试时故障（见图 5-11）。若在氢分析仪的后面板端子 4 与端子 5 短接时，零点显示和跨度显示均正常。若二氧化碳分析仪的工作也正常，但两者连接后工作不正常。这可能是转换器的电压/电流部分有问题。

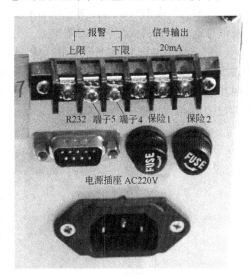

（4）输出电流不正常。

1）若其他都正常，应是转换器的电压/电流部分有问题。

2）显示器显示值不稳定

3）应先检查气路和过滤器，检查是否有漏气和堵塞情况。其次考虑气源是否正常。

图 5-11　端子接线

（5）零点偏移。调节输入电流为 4mA，显示器应显示为 00.0。若有偏差，调前面板零点电位器。

419. 如何对热导式 H_2 气体分析仪点检维护？

日常维护对于保持和提高高炉 H_2 分析系统的运行效率和使用寿命至关重要。其日常维护项目主要有以下几方面：

（1）检查仪表风压力是否正常，如果不正常，检查气路连接是否漏气。

（2）每天检查时，应注意仪表间空气的气味，如发现异味，马上打开门窗通风并检查管路是否泄漏，电器元件是否有过热和烧损现象。

（3）查看仪表、温度控制器等的读数是否正常。如不正常，首先检查工况是否有变化，如工况没有变化，对仪器进行一次标定，如还不正常，请联系公司的技术支持部门。

（4）检查管道是否漏水，如有异常要进行检查维护。

（5）查看所有电磁阀是否正常动作，如果不动作或者动作异常，检查气路是否堵塞或者电磁阀是否损坏，如果损坏请停机，并及时更换电磁阀。

（6）查看预处理柜中的风扇是否转动，冷凝器风扇是否正常转动等。

（7）根据使用情况定期更换过滤器滤芯。

（8）在正常运行过程中，必须定时进行流量的检查，确保分析仪器能有相应的分析流量。

（9）在通电状态下，严禁系统长期处于待机状态（不取样）从而影响分析仪器的使用寿命。

420. 激光气体分析仪的原理是什么？

基于半导体激光吸收光谱（DLAS）气体分析测量技术的革新，LGA-4100 激光气体分析仪能有效解决传统的气体分析技术中存在的诸多问题。

半导体激光吸收光谱技术利用激光能量被气体分子"选频"吸收形成吸收光谱的原理来测量气体浓度。由半导体激光器发射出特定波长的激光束（仅能被被测气体吸收），穿过被测气体时，激光强度的衰减与被测气体的浓度成一定的函数关系，因此，通过测量分析激光强度衰减信息就可以获得被测气体的浓度。

（1）单线光谱技术。"单线光谱"测量技术利用激光的光谱比较窄、远小于被测气体的吸收谱线的特性，选择某一位于特定波长的吸收光谱线，使得在所选吸收谱线波长附近无测量环境中其他气体组分的吸收谱线，从而避免了这些背景气体组分对该被测气体的交叉吸收干涉。图 5-12 是"单线光谱"测量原理图。

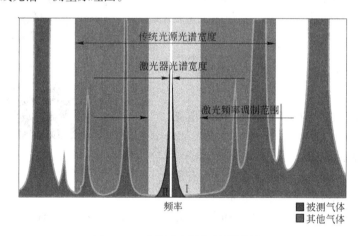

图 5-12　　"单线光谱"的测量原理

（2）激光频率扫描技术。LGA-4100 激光气体分析仪通过调制激光频率使之周期性地扫描过被测气体吸收谱线，激光频率的扫描范围被设置成大于被测气体吸收谱线的宽度，从而在一次频率扫描范围中包含有不被气体吸收谱线衰减的"Ⅰ"区（见图 5-11）和被气体吸收谱线衰减的"Ⅱ"区。从"Ⅰ"区得到的测量信号可以获得粉尘和视窗的透光率，从"Ⅱ"区得到的测量信号可以获得粉尘和视窗以及被测气体的总透光率。因此，激光现场在线气体分析系统通过在一个激光频率扫描周期内对"Ⅰ"、"Ⅱ"两区的同时测量可以准确获得被测气体的透光率，从而自动修正粉尘和视窗污染产生的光强衰减对气体测量浓度的影响。

（3）谱线展宽自动修正技术。在气体温度和压力发生变化时，被测气体谱线的展宽及高度会发生相应的变化，从而影响测量的准确性。通过输入 4 ~ 20mA 方式的温度和压力信号，LGA-4100 激光气体分析仪能自动修正温度和压力变化对气体浓度测量的影响，从而保证了测量数据的精确性。

421. 激光气体分析仪由哪几部分组成？

LGA-4100 激光气体分析仪由激光发射、光电传感和分析模块等构成，如图 5-13 所示。由激光发射模块发出的激光束穿过被测烟道（或管道），被安装在直径相对方向上的光电传感模块中的探测器接收，分析控制模块对获得的测量信号进行数据采集和分析，得到被测气体浓度。在扫描激光波长时，由光电传感模块探测到的激光透过率将发生变化，且此变化仅仅是来自于激光器与光电传感模块之间光通道内被测气体分子对激光强度的衰减。光强度的衰减与探测光程之间的被测气体含量成正比。因此，通过测量激光强度衰减可以获得被测气体的浓度。

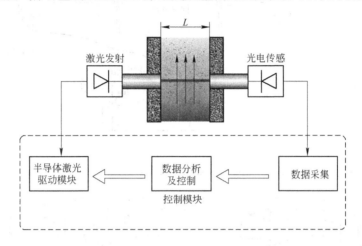

图 5-13　基于半导体激光吸收光谱(DLAS)测量技术系统的组成

422. 如何进行激光气体分析仪的标定？

所有 LGA-4100 激光气体分析仪在出厂前均经过准确标定，初次使用时无须标定。但随着激光气体分析仪内部电子元器件老化，系统参数将会缓慢漂移，影响测量准确性，因此需要对分析系统进行周期性的标定。LGA-4100 激光气体分析仪基于半导体激光吸收光谱（DLAS）技术，对粉尘干扰、激光光强变化等因素都有良好的遏制作用，因此与传统的红外分析仪器相比，它具有非常长（半年以上）的标定周期。

由于 LGA-4100 激光气体分析仪的准确测量与标定的准确性密切相关，用户在标定前需认真考虑是否确有必要进行标定。当确有必要进行标定时，一定要保证标定各步骤的准确性。建议使用厂家提供的标定单元进行标定，图 5-14 所示为该标定单元的示意图。标定可通过中央分析仪器操作面板上的键盘来进行，也可使用 LGA-4100 服务端软件通过 RS485 接口与 LGA-4100 激光气体分析仪进行实时通讯。

LGA-4100 激光气体分析仪标定用气体的浓度要视仪器的量程和被测环境的温度而定。浓度太高会饱和测量信号，浓度太低时标定管和各连接管线上的吸附现象以及相对较大的噪声均会影响标定过程的准确性。标定用的标准气体请使用以氮为底的相应浓度的被测气体。

系统标定的具体操作步骤如下：

（1）松开锁箍，卸下发射单元和接收单元（见图 5-15），认真查看光学元件上是否有裂痕、灰尘或污渍等，如果没有，继续下一步。否则，请先维护光学元件。

（2）把发射单元、接收单元分别安装到标定装置两侧法兰上，旋紧锁箍（见图 5-16）。

（3）在仪器标定前，预热仪器至少 15min。

（4）通过 LGA-4100 激光气体分析仪的操作面板正确设定标定管光程、温度和压力等参数信息。为了得到较好的标定准确性，最好能用温度、压力传感器获得准确的标定气体的温度和压力。

（5）将调零用的零点气体（建议采用高纯氮气）通入标定单元，等待一段时间，直至系

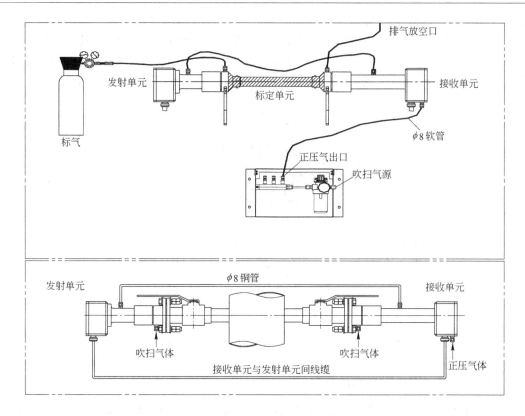

图 5-14　LGA-4100 系统标定

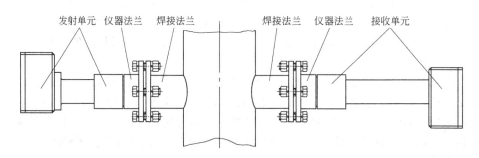

图 5-15　从仪器法兰上拆卸发射单元、接收单元

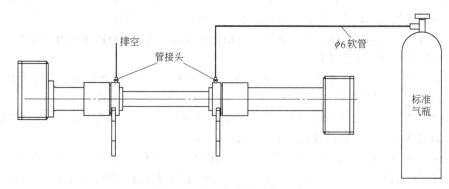

图 5-16　标定气体管路的连接

统测量的气体浓度达到稳定。然后执行操作面板上的调零功能，对分析系统进行调零。由于
LGA-4100 激光气体分析仪自身零点漂移极小，该步骤往往可省略。

（6）将标定用的标准气体通入标定单元，等待一段时间，直至系统测量的气体浓度达到
稳定。然后执行操作面板上的标定功能，对分析系统进行标定。

（7）将发射、接收单元从标定单元上卸下，重新安装到仪器法兰上。

（8）重新设定 LGA-4100 激光气体分析仪的测量光程、温度和压力参数。

423. 激光气体分析仪常见故障有哪些，如何处理？

（1）分析仪没有 4～20mA 输出。

1）打开发射端盖，检查接插件是否正常。

2）如果现场有震动，检查接口板及接线是否松动。

3）4～20mA 设置是否准确。

（2）分析仪无法上电。

1）检查接收端的仪表电源有没有接好。

2）正压气压力是否正常。

3）供电电源功率（＞20W）是否足够。

（3）分析仪透光率太低，出现报警。

1）检查现场光路有没有堵塞。

2）检查现场光路是否偏移。

3）吹扫 N_2 是否正常。

4）把表装到标定管上，检查仪器是否正常。

（4）测量值不准。

1）检查仪表中设置的光程、温度、压力测量方式是否正确。

2）仪表运行是否正常，是否有报警信息。

3）参考值（手工分析等）是否正常。

4）仪表在标定管上测量标气是否正常。

（5）测量值不变化。

1）检查仪表中设置的光程、温度、压力测量方式是否正确。

2）仪表运行是否正常，是否有报警信息。

3）24V 电压是否正常。

4）气路是否含水。

424. 如何对激光气体分析仪进行日常点检维护？

由于没有使用易磨损的运动部件和其他需要经常更换的部件，激光气体分析仪系统维护工
作量非常小。日常预防性维护工作主要局限于：检查和调整吹扫气体的流量；目测检查和清洁
光学元件；优化系统测量光路。

（1）LGA-4100 激光气体分析仪设计了吹扫单元来保护发射、接收单元上的光学元件不被
测环境中粉尘等污染。吹扫单元保持合适的吹扫气流量是实现这一目标的关键。但是，在长时
间的运行过程中测量环境中的粉尘等污染物还是可能逐渐污染光学元件，使光学元件的光学透
过率下降，影响系统的正常工作，因此需要周期性地清洁这些光学部件。

发射、接收单元的光路在长时间的工作后，可能会漂离最佳工作状态，需要适时地优化光

路调整。LGA-4100 激光气体分析仪在信号处理电路上作了特殊的设计，只要传感器探测到的信号电压值不小于正常测量时的 1%，就不会影响分析系统的测量性能。这大大降低了系统对光学元件清洁度和光路调节的要求。

在对系统进行上述维护的时候也请检查分析系统探头的泄漏、腐蚀，检查各种连接是否松动等。

（2）清洁光学元件。对于大多数的应用场合，清洁光学元件的维护周期通常超过 3 个月。即使对于高粉尘含量的应用场合，在设置了合适的吹扫气流量后，也可以较长时间地保持光学元件的清洁。建议一般情况下每 3～6 个月清洗一遍光学元件，以保证仪器的长时间连续、正确工作，减少计划外维护工作。如果吹扫系统出现故障，也请检查光学元件的污染情况。

LGA-4100 激光气体分析仪的 LCD 液晶屏上显示了测量激光束的透过率信息。光学元件清洁度下降以及测量光路偏离最佳位置均会导致激光束透过率的下降。因此，此透过率信息可以作为清洁光学元件或优化光路调整的指示。如果透过率没有显著的下降，则可以延长维护周期，反之，则应缩短维护周期。另外，当透过率低于 3% 时，警告继电器就会报警，LCD 液晶屏上也会显示相应的报警信息，提示用户需要进行相应的维护工作。

检查并清洗光学元件前需要从仪器法兰上拆下接收单元和发射单元。如果光学元件被污染，应使用酒精和乙醚的混合液（体积比 1∶1）进行清洗；如果发现光学元件有破裂或其他损坏，应立即更换光学元件。光学元件的清洁步骤如下：

1）关掉维护切断阀门，确保测量管道的过程气体和大气环境隔绝。

2）松开锁箍，把接收单元和发射单元分别从仪器法兰上拆下。

3）检查光学元件的污染情况，认真查看可能的损坏（如裂痕）。若发现任何损坏，必须更换光学元件。

4）用干净的擦镜布或擦镜纸清洁光学元件，确保光学元件表面无明显污迹。

5）如果光学元件不能完全清洗干净，应该更换新的光学元件。

6）重新安装好发射单元和接收单元，观察 LCD 液晶屏上的透过率信息。

（3）光路优化。

1）在完成 LGA-4100 激光气体分析仪的安装、初调和通电之后，发射单元的 LCD 将显示开机、初始化和自检画面。等待自检完成后，LCD 液晶屏上将显示各种测量、状态信息。观察状态条中的透过率数据，如果透过率大于 80%，则安装、调节完毕，可以开始正常使用。否则需按下述步骤优化分析系统发射、接收单元的光路调节：

2）松开发射单元仪器法兰上的四颗紧定螺栓，调节四颗 M16 螺栓使 LGA-4000 发射单元 LCD 液晶屏上显示的透过率达到最大，然后锁紧四颗紧定螺栓。

3）松开接收单元仪器法兰上的四颗紧定螺栓，调节四颗 M16 螺栓使 LGA-4000 发射单元 LCD 液晶屏上显示的透过率达到最大，然后锁紧四颗紧定螺栓。

425. 锅炉水分析仪系统常见的故障有哪些，如何处理？

锅炉水分析仪系统常见故障如表 5-1 所示。

表5-1 水质分析仪常见故障

现　象	原　因	处理方法
仪表指示为零	电源没有接通；电极回路断线	检查供电电路、保险丝等；检查电极回路连线
仪表指示最大	检测器电极连线短路，溶液电导率已超过仪表满刻度值	用实验室电导仪测量溶液电导率；或将检测器溶液排空，如果仪表指示值能降下来说明仪表正常
仪表指示偏高	检测器两电极端子间受潮	用洗耳球吸去端子间溶液，再用过滤纸擦干
仪表指示偏低	放大器放大能力降低；电极回路接触电阻阻值增大	检查各级放大器放大倍数，是否因滤波电容失效而使负反馈量增大导致放大倍数下降，或级间耦合电容失效导致信号电压损失；检查电极回路连接接触电阻
仪表指示忽高忽低	量程选择开关接触不良；检测器内有气泡存在	清洗开关或更换量程选择开关；调节取样阀门，消除气泡

426. 锅炉水分析仪系统点检维护内容有哪些?

（1）巡回检查。每班至少进行两次巡回检查，内容包括：

1）检查检测器被测溶液流量是否正常，温度是否达到仪表的要求，检查各种管路有否泄漏。

2）检查仪表指示与配套记录器指示是否一致，发现记录器断墨水或不走应及时处理。

3）检查仪表指示、记录情况，与工艺指标或人工分析值相比较是否正常。

4）冬季检查保温蒸汽伴热情况。

（2）定期维护。

1）定期对预处理系统及其部件进行维护。

2）定期对检测器进行清洗和性能检查。

3）定期对转换器性能及工作状态进行检查。

4）定期对伴热管路进行维护。

427. 电子皮带秤的工作原理是什么，由几部分组成?

为了测量某段皮带长度上物料的瞬时重量，可以通过测量某一个或几个托辊上所承受物料的重量间接得到。即通过连续采样或者周期采样，测得一个或几个托辊上承受的物料瞬时重量，再与皮带行程或皮带速度进行运算，就可以得出物料瞬时流量和累计重量。

电子皮带秤主要由承载器、称重传感器、速度传感器和累计器等组成，如图5-17所示。

428. 电子皮带秤的优点是什么?

（1）采用了输出电信号的称重传感器和位置传感器，信号可以远距离传送；测量信号为电信号便于进行数据处理；在输出累计流量值的同时可以输出瞬时流量信号，以便与调节器配合组成定量给料调节系统，实现生产过程自动化。

（2）承载器的传力机构大大简化，机械部分维护量大大减少。

（3）称重部分、测量位移部分的精确度较高，从而使整机的测量精度在大多数情况下优于机械式皮带秤、核子秤和其他各类连续累计自动衡器。

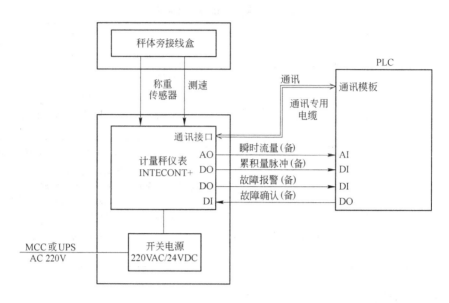

图 5-17　皮带秤的组成

（4）电子皮带秤设置在现场的部分只有承载器、称重传感器、位移传感器。承载器多为结构件，不易损坏；称重传感器可以制成密封型、防水型或充氮保护型；位移传感器除了可以选择密封方式外，在安装方式和安装位置选择方面比较灵活而累计器可以远离生产现场安装。所以电子皮带秤可以在恶劣的环境条件下长期工作。

（5）核子秤需要放射源，存在放射源衰减的问题和安全防护的问题，而电子皮带秤不存在这些问题。

（6）电子皮带秤精度较高。

429. 电子皮带秤的安装需注意哪些事项？

电子皮带秤的安装需要注意：

（1）将皮带秤安装于皮带输送机的直线段（水平或上升）。

（2）皮带输送机的倾角应使物料不能与皮带产生相对滑动。

（3）应使皮带秤尽量远离下料斗，以保证物料相对稳定且没有相对移动。

（4）注意皮带秤与皮带输送机带轮之间的最小距离。

（5）精度受皮带槽面的影响。

（6）要保证整称重影响段范围内的皮带紧压。

（7）一定要准确调整称重托辊和相邻的对称重有影响的托辊，因为相邻的托辊对称重也有影响。

（8）称重影响范围内的输送机架必须牢固，地基安全可靠。

（9）采用适当的皮带张紧方式

（10）还应采取预防风力、湿度和温度变化对皮带秤可能产生的影响。

430. 影响现场电子皮带秤的测量误差的主要因素有哪些？

（1）皮带张紧度。要保证皮带秤的精度，首先要保证皮带的张紧度不变，需要增加拉紧装置，来保证皮带的张力。

（2）皮带刚性或硬度。

皮带的刚性或硬度也对传感器的测量产生一定的影响。

（3）皮带负荷的大小。负荷较小、较大时将产生一定的误差。

（4）皮带速度。皮带在运行过程中,速度是时刻变化的,这也对瞬时的测量产生一定的影响。

（5）托辊间距。间距过大则造成测量偏大。

（6）皮带机不对直。皮带机不对直会导致传感器的测量产生一定的误差。

431. 电子皮带秤的常见故障有哪些，如何查找、判断、处理？

根据二次仪表的提示，进行相应的故障处理，见表5-2。

表 5-2　常见故障及处理

故障代码 -EVENT No.	英语说明 -English	对应参数 -Parameter	事件级别 -EVENT CLASS	中文说明 -Chinese	故障处理
＊S01＊	MEMORY ERROR	O02	A	内存出错	更换内存
＊S03＊	Maint Scale Run	K04	W2	机械检修提醒	检查机械部分
＊S04＊	Maintenance Int. Elec.	K02	W2	电气检修提醒	检查电气线路及元件
＊S07＊	Simulation Active	O10	W1	模拟激活	激活仪表
＊S09＊	Data Link Host	L03	W1	通讯故障	检查通讯线路
＋E01＋	Power Faillure	O01	W1	电源掉过电	检查电源
＋E02＋	Namur-Error Tacho	O04	A	测速接近开关 输入信号故障	检查测速传感器
＋C01＋	LC Input	O06	A	传感器输入信号	检查信号线
＋C02＋	Tacho Input	O03	A	测速开关信号故障	检查测速传感器
＊H01＊	1 > Max	F04	W2	流量大于最大值	超量程（设定），更换传感器
＋H02＋	Load > Max	F08	W1	传感器负荷大于最大值	超传感器量程，更换传感器
＊H03＊	V > Max	F12	W2	速度大于最大值	皮带速度大（实际值大于设定值）
＊H04＊	LC Input > Max	O08	W1	传感器输入大于最大值	修改量程
＊L01＊	1 < Min	F02	W2	流量小于最小值	修改量程
＊L02＊	Load < Min	F06	W2	传感器负荷小于最小值	超出仪表传感器测量范围
＊L03＊	V < Min	F10	W2	速度小于最小值	皮带速度过小
＊L04＊	LC Input < Min	O09	W2	传感器输入小于最小值	超出传感器测量范围

432. 电子皮带秤的日常维护要点有哪些？

电子皮带秤的日常维护重点部位应该包括承载器、称重传感器、位移传感器、累计器和安装皮带秤的输送机。

（1）承载器的日常维护。

1）检查并清除承载器参与称重的动态平台、动态梁、动态杠杆上的积灰。

2）检查螺丝是否松动，称重托辊及其相邻的2~3组托辊上是否有粘结物、转动不灵、跳动或不与皮带接触的现象。

3）称重托辊及其相邻的 2～3 组托辊在有负荷和无负荷的情况下是否与皮带接触良好。

（2）称重传感器的日常维护。

1）检查传力机构是否有错位，传力弹簧片是否平直。

2）检查接线是否有损坏。

3）检查位置是否变化。

（3）位移传感器的日常维护。

1）滚轮定期清扫。

2）轴承支座定期加油。

3）检查轴套处顶丝，以防松动或脱落。

4）检查滚轮转动轴向与皮带中线垂直。

5）检查接线有无损坏。

（4）累计器的日常维护。

1）检查是否有报警或故障提示，若有则按照提示进行处理。

2）检查累计器接线是否松动。

（5）输送机的日常维护。

1）检查皮带是否跑偏。

2）检查物料是否偏在皮带一边。

433. 电子皮带秤故障紧急处理方法有哪些？

（1）皮带速度传感器损坏。皮带秤速度传感器损坏，皮带秤将停止计量，这时可以将皮带秤二次表内的皮带速度改为固定速度，恢复皮带秤的计量。

（2）皮带称重传感器损坏。在皮带秤称重传感器损坏时，可以紧急将"排出 TEST ON"投入，计量皮带秤设定为固定的排焦重量，见图 5-18。当"排出 TEST ON"投入时，料位演算程序将按照设定的排焦重量进行等差递减。

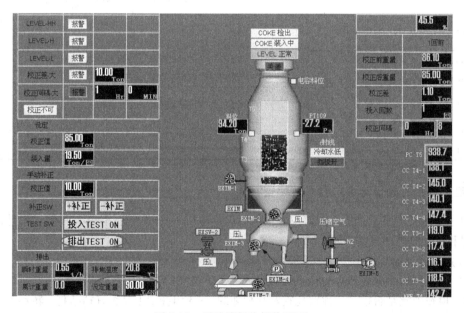

图 5-18　干熄槽料位操作画面

434. 调节阀故障如何判断处理？

现场调节阀发生故障，基本的判断思路为：

（1）无法投入自动：在上位手动操作，看是否动作。若动作则可能为工艺生产发生变化或者是被控量发生故障（如压力变送器故障）。

（2）检测信号是否正确：用万用表测量毫安信号。若正确则检测现场设备，若不正确则检查模块通道、接线、安全栅等是否正常。

（3）检查阀门定位器输入输出是否正常。

（4）检查调节阀气源管、阀杆等部位是否正常。

435. 开工初期调节阀经常出现哪些故障？

开工初期调节阀经常出现的问题是卡堵，常发生于生产新投运和大修后投运初期。由于管道中焊渣、铁锈、渣子等在节流口、导向部位、下阀盖平衡孔内造成堵塞，使被测介质流通不畅，或添料装填过实，致使摩擦力增大，造成信号小时动作不了，信号大时动作又过了头的现象。

436. 调节阀泄漏的原因主要有哪些？

（1）阀杆长短不合适泄漏。气开阀，如果阀杆太长，阀杆向上（向下）移动距离不够，造成阀芯和阀座之间有间隙而不能充分接触，导致调节阀关不严而内漏。

气关阀，如果阀杆太短，阀芯和阀座之间有间隙而不能充分接触，导致调节阀关不严而内漏。

（2）填料泄漏。填料装入填料函以后，经压盖对其施加轴向压力，使其产生径向力并与阀杆紧密接触。但由于填料的塑性，这种接触并不是非常均匀，有些部位接触得松，还有些部位没接上。调节阀在使用过程中，阀杆同料之间存在着相对运动，这个运动叫轴向运动。在使用程中，随着高温、高压和渗透性强的流体介质的影响，调节阀填料也是发生泄漏现象较多的部位。造成填料泄漏的主要原因是介面泄漏，对于生产所用炭黑的原料油（乙稀焦油）/燃料油（重油）影响填料导致出现渗漏（压力介质沿着填料纤维之间的微小缝隙向外泄漏。阀杆与填料之间的界面泄漏是由于填料接触压力的逐渐减弱，填料自身老化，这时压力就会沿着填料与阀杆之间的接触间隙向外泄漏。

（3）阀芯、阀座变形泄漏。阀芯、阀座的泄漏主要是由于调节阀生产过程中的铸造或锻造缺陷所造成的。如细小的砂眼、局部擦伤等这些缺陷可导致炭黑中化学成分腐蚀的加强。腐蚀主要以浸蚀或气蚀的形式存在。浸蚀或气蚀是由于流体介质在阀体内的流动所引起的。当强酸、强碱等腐蚀性介质在通过调节阀时，便会产生对阀芯、阀座材料的浸蚀和冲击，使阀芯、阀座成椭圆或其他形状，随着时间的推移，导致阀芯和阀座不配套，阀芯和阀座之间存在间隙，关不严发生泄漏。

437. 干熄焦调节阀常见故障有哪些，如何处理？

调节阀在自动情况下全部关闭或不动作。其可能的原因有：

（1）被控检测点故障（温度、压力、液位等检测点故障）或者气源管堵塞。

（2）阀门定位器故障。

（3）电磁阀故障。

（4）气源压力低或含水量大。

处理措施有：

（1）调节阀在自动情况下关闭，首先用远程手动，若动作，说明该调节阀没有问题，需要查看被控工艺参数检测设备压力变送器、检查生产工艺；若不动作，说明调节阀存在故障。

（2）确认联系生产后，首先要保证生产的需要。然后按照顺序依次检查气源的情况，看气源是否关闭，气路是否堵塞，是否有水；再次检查电磁阀是否有电；检查阀门定位器是否正常。

438. 阀门定位器故障分析基本思路是什么？

随着现场智能阀门定位的广泛应用，现场阀门定位器的故障率相对较低。在处理现场阀门定位器故障时，相对来说更多地借助于现场智能阀门定位的显示报警信息或者通过 375 手操器来进行在线的检查。一般来说基本思路为：

（1）检查现场气源的压力。

（2）检查智能阀门定位器的报警显示。

（3）检查现场的输入输出信号。

（4）检查智能阀门定位器的设置（按键进入设置或者通过 375 手操器）。

439. 西门子智能阀门定位器常见故障有哪些，如何处理？

西门子智能阀门定位器常见故障如表 5-3 所示。

表 5-3　西门子智能阀门定位器常见故障

故障描述	原　因	正　确　做　法
SIPART PS2 停在 RUN1	初始化从最终停时开始，最大反应时间 1min，无等待；网络压力没连上或太低	（1）最多 1min，需要等待时间，不要从最终停时开始初始化； （2）确认网络压力
SIPART PS2 停在 RUN2	传送速率选择器和参数 2（YA-GL）与真实冲程不相符；杆上冲程设定不正确；压电阀没有切换	（1）检查设置参数 2 和 3； （2）检查杆的冲程设置
SIPART PS2 停在 RUN3	执行机构定位时间太长	（1）完全打开限流器和/或调整压力 PZ（1）到允许最高值； （2）使用升压器
SIPART PS2 停在 RUN5，没达到 FINISH（等待时间大于 5min）	定位器、执行机构、配件装配的操作不正确	（1）直行程执行机构:检查耦合轮双头螺栓安装； （2）角行程执行机构：检查杆在定位器轴上的安装； （3）校正执行器与配件间的其他安装
执行器不能移动	压缩空气压力小于 0.14MPa	调整进口压缩空气压力大于 0.14MPa
压电阀不能切换（虽然在用手动方式按"＋"、"－"键时可听到柔软的"咔嗒"声）	（1）限制器向下关闭（螺钉在右端停止）； （2）阀支管脏	（1）打开限制器螺钉转向左端； （2）用带过滤器的新装置
一个压电阀经常在固定的自动方式（固定设定点）和手动方式	（1）定位器、执行机构气路系统泄漏，在 RUN3 开始检验（初始化）； （2）阀支管脏	（1）整修执行机构和气源管漏点，如果执行机构和气源管未受损更换新装置； （2）用带过滤器的新装置

续表 5-3

故障描述	原　因	正　确　做　法
两个压电阀经常交替切换在固定的自动方式（固定设定点），执行机构绕中心点摆动	（1）配件填料盒上的静态摩擦力太大或执行机构太高； （2）执行机构、定位器、配件的操作 （3）执行机构动作太快	（1）减小静态摩擦力或 SIPART PS2 的死区（参数 dEbA），直到摆动停止； （2）对直行程执行器检查耦合轮柱，对螺钉的安装角行程执行器检查杆在定位器轴上的安装，校正执行器与配件间其他安装； （3）通过限制器螺钉增加定位器时间，如需要快的定位器时间，则增加死区（参数 dEbA）直到摆动停止
SIPART PS2 不能驱动阀升到终端位置（20mA时）	（1）供压太低； （2）调节器负载太低或系统输出太低； （3）需要可提供的负载	（1）增加供压； （2）介质负载改变； （3）选择 3/4 线制操作
零点偶然漂移（＞3%）	通过碰撞和冲击产生很高的加速度，摩擦夹紧单元位移	（1）定位器重新初始化； （2）安装加固的摩擦夹紧单元
装置功能全部断掉:无显示	（1）不合适的电源供应； （2）经过振动有非常高的连续的压力时，会发生电气端子螺钉脱落、电气端子或电气模块被震脱落等现象	（1）检查供电； （2）用密封胶上紧螺钉； （3）防护：SIPART PS2 安装在橡胶材料上

440. Fisher 智能阀门定位器常见故障有哪些，如何处理？

Fisher 智能阀门定位器常见故障如表 5-4 所示。

表 5-4　Fisher 智能阀门定位器常见故障

故障描述	原　因	处　理　方　法
模拟量输入数值与实际输入数值不一致	控制方式不是模拟量输入	用 Hart 通讯器检查控制模式
	控制电压低	检查电压
	仪表自测失效	检查仪表情况
	传感器没有校验	校准传感器
	现场漏电	检查处理漏电部位
仪表不能正常通讯	可供电压不够	计算可供电压，可供电压应该大于 DC11V
	控制器输出阻抗太低	安装 Hart 滤波器
	电缆电容太高	查看最大电缆电容量极限
	Hart 滤波器未调整好	调整滤波器
	现场接线不合格	检查接线的极性和连接是否完备，确保电缆屏蔽层仅在控制系统一侧接地
	控制器输出小于 4mA	检查控制系统的最小输出设置
	PWB DIP 开关设置错误	重新设置
	PWB 故障	跨 LOOP ＋ － 端子电压应当是 DC 10 ~ 10.5V，若小于该值则需要更换 PWB
	通讯地址不对	设置通讯地址，巡询地址应该为 0
	从端子盒引出的电缆有缺陷	检查电缆的连接

续表 5-4

故障描述	原　因	处 理 方 法
仪表无法校验，动作缓慢或震荡	行程传感器不能自由返回	更换电位器、轴套等组件
	行程传感器断开	检查电位器上裂开的焊缝处的引线或有无短线，更换电位器、轴套等组件
	行程传感器失调	调整行程传感器
	行程传感器开路	检查阀行程（量程）的电器连续性，若有必要则更换电位器、轴套等组件
	电缆未正确插入 PWB	检查并纠正
	反馈臂和电位器连接松动	调整行程传感器
	反馈臂弯曲、损坏或加紧弹簧损坏	更换反馈臂或加紧弹簧
	组态错误	检查组态，重点是： （1）Talvel sensor； （2）Moniton； （3）Tuning set； （4）Zero control signal； （5）Feedback； （6）Connection； （7）Contol mode； （8）Restart control mode
	I/P 转换器气路受到限制	检查模块转换器供气口的滤网是否堵塞；I/P 转换器里面的通道受到限制，应该更换 I/P 转换器
	I/P 转换器组件间 O 形圈丢失或硬化失去密封作用	更换 O 形圈
	I/P 转换器组件损坏	更换 I/P 转换器组件
	模块基座密封有缺陷	更换密封件
	气动放大器有缺陷	在保护架里的调整位置处压下放大器梁，观察放大器输出压力是否增加，拆下放大器，检查放大器密封。若 I/P 转换器组件完好但气路未被阻断，应更换放大器密封或放大器

441. 现场自动化控制系统故障如何判断处理？

控制系统发生故障的几率较小，常见的主要有 CPU 模块故障、I/O 模块故障、通讯故障。

（1）CPU 模块状态指示灯红色报警，可以初步判断为该模块故障，若复位后仍为红色，则需要更换模块，下载程序。

（2）I/O 模块状态指示灯红色报警，可以判断为该模块故障；若绿色闪烁，则可以判断为通讯故障，需要对网络进行检查；

（3）通讯故障主要有三类：通讯模块故障、DP 接头或 T 接头故障、终端电阻故障。若通讯模块故障则该模块指示灯绿色闪烁，红色报警，通讯指示灯灭；若接线故障则可能导致模块指示灯不正常，可以打开接头处检测；可以用万用表检测终端电阻的阻值来判断其好坏（终端电阻一般为 50Ω）。

442. AB 自动化控制系统主要由哪几种模拟量模块组成，维护要点有哪些?

　　AB 自动控制系统中主要由模拟量输入模块(1756-IF6I、1756-6CIS/A、1756-IF16)、模拟量输出模块(1756-OF8)、热电阻输入模块(1756-IR6)、热电偶输入模块(1756-IT6、1756-IT6I2)等 4 类模拟量输入模块组成。

　　控制系统维护要点有：

　　(1) 观察主、从 CPU 机架各模块指示灯。

　　1) 冗余系统主 CPU 机架各模块指示灯如图 5-19、图 5-20 所示。

图 5-19　主 CPU 模块指示灯

图 5-20　从 CPU 模块指示灯

　　2) AB 控制系统主、从 CPU 机架模块指示灯对比如表 5-5 所示。

表5-5　冗余机架指示灯对比表

模块名称	模块指示灯	主模块	从模块
CPU	RUN	常绿	不亮
	I/O	常绿	不亮
	FORCE	橙色	橙色
	OK	常绿	常绿
	BAT	常绿	常绿
	RS232	不亮	不亮
REDUNDANCY MODLE	PRI	常绿	不亮
	COM	常绿	常绿
	OK	常绿	常绿
	屏幕显示	PRIM	SYNC
ENBT	LINK	绿闪	常绿
	NET	常绿	绿闪
	OK	常绿	常绿
	显示	192.168.1.31	192.168.1.32

（2）检查各机架模块状态指示灯。

ControlNet通讯模块上的"A"、"B"指示灯对应各自通道的通讯状态，绿色表示通讯正常，红色表示通讯中断；"OK"指示灯熄灭表示未接通电源，红色表示该通讯模块出现故障，绿色表示通讯正常，绿色闪烁则表示该通讯模块出现故障或者网络需要重新规划。

I/O模块上的"OK"指示灯熄灭表示该模块未被识别或已损坏，绿色表示模块处于正常工作中，绿色闪烁说明该模块没有被识别，红色表示该模块出现故障。

（3）检查网络交换机的状态指示灯。查看各状态灯是否正常：正常时，交换机电口为绿色闪烁，光口为橘黄色闪烁。

（4）定期进行清灰、紧固端子。

443. ABB自动化控制系统主要由哪几种模拟量模块组成，维护要点有哪些？

ABB自动化控制系统主要有模拟量输入模块（AI810）、模拟量输出模块（AO810）、热电阻输入模块（AI830）、热电偶输入模块（AI835）等4大类模拟量模块。现场控制系统模块如图5-21所示。

系统维护要点有：

（1）查看电源模件指示灯。电源模件为AC800F上的CPU板及插槽中的模件供电，此模件必须放在左手的第一个插槽中（slotP），否则会引起模件损坏。电源模件前面板上的LED灯用于指示AC800F CPU板及其他模件的工作状态，前面板上的操作开关控制AC800F的工作模式。

（2）查看各机架上的模块指示灯。检查各个指示灯是否正常，尤其是CI830通讯模块状态指示灯。ABB控制系统主、从CPU机架模块指示灯对比如表5-6所示。

图 5-21 现场控制系统模块

（3）查看各模块的 DC24V 供电开关是否正常。因为 I/O 模块需要供 DC24V 电源，这样需要定期查看其供电的开关是否正常。

表 5-6 ABB 控制系统主、从 CPU 机架模块指示灯对比

指示灯	状 态	正常状态	指示灯	状 态	正常状态
Power（电源）	green（绿）	On（常绿）	Prim/Sec（主/从）	red（红） orange（橙） green（绿）	Off（不亮）
Failure（故障）	red（红） orange（橙） green（绿）	Off（不亮）	Toggle（触发）	开关	
RUN/Stop （运行/停止）	red（红） orange（橙） green（绿）	On（常绿）	Reset（复位）	开关	
			RUN/Stop（运行/停止）	开关	开

444. AB 自动化控制系统中 CNBR 通讯模块配置注意事项有哪些？

（1）因为三电一体化控制后，控制系统相对较大，为了避免出现通讯问题，最好将通讯模块的版本刷新到同一个版本，如图 5-22 所示。

（2）设置合适的连接时间，如图 5-23 所示。

445. AB 自动化控制系统常见故障有哪些，如何处理？

（1）通讯模块故障。通讯模块指示灯红色故障后，若将模块重新刷新后仍然为红色，则需要更换该模块。

（2）单个模块故障。单个模块指示灯红色故障后，若将模块重新刷新后仍然为红色，则

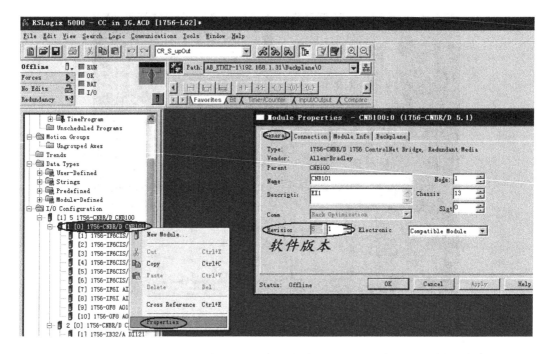

图 5-22　版本显示画面

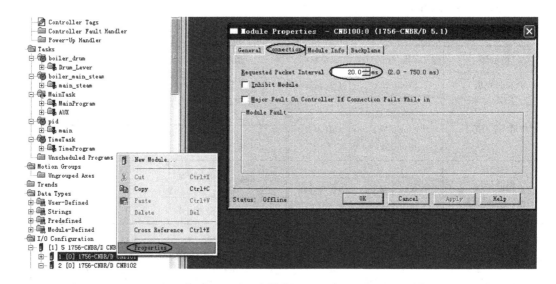

图 5-23　连接时间显示画面

需要更换该模块。

（3）模块单个通道故障。将该通道接线改为备用的通道，并对程序进行重新下载。

（4）CPU 故障。在 CPU 故障时，其模块状态指示灯红色闪烁，若可以上线，则为软故障，其处理方法为，上线后打开 CPU 属性，对主要故障进行清除，如图 5-24 所示；若无法上线，则为该模块硬故障，需要更换 CPU 模块，重新进行刷新固件，并下载程序。

（5）电源模块故障。电源模块状态指示灯红色报警，则需要更换该电源模块。

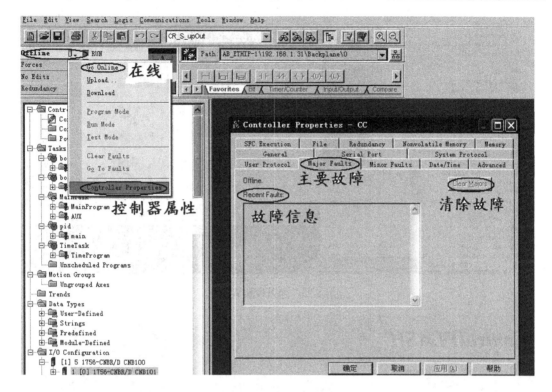

图 5-24　故障显示画面

446. ABB 自动化控制系统常见故障有哪些，如何处理？

ABB 控制系统常见的故障主要有：

（1）通讯模块故障。通讯模块指示灯"P"红色、"Rx"或"Tx"指示灯灭时，说明该模块故障，则需要更换该模块或 DP 接头。

（2）单个模块故障。单个模块指示灯红色，则需要更换该模块。

（3）模块单个通道故障。将该通道接线改为备用的通道，并对在线下载部分修改。

（4）电源模块故障。当电源模块"POWER"指示灯红色闪烁时，说明该模块故障，需要进行更换。

447. AB 自动化控制系统通讯故障如何判断处理？

控制系统通讯故障多数为 CNBR 通讯模块故障，当现场通讯模块状态指示灯为红色闪烁时，可以初步判断为该模块故障，但需要进一步判断是可修复故障还是硬件故障。具体步骤是打开程序，在线后打开该通讯模块的属性进行判断，如图 5-25 所示。

初步对模块进行刷新和复位，若状态指示灯仍然为红色闪烁，需要利用 ControlFLASH 软件进一步判断：

（1）准备工作：通过 RSLinx 建立起计算机到模块的串口通讯。将处理器置于"Program（编程）"模式。

（2）运行 ControlFLASH 软件，在主画面上选择"Next"，在弹出窗口中选择相应模块的型号，如图 5-26 所示。

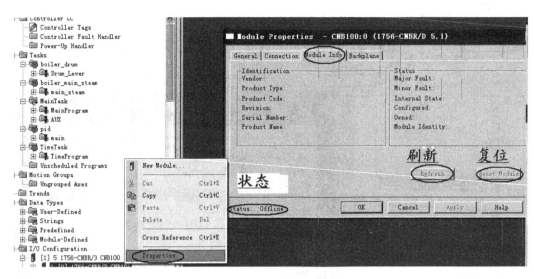

图 5-25　通讯模块属性

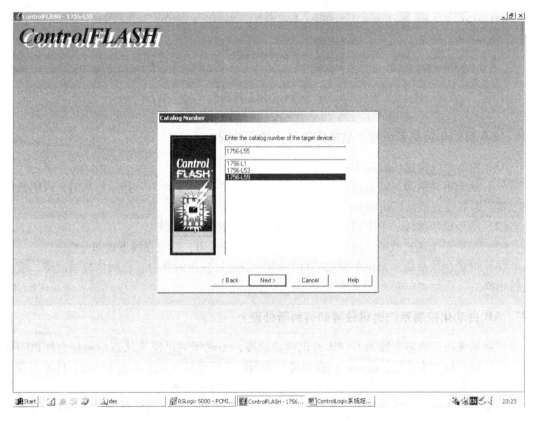

图 5-26　刷新步骤 1

（3）按产品目录号选择相应模块后，点击"Next"弹出"Super Who"控制网络浏览窗口。在该窗口中应按网络路径延伸并选择要刷新的模块，如图 5-27 所示。

（4）点击"Next"弹出"Firmware Revision"选择窗口。请选择相应版本号并点击"OK"。

（5）如果有关刷新文件不在缺省安装目录中，将弹出"文件目录浏览窗口"以便用户选

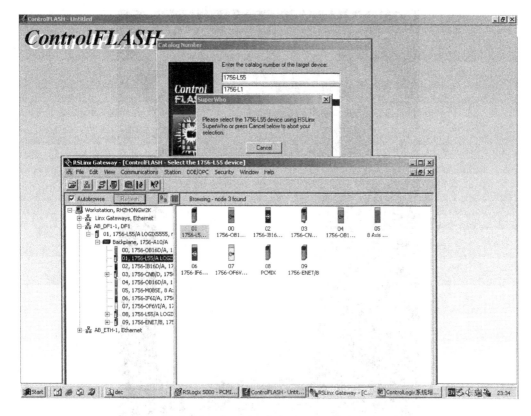

图 5-27 刷新步骤 2

择文件所在目录，点击"OK"。

（6）点击"Next"弹出"Summary"窗口。点击"Finish"就会开始模块刷新处理。

需要注意的是：在整个模块刷新过程中，不允许掉电或者通讯中断。

448. ABB 自动化控制系统通讯故障如何判断处理？

控制系统通讯故障多数为 CI830 通讯模块故障，CI830 通讯模块如图 5-28 所示。

多个子站或单个子站与 CPU 通讯中断，现场控制系统模块 CI830 报故障或者 Rx、Tx 灯灭，造成上位监控计算机无法监控，部分调节阀全开或全关，泵停止运行，影响安全生产。此时，可以在计算机监控画面信息列表中准确查看该故障信息。信息为"模件故障：从设备不存在"以及"单元诊测故障"如图 5-29 所示。

故障的处理方法有：

（1）1 个子站通讯中断。现场控制系统 CI830 模块报故障或者 Rx、Tx 灯灭。如果是 CI830 模块报故障，则更换该模块即可；若 Rx、Tx 灯灭，则更换该子站及上一个子站的 DP 接头。

（2）多个子站与 CPU 通讯中断。以图 5-28 所示故障为例，该系统为冗余的控制系统，由 6 个子站共同组成，采用 profibus 总线通讯方式。该故障信息表显示 3～6 号子站全部有故障。在故障发生时，从 CBF 软件中在线查看该故障与上位计算机显示一致。

根据故障现象判断，初步断定为通讯故障，问题可能为 2 或 3 号子站 DP 接头或者是通讯模块 CI830 有故障，从而造成后续的子站通讯中断。经过检查发现 2 号子站的 DP 接头接线处颜色发黑，并且有断裂现象。重新剥线，更换 DP 接头后，送电后通讯正常。

图 5-28　通讯模块

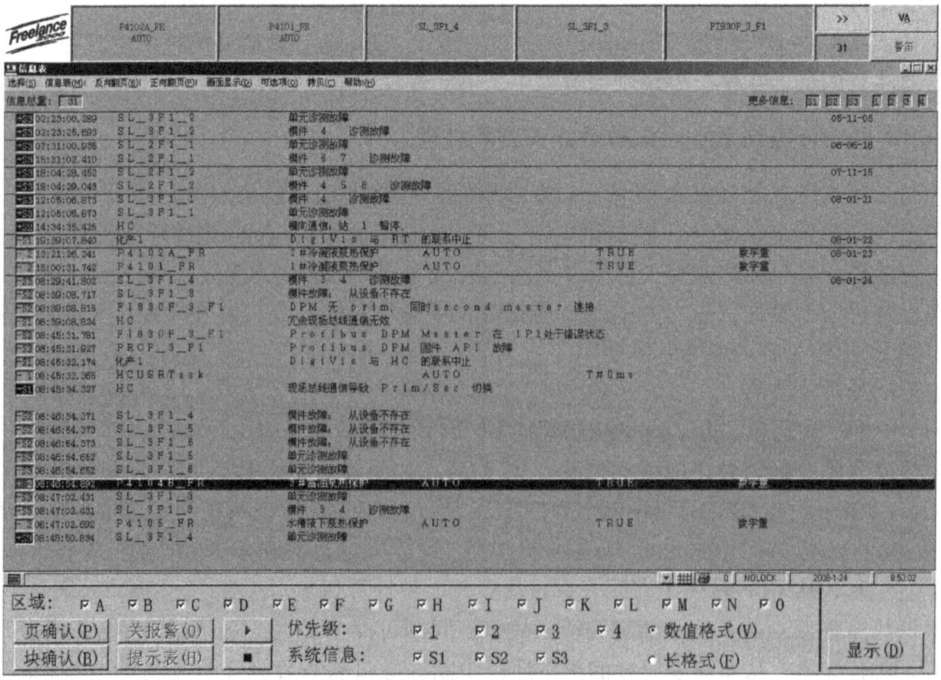

图 5-29　计算机监控画面信息列表

449. 干熄焦控制系统联锁、报警主要有哪些？

干熄焦控制系统联锁关系如图 5-30 所示，报警指示如图 5-31 所示。

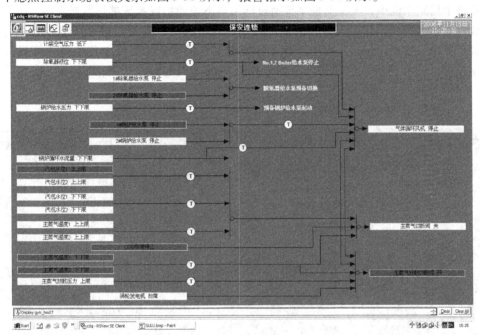

图 5-30　干熄焦主要联锁关系

图 5-31　报警指示

450. 如何判断与处理工业控制网网络故障?

在整个控制系统中,上位监控系统通过网络与下位的控制系统进行数据交换。操作人员通过监控画面的监控操作实现远程的生产控制。现场的检测数据也通过网络时时在上位监控计算机显示。在生产运行过程中,有可能出现网络的中断,导致上位监控计算机无法正常显示控制,容易引起生产事故。下面介绍故障的判断与处理方法(以 150t 控制系统为例):

(1)鼠标单击"Start",如图 5-32 所示。

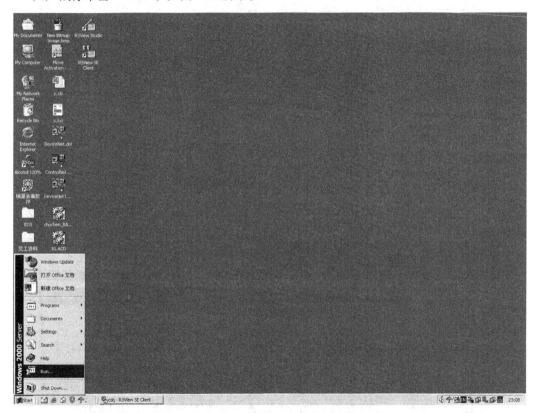

图 5-32　网络故障判断步骤 1

(2)单击"Run",并输入"ping 192.168.1.31 -t",回车,如图 5-33 所示。

(3)若出现图 5-34 所示界面,则说明网络及控制系统运行正常。在这种情况下,计算机监控画面还无法正常显示现场数据,则是由于该计算机更新速度较慢,可以稍等或结束无关的任务,重新启动计算机。

(4)若画面显示"Request time out",则说明网络不通,可能存在以下两种情况:

1)若现场控制系统运行正常,则只是网络故障,可以查看控制系统与上位监控计算机之间的网络设备运行情况,如查看网络交换机指示灯、计算机网卡指示灯、光纤等。在实际网络故障中,多数为网络交换机或光纤收发器故障。网络交换机表现为通讯指示灯不亮或者电源故障,光纤故障一般为跳线与耦合器接触不良。

2)若现场控制系统停止,则查看并排除下位控制故障,如现场停电或 CPU 故障。

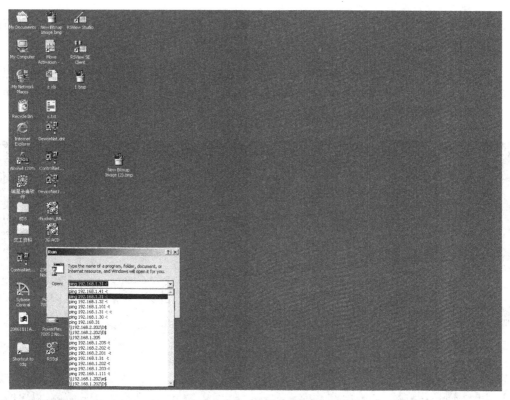

图 5-33　网络故障判断步骤 2

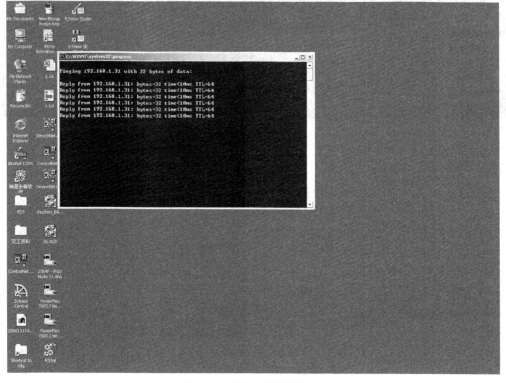

图 5-34　网络故障判断步骤 3

451. UPS 电源的作用是什么，指示灯分别代表什么意思，接线端子有哪些，如何有效进行在线监控？

　　UPS 即不间断电源，是一种含储能装置，以逆变器为主要元件，稳压稳频输出的电源保护设备。它有效解决电力系统的断电、高低电压、突波、杂讯等现象，在保护计算机数据、防止停电和抑制电网污染等方面起着十分重要的作用。UPS 外观如图 5-35 所示。

图 5-35　UPS 外观

　　（1）指示灯含义：

LINE	输入电源指示灯
B/P	旁路运行指示灯
INV	逆变器运行指示灯
BATT	电池供电指示灯
OVERLOAD	UPS 过载指示灯
FAULT	UPS 故障指示灯

　　（2）接线端子及开关指示：

S1 INPUT	市电输入端子
S2 BATTERY	电池输入端子
S3 OUTPUT	负载端子
O1 INPUT	主输入开关

Q2 BATTERY　　　　　　　　电池开关

O4 OUTPUT　　　　　　　　输出开关

O5 MANUAL BYPASS　　　　维修旁路开关

（3）若要求配带状态输出开关量点，需要单独要求，若单独改造，则需要增加专门的转换模块。在 UPS 内部增加一转换板，将旁路、电池故障等信号转换引出，接到控制系统的数字量模块，同时在程序内部修改增加报警显示，原理如图 5-36 所示。

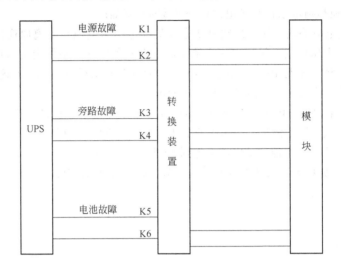

图 5-36　UPS 电源原理图

452. UPS 电源使用注意事项及日常维护要点有哪些?

UPS 电源在使用时必须严格遵守操作规程，要坚持定期巡查制度，以便及时发现主机告警和电池组的异常情况，并经常用柔软的抹布擦拭电池，以保持电池表面清洁卫生，防止灰尘通过电池的缝隙进入电池的电解液中污染电液，使电池的性能降低。具体来说，应注意以下问题：

（1）工作环境。UPS 电源对温度、湿度、防尘等工作环境都有一些严格的要求。UPS 电源设备应放置于干燥、通风、清洁的环境中，避免阳光直射在设备上。环境温度最好保持在 18～25℃ 之间，蓄电池对环境温度的要求最高，恒温 25℃ 最佳。环境湿度一般允许在 30%～80% 的相对湿度。

（2）正确的开、关机顺序。开、关机时，要避免因突然加、减载而使 UPS 电源的输出电压出现大的波动。

1）开机顺序：先送市电给 UPS，使其处于旁路工作；按照负载冲击电流由大到小的顺序，逐个打开负载；UPS 面板开机，使其处于逆变工作状态。

2）关机顺序：先逐个关闭负载，再将 UPS 面板关机，使 UPS 处于旁路工作而充电器继续对电池组充电，如果不需要 UPS 输出，将 UPS 完全关闭，最后将输入市电断开。

（3）严禁频繁关闭和开启 UPS。一般情况下，UPS 电源关闭后，至少等待 6s 后才能重启。否则，UPS 电源可能进入既无市电输出又无逆变输出的启动失败状态。

（4）禁止超负载使用。UPS 电源如果超载使用，逆变三极管容易被击穿。实践证明，UPS 电源最大启动负载应控制在 80% 以内，而 30%～60% 的额定输出功率范围最佳。

（5）长时间不用 UPS 时，注意蓄电池的维护。如果不使用 UPS 的时间超过 3 个月，第一次使用时要按照相应型号 UPS 开机的正确程序打开 UPS 不间断电源，给蓄电池充电 24 小时以上，保证电池充满电，以延长电池使用寿命。

（6）定期对 UPS 进行维护。应定期对 UPS 电源进行维护，如清除机内积尘，测量蓄电池组电压，更换不合格电池，检查风扇运转情况及检测调节 UPS 系统参数等。

（7）测试 UPS 蓄电池。测试 UPS 电池的目的是确定该电池是否满足 UPS 电源的使用要求。这在更换 UPS 电池和判定原有 UPS 电池是否失效时是必需的。

1）离线测量电池的端电压。离线测量电池的端电压指电池在脱离原连接线路的情况下，使用万用表的 DC 电压挡或直接用电压表测量电池两端的电压。被测电池端电压应约为 12V，最低不能低于 10.5V，不足 10.5V 的电池即为欠压或可能已失效的电池。若这种电池在经过充电或激活充电后端电压仍达不到 12V，即为失效电池。

2）在线测量电池的端电压。在线测量电池的端电压指在 UPS 电源工作的情况下，使用万用表的 DC 电压挡或电压表测量电池两端的电压。市电供电状态的 UPS，由于电池处于充电状态，端电压大于 12V。当电池的端电压下降到 10.5V 时，正常的 UPS 电源会启动机内的电池欠压自动保护电路，使 UPS 进入既无市电供电又无逆变供电的保护状态。

6 干熄焦安全环保

453. 在安全方面，干熄焦系统具有什么样的特点？

干熄焦系统具有高温、高压、高空、有毒、有害、噪声、粉尘、易燃易爆、高空坠落等特点。

454. 针对干熄焦的安全方面的特点应配置哪些主要安全设施？

针对干熄焦的安全方面的特点应配置：便携式 CO 报警器、便携式 O_2 报警器、固定式 CO 报警器、循环气体在线分析仪、空气（O_2）呼吸器、干粉式灭火剂、CO_2 灭火剂、应急照明、声光报警器、消火栓等安全设施。

455. 干熄焦主要有哪些安全方面的危害？

干熄焦在安全方面的危害主要有：起重伤害、可燃气体爆炸、机械伤害、中毒窒息、灼烫、粉尘爆炸。

456. 干熄焦作业哪些有煤气中毒的危险？

（1）在运行的循环气体系统管道上进行焊接作业。

（2）在正压段循环气体管道巡检未携带 CO 报警器。

（3）检修干熄炉内部、锅炉内部、旋风除尘器、集尘灰斗、预存室和循环风机后的放散管。

（4）处理旋转密封阀故障。

（5）检修循环风机内部。

（6）检修从熄焦室到运焦皮带的溜槽。

（7）更换炉盖和水封槽。

（8）更换环境除尘器布袋。

457. 干熄焦造成起重伤害的主要原因有哪些？

（1）干熄焦起重设备主要有焦罐提升机、焦粉斗式提升机、发电站汽机间的检修用天车等。提升机吊具、安全防护装置、钢丝绳等出现故障，起重量超载，吊钩断裂，制动装置失灵，限位限量及连锁装置失灵，行程开关未接线或失灵，无缓冲器，起吊作业时提升机下方违章站人，提升机横移过程中人员上下提升机，钢丝绳老化未及时更换，均有可能造成起重伤害。焦罐提升机起吊温度高达1000℃左右的灼热红焦炭，因此钢丝绳、吊钩等吊具应适应高温环境。钢丝绳绳芯应使用石棉芯钢丝绳，若使用麻绳芯钢丝绳会出现钢丝绳断裂等事故。另外，钢丝绳因承重会出现不同程度的伸长，若焦罐钢丝绳伸长量差值超过一定值时，在吊装过程焦罐会发生倾斜，造成起重事故。

（2）焦罐提升机为自动运行，现场无人操作，每一动作都由计算机控制，如果现场的各类传感器、各限位器失灵，提升机与装入装置交接点的极限的累加误差超过允许范围，未设置负荷传感器及数据处理仪表，无过载报警装置，均有造成事故的可能。当风速达到 20m/s 时，若提升机继续装焦操作，提升过程中焦罐大幅摇摆会导致事故发生。另外，提升过程中由于过载导致焦罐底部闸板断裂或控制失误造成焦罐底部闸板打开，红焦落下时也会引起起重伤害。

（3）违规使用现场各类起重设备。

458. 干熄焦造成爆炸的主要原因有哪些？

（1）循环气体爆炸。干熄焦循环气体中含有少量的 H_2、CO、CH_4 等成分，这类混合气体在一定条件下会发生爆炸。H_2 的爆炸极限为 4.1% ~ 74.2%，CO 的爆炸极限为 12.5% ~ 75.6%，CH_4 的爆炸极限为 5.3% ~ 15%，均为易爆气体。循环气体中的易爆气体增多，当浓度达到爆炸极限，一旦遇到灼热的红焦炭或违章动火作业、易爆气体泄漏区域有明火等情况，就会发生爆炸事故。循环气体中的易燃气体增多的主要原因有：

1）空气进入循环气体，空气中的 O_2 与焦炭反应生成 CO，CO 浓度增高。空气进入循环气体有以下几个主要原因：

①干熄槽顶部水封高度过低，使空气漏入干熄槽内。

②系统循环系统负压段吸入一定量空气。

③一次除尘与二次除尘器中焦粉料位计失灵或控制不当，焦粉料位达到下限时未停止排灰动作，造成空气从负压排灰口进入循环气体系统。

④干熄焦的焦炭处理量增加，循环气体增大，气体循环系统负压段负压增大，漏入负压段的空气及空气中的水分与焦炭反应生成更多的 H_2 和 CO，使 H_2 和 CO 浓度增高。

⑤干熄焦系统密封性不好，空气进入。

2）水进入干熄焦系统内，水与红焦炭反应生成 H_2，使 H_2 浓度增高。水进入干熄焦系统有以下几个原因：

①水随空气进入循环气体内。

②干熄槽顶部水封漏水。

③锅炉炉管破裂、给水预热器漏水。

④紧急放散阀水封漏水。

⑤干熄炉预存段负压大，水封槽被吸入干熄炉内。

3）红焦炭在干熄槽预存室进一步热解成 H_2 和 CH_4。

4）循环气体中的 CO_2 与炽热焦炭反应生成 CO，使 CO 浓度增高。

5）气体循环系统未设 CO、H_2 等可燃气体浓度在线分析仪，无报警装置，或者在线分析仪失灵，报警装置失效。

6）在循环气体系统负压段未设计防爆口，发生爆炸时不能及时、快速泄压。

（2）粉尘爆炸。干熄焦生产过程中产生的焦粉粉尘具有可燃性，其爆炸浓度为 37 ~ 50 g/m³。当某个通风不畅的区域内如排焦地下室、皮带通廊等或除尘装置、循环气体正压段膨胀节泄漏发生焦粉泄漏时使焦粉浓度达到爆炸极限，并且有空气漏入集尘室或烟道中，或遇到明火、非防爆电气产生的火花等就会发生粉尘爆炸。二次除尘器和布袋除尘器未安装防爆阀或失效，粉尘爆炸时未起到泄爆作用，也会导致爆炸的发生。

459. 干熄焦造成中毒窒息的主要原因有哪些？

干熄焦循环气体中含有 CO、CO_2、CH_4、N_2 等成分，这些气体均为有毒窒息性气体，其中以 CO 危险性最大。根据《工作场所有害因素职业接触限值》（GBZ2—2002），CO 在工作场所时间加权平均容许浓度（PC-TWA）为 20mg/m³，短时间接触容许浓度（PC-STEL）为 30mg/m³。根据《职业性接触毒物危害程度分级》（GB 5044—85），CO 危害程度分级为Ⅱ级，属于高度危害介质。如果循环气体发生大量泄漏或工作人员进入设备内进行检修，吸入有毒窒息性气体，均会造成中毒窒息事故。造成中毒窒息有以下几种原因：

（1）循环气体管道焊缝开裂、连接部位螺栓松动、气体循环系统密封不良、循环气体发生爆炸、循环气体泄漏等，使有毒窒息性气体进入人体。

（2）除尘风机在装焦、排焦、炉顶、预存段压力放散口抽吸粉尘的同时，不可避免地会吸入有毒的循环气体。该气体含氧气很低，主要为氮气，除尘系统进行检修，如检修人员更换除尘布袋和处理排灰阀堵塞等故障时，未进行空气置换，就会吸入有毒窒息性气体。

（3）少量循环气体在排焦时随焦炭带出，特别是当旋转密封阀磨损严重时随焦炭带出的气体会增加，在排焦装置周围如无防范措施就会造成巡检或检修人员中毒窒息事故。

（4）除尘风机出现故障，干熄槽预存段压力调节阀放散点放散的循环气体不能被抽走，散发在炉顶装入装置周围，会造成在该区域操作或检修的人员中毒窒息事故。

（5）在可能有毒窒息性气体泄漏的危险区域未安装 CO 有毒气体报警仪或 O_2 含量检测仪，未设立警示标志，检修人员未携带便携式检测仪，未佩戴空气（氧气）呼吸器等，都会造成中毒窒息事故。

（6）进入干熄槽内进行检修作业时，空气置换不合格，盲板不密封，未进行气体成分（重点是 CO 和 O_2）含量分析，未携带报警仪，均有发生中毒窒息的可能。

（7）循环气体正压段膨胀节泄漏，巡检或检修人员吸入会造成中毒窒息。

（8）在检修排焦溜槽或处理旋转密封阀堵塞时，如果不进行气体置换，易发生 CO 与 N_2 中毒窒息。

（9）化学水处理过程使用的氨、联氨等化学品为有毒物质，对人体具有毒害作用。误食联氨会造成中毒事故。加氨操作中违反操作规程，可能引起中毒窒息。焊接有色金属、油漆工件未戴防毒口罩，也会造成中毒事故。

460. 干熄焦机械伤害的主要原因有哪些？

（1）干熄焦项目涉及运动的设备主要有焦罐提升机、牵引装置、装入装置、电机车、焦罐车、循环水泵、皮带输送机等。提升机、装焦装置、牵引装置动作都是按计算机设定的程序自动运行，在生产过程中，操作人员接近机械运动部件的危险区域时，如果无防护罩、防护屏挡板或防护罩、防护挡板强度不足、失效，在设备行走时上下，容易引起碰撞、绞、碾等机械伤害。操作、检修人员在整套设备或部分设备继续运转的条件下进行检修、加油、清扫作业，或停车检修时在开关处未悬挂"正在检修，严禁合闸"的警示牌，或中控室与生产现场联络出现差错，检修未采取安全措施且无人监护，设备维修过程操作失误，开停车过程未确认现场是否安全，风机运行中对其接触、加油、清扫，均会造成人员机械伤害事故。

（2）个人防护用品对预防事故极为重要。在生产过程中操作人员未戴安全帽、手套，未穿安全靴等，有造成机械伤害的可能。操作人员缺少必要的安全教育和安全技能培训，操作人员安全意识不高，也有可能造成机械伤害。

（3）熄焦后的焦炭输送采用皮带输送机，人行道距皮带输送机近，皮带输送机无防护装置，检查输料机时未停电，皮带输送机未设停车绳，焦炭过热致使皮带断裂或着火，违章作业，横跨和穿越皮带，均会造成人员卷入皮带机内，发生伤亡事故。

461. 干熄焦造成灼烫伤害的主要原因有哪些？

（1）干熄焦项目锅炉给水采用反渗透除盐，除盐装置之一混合离子交换床再生过程需要用到 HCl 和 NaOH。再生时的废水用氨水来调 pH 值。HCl、NaOH 和氨水均具有腐蚀性。在卸酸、卸碱及再生过程中操作不慎，未穿防酸服，腐蚀性液体溅到皮肤、眼睛等处现场无清水冲洗会造成腐蚀灼伤。

（2）人员接触焦罐，电机车失控、制动失灵、超速运行造成焦罐倾倒焦炭撒出，高温管道未加保温层人员接触，操作人员与高温设备接触，未佩戴防护用品，开关蒸汽阀门未戴手套，面对蒸汽阀门操作等有造成烫伤的危险。

（3）干熄焦高温物料较多：

从炼焦炉推出的红焦炭温度达 950 ~ 1050℃，出干熄槽的循环气体温度在 800℃以上，排焦温度在 200℃以下，蒸汽温度在 540℃以下。生产过程接触焦炭，循环气体、蒸汽泄漏喷出接触人体等均会造成烫伤事故。

462. 粉尘对人体有哪些危害？

根据其理化性质，粉尘进入人体的量和人体部位的不同，可引起不同的病变。如职业性呼吸系统疾病、局部作用、中毒作用等。

463. 干熄焦现场造成车辆、物体打击、触电伤害的主要原因有哪些？

（1）车辆伤害。干熄焦项目通过电机车运输焦罐，通过汽车向外运出焦粉。汽车运输车辆不遵守交通规则，不服从指挥，不按规定路线行驶，超速行驶，违章倒车，疲劳驾驶，夜间运输时光线不好，特别是人员在熄焦车道行走容易造成撞伤事故。

（2）物体打击。工作时未戴安全帽，现场检查时在提升井下滞留；高处物体落下、高处作业时不慎落物，检修作业时违反规定，会造成地面作业人员高处落物打击伤害。送蒸汽时阀门开启过快，暖管、疏水时间过短，造成蒸汽管道膨胀撕裂甩出，有造成人员物体打击的危险。

（3）触电。生产装置中电气设备较多，线路老化，电缆磨损露出电缆芯，接地接零装置损坏失效，潮湿环境绝缘下降，违章电气作业，特别是违章送电，带电作业，移动式电气设备未采取保护接地措施，带电清理电气设备，设备检修未停电挂牌，发生误送电，停电后未做验电确认，检修过程未穿绝缘鞋，维修工具绝缘低都会发生触电的可能。

464. 干熄焦进行气密性试验应注意哪些安全事项？

（1）进入现场前所有人员必须按标准穿戴好劳保品。

（2）实施前必须确认有无施工人员，以防砸伤。

（3）所有参与气密性试验的人员必须经过培训后方可进入现场。

（4）所有参与气密性试验的人员必须服从上级安排。

（5）如果系统有泄漏，检查人员做好标记即可，绝不允许私自处理。

（6）高空作业时，必须系好安全带，安全带的有效长度为 2m，严禁多条安全带串联使用。

（7）在试验期间，所有参与气密性试验人员严禁停留在放散口、炉盖等密封性不牢靠处，以防发生气体伤害。

（8）所有参加人员不许单独行动。

（9）高空作业时，个人物品放置好，以防落下伤到他人。

465. 干熄炉煤气烘炉期间应注意哪些安全事项?

（1）进入烘炉平台察看火焰时，必须携带 CO 报警器，严禁无 CO 报警器进入现场，避免因煤气泄漏造成人员中毒事故。

（2）中控工密切注意火焰的燃烧情况，如果发现火焰熄灭，必须关闭煤气总阀门，停止向炉内供煤气，关闭常用放散阀门。

（3）现场巡检工到干熄炉进行巡检时，必须携带 CO 报警器，严禁靠近装焦平台常用放散管处，避免因煤气泄漏造成人员中毒事故，如发现他人在此逗留，应劝其离开。

（4）煤气烘炉时可能发生突然熄火情况，绝不能立即点火。循环风机要大风量运行，同时往系统内充 N_2，对系统进行扫线作业。30min 后在常用放散口取样，当 O_2 含量大于 18% 时方可再点火。点火时遵循先点火后开煤气原则。

（5）增减风量要适当，不要操之过急，且加风量时必须有专人现场监护，以防熄火。

（6）煤气烘炉期间，中控工要经常询问煤气压力的稳定性，以防波动较大时造成熄火现象。

466. 干熄焦开工各阶段的安全要点主要有哪些?

（1）温风干燥阶段：这个阶段主要是除去干熄炉本体、一次除尘器耐火砖与锅炉入口耐火材料中的水分。这个阶段中要注意：

1）风量、蒸汽量调整要缓慢，不要过急。

2）疏水要及时。

3）测量要准确。

4）现场作业注意碰伤、摔伤、砸伤、烫伤。

5）严禁靠近蒸汽放散处，避免烫伤人。

（2）煤气烘炉阶段：这个阶段以升温为主，以达到装红焦时的温度。这个阶段中要注意：

1）一定要遵循"先点火后开煤气"的原则。

2）点火失败后严禁立即点火，先关煤气阀门，进行置换，合格后方可重新点火作业。

3）放散点（常用放散管、PC 压力调节阀、1DC 紧急放散阀）严禁人员逗留，以防 CO 中毒。

4）突然停风机，不要立即关闭煤气。

5）焦炭温度监测要及时、准确。

6）拆除燃烧嘴时，防止 CO 中毒，防止烧嘴烫伤。

7）封烘炉人孔门，此处调整为负压，并且注意气体外逸热浪伤人。

（3）装红焦作业：装第一罐红焦到正常生产。这个过程中要注意：

1）煤气红炉结束后，干熄炉内存有 CO 等可燃成分，因此，必须等到气体置换合格后（$w(CO) < 6\%$，$w(O_2) < 5\%$）方能装红焦，防止装焦时产生爆炸。

2）$T_6 > 650℃$ 时，要控制好空气导入量，避免在可燃气体超标时导入大量空气而引起爆炸。

3）装焦升温严格按规定，防止烧坏过热器炉管、炉墙等设备。

4）风量控制严格按规定调节，严禁焦炭悬浮进入沉降室。空气导入要缓慢，以防发生空气量多而造成的烧损恶性事故。

5）严禁在提升机运行中上下，严禁提升时在井下逗留。

6）人员进入现场作业时，上下楼梯要手抓栏杆，注意碰伤、摔伤、挤伤、砸伤。

7）进入排焦现场，携带 CO 报警仪，防止 CO 中毒。

8）严禁红焦排出，造成皮带烧伤，造成振动给料器、旋转密封阀损坏。

9）注意 T_6 温度曲线，防止料位失真、排焦温度失真时易发的恶性事故。

467. 干熄炉预存压力调节阀突然全部打开，如何进行调整？

（1）立即采用手动调节方法将调节阀关闭，如果无法关闭，将循环风机降至额定风量的 30% ~ 50%，停止装、排焦。

（2）停止干熄焦环境除尘风机的运行。

（3）密切注意循环气体各成分，超出范围及时调整。

（4）联系相关人员处理。

（5）调节阀正常后，不要急于装焦：

1）启动环境除尘风机，风量缓慢加至额定风量的 80% 左右。

2）环境除尘风机启动 10min 后，安排专人至除尘风机电动机现场操作箱旁。

3）装焦时密切注意环境除尘器入口的压力、温度变化，如果发现异常及时停止环境除尘器的运行，避免发生除尘器火灾、爆炸事故。

（6）环境除尘器烟气入口温度与风机的联锁必须处于"开启"状态，严禁解除。

（7）炉口水封槽内的水位保持正常水位。

468. 干熄焦旋转密封阀被异物堵塞无法运行后如何处理，应注意什么安全事项？

（1）停止装焦。

（2）联系检修及电气人员。

（3）将旋转密封阀选择开关打到"现场手动"位置。

（4）解除皮带与密封阀的联锁，停止皮带运行，密切观察，对旋转密封阀反转点动、正转点动几次，使异物松动。旋转密封阀电源跳闸时，及时到配电室送电或复位。

（5）如果正转、反转无法解除，将旋转密封阀操作开关选择到"零位"，防止误操作。

（6）缓慢降风量至最小，然后停止循环风机运转，关闭干熄炉底部闸板阀；打开风机前、后充氮，加大排焦处除尘阀门开度，关闭排焦检修闸板阀，关闭排焦充氮，开压缩空气对振动给料器、旋转密封阀通风冷却及气体成分置换，当气体检测合格（$w(CO) < 0.005\%$，$w(O_2) \geqslant 18\%$），打开旋转密封阀人孔门取出异物。

（7）取出异物后，封闭人孔门，打开干熄炉闸板阀，启动风机，恢复生产运行。

469. 干熄焦皮带通廊发生煤气中毒后如何进行抢救？

（1）发现人员中毒后立刻停止装、排焦，同时通知相关部门。

（2）停止循环风机的运行。

（3）环境除尘风机量加至最大。

（4）接到中毒人员信息后，岗位人员立即佩戴空气（O_2）呼吸器并携带 CO 报警器到达现场，把中毒人员抬出中毒区域。

（5）其他人员在皮带通廊的出口上风侧接应中毒人员。

（6）把中毒人员放置在保暖、通风的场所，解除一切阻碍呼吸的衣物（解开腰带、松开裤子、解开鞋带、松开上衣衣扣），冬季时注意保暖。

（7）根据中毒人员程度选择抢救方法：

1）轻度中毒：血液碳氧血红蛋白浓度小于30%，中毒者出现头痛、头晕、头沉、恶心、呕吐、全身疲乏等症状，有的出现轻度至中度意识障碍，但不会昏迷。中毒者离开中毒场所经过治疗或不经过任何治疗，数小时后或次日即可好转。

2）中度中毒：血液碳氧血红蛋白浓度为30%～50%，中毒者除具有轻度中毒加重外，面部呈樱桃红色，呼吸困难，心跳加快，意识障碍表现为中度昏迷，经抢救（常用人工呼吸、仰卧压胸人工呼吸法）可恢复。

3）重度中毒：血液碳氧血红蛋白浓度高于50%，患者深度昏迷或有意识障碍，且有以下症状：脑水肿、休克，或严重有心肌损害、肺水肿、呼吸衰弱、上消化道出血、脑局灶损害。应立即送往医院。

（8）根据重度程度及时拨打医院救护电话。

（9）对中毒人员抢救后遗留下来的各种废弃物，应随即将现场清理干净，避免造成环境污染。

470. 干熄焦皮带通廊发生火灾后如何进行抢救？

（1）发现火情后立即停止装、排焦，同时切断通廊内的电源；立即停止除尘风机、通风机、换气扇的运行；立即向消防队报警，同时向相关部门汇报。

（2）如果发现有受伤人员，立即将其抬离危险区域，拨打紧急救护电话。同时安排专人到主要路口迎接消防车和救护车。

（3）根据火势情况在消防车没有到来之前选择自救：

1）岗位人员得知火情后立即携带空气呼吸器前往火灾现场。

2）安排专人取足够长的消防带与现场的消火栓对接好。

3）抢救人员手携CO报警器，身背空气（O_2）呼吸器择离火源点较近的入口进入，根据所测CO含量再通知其他人员进入，并利用消防水进行灭火。如果CO含量大于0.015%，严禁无任何防毒措施进入皮带通廊。

（4）专业安全人员到达现场负责周围区域的戒严，协助受伤人员的应急救援，待消防队到达后协助消防队进行灭火。

（5）救火过程中，会产生大量的有毒气体及废水，利用身边有效的物质，减少有毒气体及废水对环境的污染。

（6）消除火情后，保护现场的重要设备、资料。

471. 干熄焦红焦罐在提升井附近落地后如何处置？

（1）应急处置方案：

1）发现险情后立即停电。

2）红焦罐落地后，干熄焦系统进行保温保压。

3）发现险情后立即关掉APS液压站的运行。

4）立即向消防队报警，请求支援，同时向车间领导与相关部门汇报。

5）立即组织人员取足够长的消防带与消火栓对接好，对红焦落地位置进行熄灭处理。

6）立即取足够长的消防带与消防地下栓对接好，用水对红焦落地区域的煤气管道或其他危险管道进行降温，避免红焦对煤气管道或周围其他管道热辐射造成二次火灾或爆炸事故。

7）根据红焦罐落地的位置保护锅炉给水泵室。如果撒落红焦过多，可选择停泵、停产。

8）如果有受伤人员，立即将其抬离危险区域，拨打紧急救护电话。当班指挥派专人到主要路口迎接消防车和救护车。

9）专业安全人员到达现场负责周围区域的戒严，协助受伤人员的应急救援，待消防队到达后进行专业灭火。

10）救火过程中，会产生大量的有毒气体及废水，利用身边有效的物质，减少有毒气体及废水对人员与环境的伤害与污染。

11）消除险情后，保护现场的重要设备、资料。

（2）控制措施：

1）加强电机车的日常电气设施的点检与维护工作。

2）加强对电机车安全挡的日常点检与维护工作。

3）加强对电机车道轨的日常点检与维护工作。

4）加强对职工应急预案的演习工作。

5）加强职工对消防设施的使用培训工作与消防设施位置的认知能力，使职工遇到险情时能够合理地利用消防设施使火灾损失降低到最小程度。

6）定期对消火栓、消防带等应急设施的完整性进行检查。

472. 更换干熄炉盖时应注意哪些安全事项？

（1）干熄炉料位控制在 20～30t。

（2）循环风机保持运行，预存段压力调整为 -50Pa。

（3）检修周围做到物品摆放有序。

（4）安全带系在牢固的位置，严禁两条或两条以上安全带串联使用。

（5）人的脸部侧对炉口，并且有防烘烤设备。

（6）检修过程中有专人进行指挥作业。

（7）使用起重设施前必须检查其牢固可靠性。

（8）人员严禁站在吊物的下方。

473. 干熄焦环境除尘风机非正常停运后，在生产不停的情况下应注意哪些安全事项？

（1）将生产负荷减至最小。

（2）排焦装置出口、焦炭的转运站溜槽内喷水系统开启。

（3）严禁排红焦，以防红焦与皮带通廊内超标的可燃成分发生尘爆现象。

（4）皮带通廊内的照明关闭，以防照明设施断路时产生的火花与皮带通廊内超标的可燃成分发生尘爆现象。

（5）定期对皮带通廊进行巡检，巡检时必须两人或两人以上作业，且携带灵敏可靠的 CO 报警器。进入通廊的人员前后之间保持 2～3m 的距离。

474. 造成余热锅炉与锅筒爆炸的因素有哪些？

（1）余热锅炉系统设施不完备，未装安全阀、压力表、水位表、排污或放水装置、测温仪表等安全装置，安全装置未定期校验，安全装置失灵、失准，超压报警装置、高低水位报警失灵，低水位连锁保护装置失效，连锁保护装置失灵时手动装置不能启动，会造成超压。

（2）锅炉蒸汽的排出系统出现故障，出气管堵塞，锅炉主蒸汽放散阀、主蒸汽压力调节阀和主蒸汽切断阀等的调节不灵敏可靠，外送蒸汽的调节阀无旁通阀，造成憋压。

（3）余热锅炉在严重缺水的情况下，若突然进水，当水遇到高温载热体时急剧汽化造成超压。

（4）余热锅炉和汽包的钢材和制造质量不合格。

（5）余热锅炉系统材质存在缺陷。

（6）余热锅炉、汽包和蒸气管道的设计和安装质量不合格。

（7）除盐水不合格，结垢太厚，造成汽化冷却烟道局部过热。

（8）除盐水含氧过高，或含铁过高，发生电化学腐蚀，设备腐蚀严重。

（9）循环气体发生爆炸造成炉管损坏。

（10）循环气体中进入大量空气，与红焦炭燃烧后产生大量热量，循环气体温度升高，循环气体过热气化率过大。

（11）余热锅炉蒸汽压力（余热锅炉出口主蒸汽调节后）为9.5MPa，压力较高，当储存输送设施的各种参数异常时，可能发生塑性、脆性、疲劳、腐蚀等爆裂，造成设备和人员的伤害。

（12）在干熄焦开工过程中，由于锅炉未向外供汽，不需要向锅炉内补水，而循环气体照常流过省煤器，如不采取措施将会烧坏省煤器。

1）过热器的平行管排截面上的烟气分配不均或蒸汽分配不均造成过热。

2）从汽包来的蒸汽湿度过大经蒸发后盐垢结在管壁上，影响了传热，导致管壁过热，从而引起爆管事故。

（13）在干熄焦开车或汽轮机甩负荷时，没有蒸汽通过再热器，再热器无蒸汽旁路系统，造成再热器温度过高发生爆管事故。

（14）炉管经过焦粉长时间磨损，管壁变薄造成爆管。

（15）炉管外部长时间积灰，受热不均造成爆管。

475. 干熄焦易发生哪些火灾事故，怎样进行预防？

干熄焦易发生的火灾事故及预防措施如表6-1所示。

表6-1 干熄焦易发生的火灾及预防措施

易发生的火灾	预 防 措 施
红焦上皮带引发火灾	按规定控制排焦温度，严禁排红焦；现场应急水管时刻达备用，并且严格按规定对应急水管定期试车；皮带严禁带负荷停车，如带负荷停车，立即用应急水管给皮带降温；加强对皮带运行过程中的点检；焦台上严禁有红焦；发生压焦事故后利用水管对皮带处降温
皮带跑偏磨护罩、皮带架、电源线引发火灾	皮带跑偏器灵敏、可靠；加强对重点跑偏皮带的监督、巡检工作，跑偏后及时调整、治理；现场应急水管达备用，如无备用水管需增加灭火剂；皮带电缆线、压焦限位电缆线、安全绳电缆线穿管敷设
油类着火	现场减速机、轴承箱漏油应及时清理掉，但严禁倒到皮带、高温设施或排水沟内；现场减速机、轴承箱漏油应用接桶，严禁任意流；严禁减速机、轴承等所用的油类与油漆、汽油共存放；存放各种油类的仓库配置灭火剂；取、存油时严禁携带火种；擦拭油所用的油布应及时清理，放置在垃圾场；油桶盖及时盖好、密封严
可燃气体着火	循环风机停运后严禁立即恢复生产，应在循环风机启动后可燃成分在规定范围内后再恢复生产；严禁在干熄炉正压段私自动火或吸烟；加强对整个循环气体系统的检查，发现泄漏现象及时处理；正常生产时可燃成分控制在规定的范围内

易发生的火灾	预防措施
施焊动火	不是电焊、气焊工不准焊割；重点、要害部位及重要危险场所未经消防安全部门批准、未落实安全措施不准焊割；不了解焊割地点及周围情况（如能否动用明火、周围有无易燃、易爆品等）不准焊割；不了解焊割物是否存在易燃、易爆的危险性不准焊割；盛装过易燃、易爆的液体、气体容器（气瓶、油箱、油桶、管道等）未经彻底清洗、排除危险性之前不准焊割；用可燃材料作保温层、冷却层、隔热层等的部位，或火星可以飞溅到的部位，在未采取切实可靠的安全措施之前不准焊割；在压力或密封的导管、容器等内不准焊割；焊割部位有易燃、易爆物品，在未清理或采取有效的安全措施之前不准焊割；在禁火区域内未经消防安全部门批准不准焊割；附近有与明火作业有抵触工种作业（如刷漆等）不准焊割
除尘器过滤袋着火	严禁在除尘器本体上私自动火；更换过滤袋时严禁吸烟或带火种；干熄炉可燃成分控制在规定的范围内
雷电引发火灾	现场高空的铁框架有可靠的避雷针，并且保持灵敏可靠；对职工进行雷电知识的培训，让职工掌握雷电的防范技能
电源线负荷过大	各操作室内遵循人走停电的原则；根据现场设备功率的实际情况，配置合适的电缆线，严禁超负荷用电；在用电气设施严禁使用纸、塑料布密封；及时更新老化的电源线
电源线接头包扎不规范或裸露连电发生"炽火"现象	现场所有电源线接头包扎规范，不准有接头翘起现象、不准有裸露现象；加强对电工操作标准化的管理；定期对现场各操作箱、电缆线桥（盒）架清灰，制定制度并落实
高压送电	严格执行送电操作票制度，即一人唱票，一人操作，一人监票
电缆桥架、盒、沟内着火	电缆桥架、盒、沟内严禁有杂物；电缆桥架上、盒内严禁存有焦粉，对桥架上、盒内要定期清灰；电缆盒内按标准设置阻火段
皮带通廊内吸烟、乱扔烟蒂，形成点火源	加强管理，杜绝吸烟现象
皮带转动部位积聚大量粉尘，长期摩擦，形成火源	加强卫生清扫工作管理，尤其是皮带转动部位；树立卫生工作也是安全工作的理念
油库区域管理混乱	按照"易燃易爆"品进行分类存放和管理

476. GB 6222—2005《工业煤气安全规程》规定煤气区域作业的时间各是多少?

（1）CO 含量不超过 $30mg/m^3$ 可连续工作；

（2）CO 含量不超过 $50mg/m^3$ 工作时间不超过 $60min$；

（3）CO 含量不超过 $100mg/m^3$ 工作时间不超过 $30min$；

（4）CO 含量不超过 $200mg/m^3$ 工作时间在 $15 \sim 20min$；

并且每次进入煤气内部工作时间间隔至少在 $2h$ 以上。

477. 高空作业是如何定义的，作业时应注意哪些事项?

凡在坠落高度基准面为 $2m$（含 $2m$）以上的高度称为高空。高空作业时应注意：

（1）系好合格的安全带。

（2）高空作业中所用的物料应该堆放平稳，以免掉下伤人。

（3）无人监护时严禁高空抛物。

（4）患有心脏病、高血压等疾病的人员严禁在高空作业。

（5）高空作业人员的衣着要灵便，绝不可赤膊上阵。

（6）高空作业中，根据天气情况和具体条件，采取可靠的防滑、防寒和防冻等安全措施。

（7）高空作业时，注意身边的电缆线，以防发生触电伤害。人体或其所携带的工具与带电体在10kV及以下时，最小距离为0.7m，在20~35kV时，最小距离为1.0m。

478. 什么是缺氧，缺氧时人体有何症状？

通常空气中氧气的含量是20.93%。空气中的氧气浓度低于18%时称为缺氧状态。人体处于17%氧含量的状态下，即会导致夜间视力减弱、心跳加速。人体处于16%氧含量的状态下，会出现眩晕；人体处于15%氧含量的状态下，注意力、判断力、协调能力减弱，间歇呼吸，迅速疲劳，失去肌肉控制能力。

479. 高温（湿）环境对人身有哪些影响？

（1）空气温度对人身的影响。据有关测定，气温在15.6~21℃时，是温度环境的舒适区段。在这个区段里，体力消耗最小，工作效率最高，最适宜于人们的生活和工作。一般认为20℃左右是最佳的工作温度。25℃以上时，人体状况开始恶化，如皮肤温度升高，接着出汗，体力下降，心血管和消化系统发生变化。30℃左右时，心理状态开始变化（烦闷、心慌意乱）。在50℃左右的环境里，人体只能忍受1h左右。

（2）湿度对人体的影响。在高温高湿的情况下，人体散热困难，人会感到透不过气，若湿度降低就能促使人体散热而感到凉爽。低温高湿下人会感到更加阴冷，若湿度降低就会有温度升高的感觉。在一般情况下，相对湿度在30%~70%之间人感到舒适。

480. CO对人体有什么样的危害？

CO对人体的危害如表6-2所示。

表6-2　CO对人体的危害

空气中CO体积浓度/%	呼吸时间与症状	空气中CO体积浓度/%	呼吸时间与症状
0.02	1~2h轻微头疼	0.32	5~10min头疼,30min死亡
0.04	1~2h轻微头疼, 2.5~3.5h后头昏	0.64	1~2min头疼,5~10min死亡
0.08	45min头疼，随即呕吐，2h昏迷		
0.16	20min头疼，随即呕吐，2h死亡	1.28	吸入口即昏迷,1~2min死亡

481. CO_2灭火器主要适用哪些物质的火灾？

CO_2灭火器主要适用于扑救电器、精密仪器、贵重的生产设备、图书档案火灾以及一些不可用水扑救的物质的火灾。

482. 瓶装氧气的有关规定是什么？

（1）"八不充装法规"：

1）安全附件不全、损坏和不符合规定的不予充装。

2）不能识别瓶内所装气体或不能确认瓶内没有余压的不予充装。

3）钢印标记不全或不能识别的不予充装。

4）超过检验期限的不予充装。

5）瓶体经外观检验有缺陷，不能保证正常使用的不予充装。

6）用户自行改装或不符合规定的不予充装。

7）瓶体或瓶嘴沾有油脂或变形的不予充装。

8）漆色、字样和所装气体不符合规定，或漆色、字样脱落不能识别气瓶种类的不予充装。

（2）"八不使用安全规定"：

1）瓶体或瓶嘴带有油污的不使用。

2）使用时，氧气瓶和乙炔瓶应缓慢打开。

3）气瓶的放置点不得靠近热源，距明火应 10m 以上。

4）操作时，氧气瓶与乙炔瓶应间隔 5m。

5）禁止用手托瓶帽来移动氧气瓶。

6）禁止使用氧气代替压缩空气吹工作服、乙炔管道，或用作减压和气动工具的气源。

7）气瓶内的氧气不能完全用完，应保留 1～1.5 个表压。

8）乙炔瓶只能直立，不能横躺卧放，以防发生爆炸。

483. 什么是电焊工"十不烧"的规定？

（1）不是电焊、气焊工，不准焊割。

（2）重点、要害部位及重要危险场所未经消防安全部门批准，未落实安全措施，不准焊割。

（3）不了解焊割地点及周围情况，如能否动用明火、周围有无易燃、易爆品等，不准焊割。

（4）不了解焊割物是否存在易燃、易爆的危险性不准焊割。

（5）盛装过易燃、易爆的液体、气体的容器（气瓶、油箱、油桶、管道等）未经彻底清洗、排除危险性之前不准焊割。

（6）用可燃材料作保温层、冷却层、隔热层等的部位，或火星可飞溅到的部位，在未采取切实可靠的安全措施之前不准焊割。

（7）在压力或密封的导管、容器等内不准焊割。

（8）焊割部位有易燃、易爆物品，在未清理或采取有效的安全措施之前不准焊割。

（9）在禁火区域内未经消防安全部门批准不准焊割。

（10）附近有与明火作业有抵触工种作业（如刷漆等）不准焊割。

484. 干熄焦的日常消防管理主要有哪些内容？

干熄焦具有易燃、易爆、易中毒等工艺特点。因此，在生产运行过程中加强对过程的控制与管理，预防火灾等各类事故的发生尤为关键。为了预防火灾事故的发生，针对干熄焦的生产特性，可以从以下几个方面采取安全防护措施：

（1）增设连续喷水装置。针对干熄焦排出焦炭温度高的问题，对排出焦炭的第一条接受皮带的后尾轮增设连续喷水降温装置。

（2）增设应急水管。在一些主要的皮带上方增设应急水管，水管的阀门由地面控制。

（3）在各类电气室、PLC 控制室、操作室、高压配电室等场所，配置相应的灭火剂，如电气室配置 CO_2 灭火剂，PLC 控制室配置干粉灭火剂等。

（4）在干熄焦的装焦平台、烘炉平台、干熄炉一层平台设置消火栓，并配置相应的消除枪头、消防带。如果消防水压力达到要求，可增设消防加压泵，以时刻保证有足够的水压。

（5）在 PLC 控制室、高压配电室、电缆室等室内场所，应配置停电应急照明设备，以备突发事故应急用。

（6）在 PLC 控制室、高压配电室等室内场所，应配置烟气感温器，以备事故发生后的应急用。

（7）电缆桥架上、盒内严禁存有焦粉或其他易燃物，对桥架上、盒内定期清灰，电缆盒内阻火分段控制。

485. 进入锅炉作业时应注意哪些事项？

（1）打开锅炉本体的人孔进行自然通风，确认炉内 $w(O_2) \geq 18\%$，$w(CO) \leq 0.0024\%$ 方可进入。

（2）派专人进行监护。

（3）保持两人或两人以上作业。

（4）使用 36V 以下的照明。

486. 进入干熄炉进行年修作业时应注意哪些安全事项？

（1）关闭干熄炉系统所有充氮点，氮气阀门关闭并插上盲板。

（2）干熄焦系统核料位计关闭，由中控工与仪表（电气）人员共同确认并签字。

（3）通过仪器，确认循环系统中 $w(CO) \leq 0.0024\%$，$w(O_2) \geq 18\%$。

（4）炉口设专人进行监护或微开炉盖。

（5）确认检修上方耐火砖或其他设施牢靠，无松动迹象。

（6）两人或两人以上携带灵敏可靠的 CO 报警器与 O_2 报警器，同时携带便携式照明。

（7）炉内作业使用电压为 36V 的照明。

（8）检修沉降层耐火材料时所搭设的脚手架子必须牢靠。

487. 干熄炉内砌筑时，应注意哪些安全事项？

（1）在操作之前必须检查操作环境是否符合安全要求，机具是否完好牢固，安全设施和防护用品是否齐全，经检查符合要求后才可施工。

（2）砌基础时，堆放砖块材料应离开平台边 1m 以上。

（3）墙身砌体高度超过平台 1.2m 以上时，应搭设脚手架，在一层以上或高度超过 4m 时，采用脚手架必须支撑安全网。

（4）脚手架上堆料不得超过规定荷载，堆砖高度不得超过三层侧砖，同一块脚手板上操作人员不应超过两人。

（5）不准站在墙顶上进行画线、刮缝和清扫墙面等工作。

（6）不准用不稳固的工具或物体在脚手板面垫高操作，更不准在未经加固的情况下，在一层脚手架上随意再叠加一层，脚手板不容许有空头现象。

（7）砍砖时应面向内打，注意防止碎砖跳出伤人。

（8）使用垂直运输的吊笼、绳索具等，必须满足负荷要求，牢固无损，吊运时不得超载，并须经常检查，发现问题及时修理。

（9）用起重机吊砖要用砖笼，吊砂浆的料斗不能装得过满，吊杆回转范围不得有人停留。

（10）砖料运输车辆，两车前后距离：平道上不小于 2m，坡道上不小于 10m，装砖时要先取高处后取低处，防止倒塌伤人。

（11）如遇雨天及每天下班时，要做好防雨措施，以防雨水冲散灰缝与耐火材料。

（12）在同一垂直面上下交叉作业时，必须设置安全隔板，下方操作人员必须戴好安全帽。

（13）人工垂直向上或向下传递砖块，架子上的站人板宽度应不小于60mm。

（14）严禁操作人员在酒后进入施工现场作业。

（15）进入施工现场必须戴安全帽。

488. 干熄焦投产后的日常安全管理内容主要有哪些？

（1）各级部门要对安全生产引起足够重视，树立安全监管权威，企业负责人是安全第一责任人。企业主要负责人和安全生产管理人员必须具备与本单位所从事的生产活动相应的安全生产知识和管理能力。

（2）建立安全管理组织机构。建立专门的安全管理机构，配备专职安全管理人员。安全管理人员应持有安全管理人员资格证书，安全管理知识面广，且需不断学习。

（3）建立安全生产责任制。安全生产法明确提出企业要建立安全生产责任制，完善安全生产条件，确保安全生产。

（4）制定完善各项安全管理制度。制定完善工艺操作规程和安全操作规程。严格按照安全作业规程操作，尤其注意开停车过程的操作，严禁违章操作。

（5）加强安全教育，加强监管，提高安全意识。企业应对从业人员进行安全生产教育和培训，保证从业人员具备必要的安全生产知识，熟悉有关的安全生产规章制度和安全操作规程，掌握本岗位的安全操作技能。未经安全生产教育和培训合格的从业人员，不得上岗作业。

（6）生产单位的特种作业人员包括从事电气作业，金属焊接、切割作业，起重机械（含电梯）作业，企业内机动车辆驾驶，登高架设作业，锅炉作业（含水质化验），压力容器作业等的人员必须按照国家有关规定经专门的安全作业培训，取得特种作业操作资格证书，方可上岗作业。

（7）生产单位必须为从业人员提供符合国家标准或者行业标准的劳动防护用品，并监督、教育从业人员按照使用规则佩戴、使用。

（8）制定、完善事故应急救援预案。

应当制定本单位事故应急救援预案（包括特种设备的事故应急措施和应急预案），成立应急救援组织，并定期进行应急救援演习。

（9）建立特种设备台账和事故台账。锅炉、电梯、压力容器、起重机械等特种设备在投入使用前或者投入使用后30日内，单位应当向市区的特种设备安全监督管理部门登记。登记标志应当置于或者附着于该特种设备的显著位置。

电梯的日常维护保养必须由依照《特种设备安全监察条例》取得许可的安装、改造、维修单位或者电梯制造单位进行。电梯应当至少每15日进行一次清洁、润滑、调整和检查。

电梯的日常维护保养单位应当在维护保养中严格执行国家安全技术规范的要求，保证其维护保养的电梯的安全技术性能，并负责落实现场安全防护措施，保证施工安全。电梯的日常维护保养单位，应当对其维护保养的电梯的安全性能负责。

生产单位必须对安全设备进行经常性维护、保养，并定期检测，保证正常运转。维护、保养、检测应作好记录，并由有关人员签字。

（10）设备检修过程必须制定相应安全措施。

（11）遵循事故"四不放过"的原则，即事故原因不查明不放过；干部、职工、群众受不到教育不放过；责任人得不到处理不放过；防范措施不制定不放过。

489. 干熄焦的工艺除尘与环境除尘各指的是什么？

干熄焦的工艺除尘是指干熄焦的一次除尘（重力沉降式除尘，简称1DC）和二次除尘（旋风分离式除尘，简称2DC）。

干熄焦的环境除尘一般指在装、排焦过程中，各扬尘点的除尘。干熄焦本体的装入装置、常用放散、振动给料器、旋转密封阀、预存段压力放散点、排焦溜槽与焦炭转运点的除尘统称为环境除尘。

490. 袋式除尘器的工作原理是什么？

袋式除尘器是指将棉、毛或人造纤维等织物作为滤料制成滤袋，对含尘气体进行过滤的除尘装置。含尘气流由上箱体下部进入，因缓冲区的作用使气流向上运行。气流减速后到达滤袋，粉尘阻留在袋外，干净气体经袋口进入上箱体，由出风口排出。由于滤材本身的网孔较大，一般为20～50μm，即使表面起绒的滤袋，网孔也在5～10μm之间，因此，新用布袋的除尘效率不高。当含尘气体通过洁净的滤袋时，大部分微细粉尘随着气流从滤袋的网孔中通过，而粗大的尘粒被阻留，并在网孔中产生"架桥"现象。随着含尘气体不断通过滤袋的纤维间隙，纤维间粉尘"架桥"现象不断加强，经过一段时间后，滤袋表面积聚一层粉尘，称为粉尘初层。在以后的除尘过程中，粉尘初层便成了滤袋的主要过滤层，而滤布只不过起着支撑骨架的作用。随着粉尘在滤布上的积累，除尘效率和阻力都相应增加，当滤袋两侧的压力差很大时，会把已附在滤料层上的细粉尘挤走，使除尘效率下降。除尘器的阻力过大会使除尘系统的风量显著下降，以致影响生产系统的排风。因此，除尘器阻力达到一定值后，为使阻力控制在限定的范围内（一般为1200～1500Pa），除尘器设有差压变送器（或压力控制仪表）或时间继电器，在线检测除尘室与净气室压差。当压差达到设定值时，差压变送器（或压力控制仪表）或时间继电器向脉冲控制仪发出信号，由脉冲控制仪发出指令按顺序触发开启各脉冲阀，使气包内的压缩空气由喷吹管各孔眼喷射到各对应的滤袋，造成滤袋瞬间急剧膨胀。由于气流的反向作用，积附在滤袋上的粉尘脱落。脉冲阀关闭后，再次产生反向气流，使滤袋急速回缩，形成一胀一缩，滤袋涨缩抖动，积附在滤袋外部的粉饼因惯性作用而脱落，使滤袋得到更新，被清掉的粉尘落入分离器下部的灰斗中，除尘效率可达99%以上。

491. 什么是除尘效率？

除尘效率是指在同一时间内除尘装置捕集的粉尘质量占进入除尘装置的粉尘质量的百分数，通常用 η 表示。

492. 什么是除尘器的漏风率？

漏风率是评价除尘器结构严密性的指标，它是指设备运行条件下的漏风量与入口风量的百分比。

漏风率因除尘器内负压程度不同而各异，国内大多数厂家给出的漏风率是在任意条件下测出的数据，因此缺乏可比性，为此，必须规定出标定漏风率的条件。袋式除尘器标准规定，以净气箱静压保持在 -2000Pa 时测定的漏风率为准。

493. 影响除尘效果的原因主要有哪些？

（1）风量小，除尘风机的出入口阀门没有全部打开。

（2）各吸尘点不密封，吸尘点阀门调节不当。

（3）滤袋被水蒸气糊住，透气性差。

（4）反喷不及时或反喷间隔时间大。

（5）离线反喷所用的汽缸有脱落现象。

（6）各吸尘点配风不均衡。

（7）所用气源压力低，提升阀无法打开。

（8）除尘管道堵塞。

（9）除尘器设计风量与实际用风量不匹配。

494. 除尘中处理风量指的是什么?

处理风量是指除尘设备在单位时间内所能净化气体的体积量，单位为 m^3/h。处理风量是袋式除尘器设计中最重要的因素之一。

495. 袋式除尘器的清灰方式有哪几种?

（1）气体清灰。气体清灰借助高压气体或外部大气反吹滤袋，以清除滤袋上的积灰。气体清灰包括脉冲喷吹清灰、反吹风清灰和反吸风清灰。

（2）机械振打清灰。机械振打清灰分顶部振打清灰和中部振打清灰（均对滤袋而言）。它借助机械振打装置周期性地轮流振打各排滤袋，以清除滤袋上的积灰。

（3）人工敲打清灰。人工敲打清灰是用人工拍打每个滤袋，以清除滤袋上的积灰。

496. 按滤袋形状除尘器分为哪几种?

按滤袋形状，除尘器可分为圆袋式除尘器和扁袋式除尘器两类。

（1）圆袋式除尘器：滤袋形状为圆筒形，直径一般为 120～300mm，最大不超过 600mm，高度为 2～3m，也有 10m 以上的。圆袋的支撑骨架及连接较简单，清灰容易，维护管理比较方便。

（2）扁袋式除尘器：滤袋形状为扁袋形，厚度及滤袋间隙为 25～50mm，高度为 0.6～1.2m，深度为 300～500mm。其最大的优点是单位容积的过滤面积大，但由于清灰、检修、换袋较复杂，使用受到限制。

497. 按进气口位置袋式除尘器分为哪几种?

按进气口位置，袋式除尘器可分为下进风袋式除尘器和上进风袋式除尘器。

（1）下进风袋式除尘器。含尘气体由除尘器下部进入，气流自下而上，大颗粒粉尘直接落入灰斗，减少了滤袋的磨损，延长了清灰间隔时间，但由于气流方向与粉尘下落方向相反，容易带出部分微细粉尘，降低了清灰效果，增加了阻力。

（2）上进风袋式除尘器。含尘气体的入口设在除尘器的上部，粉尘沉降与气流方向一致，有利于粉尘沉降，除尘效率有所提高，设备阻力也降低 15%～30%。

498. 按过滤烟气方向袋式除尘器分为哪几种?

按过滤方向，袋式除尘器可分为内滤式袋式除尘器和外滤式袋式除尘器。

（1）内滤式袋式除尘器：含尘气流由滤袋内侧流向外侧，粉尘沉积在滤袋内表面上。其优点是滤袋外部为清洁气体，便于检修和换袋。一般机械振动、反吹风等清灰方式多采用内滤式袋式除尘器。

（2）外滤式袋式除尘器：含尘气流由滤袋外侧流向内侧，粉尘沉积在滤袋的外表面上，其滤袋内要设支撑骨架，因此滤袋磨损较大。脉冲喷吹、回转反吹等清灰方式多采用外滤式袋式除尘器。

499. 按过滤面积袋式除尘器分为哪几种？

（1）超大型袋式除尘器：   过滤面积 $S \geqslant 5000\text{m}^2$

（2）大型袋式除尘器：   过滤面积 $1000\text{m}^2 \leqslant S < 5000\text{m}^2$

（3）中型袋式除尘器：   过滤面积 $200\text{m}^2 \leqslant S < 1000\text{m}^2$

（4）小型或机组型袋式除尘器： 过滤面积 $20\text{m}^2 \leqslant S < 200\text{m}^2$

（5）微型或小机组型袋式除尘器： 过滤面积 $S < 20\text{m}^2$

500. 什么是离线清灰，什么是在线清灰？

（1）离线清灰是指除尘器在清灰作业时，过滤前进气烟尘与过滤后的净气流被挡板或其他设施分隔开，形成短路，逐箱隔离，轮流进行，粉尘不受气流的影响，易下沉至灰斗中。离线清灰效果好，除尘效率高，运行可靠，维护方便。

（2）在线清灰是指除尘器在清灰作业时，进气烟尘与出气烟尘相串联，在线清灰时，粉尘下降的方向与过滤后的出口气流的方向一致，使清灰效果差，除尘效率降低。

501. 袋式除尘器常见故障的原因与排除方法有哪些？

袋式除尘器常见故障、产生原因及排除方法如表6-3所示。

表6-3 袋式除尘器常见故障、产生原因及排除方法

故障现象	产 生 原 因	排 除 方 法
滤袋磨损	相邻滤袋间摩擦	调整滤袋的张力与结构
	与箱体摩擦	
	粉尘的磨蚀	修补或更换破损的滤袋
	相邻滤袋破损而致	
滤袋烧毁	流入火种	消除火种
	粉尘发热	清除积灰
	违章动火	除尘器入口烟气温度与风机联锁投入
滤袋脆化	酸、碱或其他有机溶剂蒸气作用	防腐蚀处理
	其他腐蚀作用	
滤袋堵塞	滤袋使用时间长	更换布袋
	处理气体含有水分	检查原因并处理
	漏　水	修补、堵漏
	风速过大	减小风速
	清灰不良、卸灰不及时	调整清灰与卸灰的时间周期

故障现象	产 生 原 因	排 除 方 法
阻力异常上升	反吹管被粉尘堵塞	清理疏通
	换向阀密封不良	修复或更换
	气体温度变化而使清灰困难	控制气体温度
	清灰机构发生故障	检查并排除故障
	粉尘温度高、发生堵塞或清灰不良	控制粉尘温度、清理、疏通
	清灰与卸灰定时器时间设置不合理	校验时间设置器
	振动机构动作不良	检查、调整
	灰斗内积存大量的粉尘	清扫积灰
	风量过大	减小风量
	滤袋堵塞	检查原因、清理堵塞
	因漏水使滤袋潮湿	修补漏洞
	换向阀动作不良及漏风量大	调整换向阀动作、减小漏风量
	反吹阀门动作不良及漏风率大	调整换向阀动作、减小漏风量
灰斗中粉尘不能排出	灰斗下部粉尘发生堵塞	清除粉尘堵塞
	输灰系统发生故障	检查输灰系统并且处理
	粉尘固结	清除固结粉尘
	排出溜槽堵塞	清理溜槽，排出异物
	粉尘潮湿，产生附着现象从而难下落	清扫附着粉尘，防潮湿处理

502. 除尘器选型主要考虑哪些因素？

（1）处理风量。处理风量是指除尘设备在单位时间内所能净化气体的体积量，单位为 m^3/h。它是袋式除尘器设计中最重要的因素之一。根据风量设计或选择袋式除尘器时，一般不能使除尘器在超过规定风量的情况下运行，否则，滤袋容易堵塞，寿命缩短，压力损失大幅度上升，除尘效率也会降低；但也不能将风量选得过大，否则会增加设备投资和占地面积。处理风量的合理选择常常是根据工艺情况和经验来决定的。

（2）使用（介质）温度。对于袋式除尘器来说，其使用温度取决于两个因素，第一是滤料的最高承受温度，第二是气体温度必须在露点温度以上。目前，由于玻璃纤维滤料的大量选用，其最高使用温度可达280℃，对高于这一温度的气体必须采取降温措施。对低于露点温度的气体必须采取提温措施。对袋式除尘器来说，使用温度与除尘效率关系并不明显，这一点不同于电除尘，对电除尘器来说，温度的变化会影响到粉尘的比电阻等从而影响除尘效率。

（3）入口含尘浓度。入口含尘浓度即入口粉尘浓度，这是由扬尘点的工艺所决定的。在设计或选择袋式除尘器时，它是仅次于处理风量的又一个重要因素，以 g/m^3 来表示。对于袋式除尘器来说，入口含尘浓度直接影响下列因素：

1）压力损失和清灰周期。入口浓度增大，同一过滤面积上积灰速度快，压力损失随之增加，结果是不得不增加清灰次数。

2）滤袋和箱体的磨损。在粉尘具有强磨蚀性的情况下，其磨损量可以认为与含尘浓度成正比。

3）预收尘有无必要。预收尘就是在除尘器入口处前再增加一级除尘设备，也称前级除尘。

4）排灰装置的排灰能力。排灰装置的排灰能力应以能排出全部收下的粉尘为准，粉尘量等于入口含尘浓度乘以处理风量。

5）操作方式。袋式除尘器分为正压和负压两种操作方式，为减少风机磨损，入口浓度大的不宜采用正压操作方式。

（4）出口含尘浓度，出口含尘浓度指除尘器的排放浓度，表示方法同入口含尘浓度。出口含尘浓度的大小应以当地环保要求或用户的要求为准，袋式除尘器的排放浓度（标志）一般都能达到 $50mg/m^3$ 以下。

（5）压力损失。袋式除尘的压力损失或称阻力，是指气体从除尘器进口到出口的压力降。袋式除尘的压力损失取决于下列三个因素：

1）操作压力。袋式除尘器的操作压力根据除尘器前后的装置和风机的静压值及其安装位置而定，也是袋式除尘器的设计耐压值。

2）过滤速度。过滤速度是设计和选择袋式除尘器的重要因素，它的定义是过滤气体通过滤料的速度，或者是通过滤料的风量和滤料面积的比，单位为 m/min。

3）滤袋的长径比。滤袋的长径比是指滤袋的长度和直径之比。

503. 环保中常说的 COD 是什么意思？

COD 即化学需氧量，是在一定的条件下，采用一定的强氧化剂处理水样时，所需消耗的氧化剂量。它是表示水中还原性物质多少的一个指标。水中的还原性物质有各种有机物、亚硝酸盐、硫化物、亚铁盐等，其中主要的是有机物。因此，COD 又往往作为衡量水中有机物质含量多少的指标。化学需氧量越大，说明水体受有机物的污染越严重。随着测定水样中还原性物质以及测定方法的不同，COD 测定值也不同。目前应用最普遍的是酸性高锰酸钾氧化法与重铬酸钾氧化法。高锰酸钾法，氧化率较低，但比较简便。在测定水样中有机物含量的相对比较值时，可以采用此法。重铬酸钾法，氧化率高，再现性好，适用于测定水样中有机物的总量。

有机物对工业水系统的危害很大。含有大量的有机物的水在通过除盐系统时会污染离子交换树脂，特别容易污染阴离子交换树脂，使树脂交换能力降低。有机物在经过预处理时（混凝、澄清和过滤），约可减少 50%，但在除盐系统中无法除去，故它常通过补给水带入锅炉，使炉水 pH 值降低。有时有机物还可能带入蒸汽系统和凝结水中，使 pH 值降低，造成系统腐蚀。在循环水系统中有机物含量高会促进微生物繁殖。因此，不管对除盐、炉水或循环水系统，COD 都是越低越好，但并没有统一的限制指标。在循环冷却水系统中 COD 大于 5mg/L 时，水质已开始变差。

504. 环保中常说的 BOD 是什么意思？

BOD（Biochemical Oxygen Demand）是指生化需氧量或生化耗氧量。它是表示水中有机物等需氧污染物质含量的一个综合指示。

它说明水中有机物由于微生物的生化作用氧化分解，使之无机化或气体化时所需消耗水中溶解氧的总数量，其单位为 mg/L。BOD 值越高说明水中有机污染物质越多，污染也就越严重。

为了使检测资料有可比性，一般规定一个时间周期，在这段时间内，在一定温度下用水样培养微生物，并测定水中溶解氧消耗情况。一般时间周期采用五天时间，称为五日生化需氧量，记做 BOD_5。数值越大证明水中含有的有机物越多，因此污染也越严重。

生化需氧量的计算方式如下：

$$BOD = (D_1 - D_2)/P$$

式中　D_1——稀释后水样的初始溶氧量，mg/L；

　　　D_2——稀释后水样经20℃恒温培养箱培养5天的溶氧量，mg/L；

　　　P——水样体积（mL）与稀释后水样的最终体积（mL）的比值。

生化需氧量和化学需氧量的比值能说明水中的有机污染物有多少是微生物难以分解的。微生物难以分解的有机污染物对环境造成的危害更大。

附　　录

干熄焦中级工技能鉴定模拟试题（一）

一、填空题

1. 如果液压油泵转起来而不出油，且声音听起来很空，这可能是因为_____。
2. 液压泵在装好后，用手转时转动不灵活，可能是_____不同轴心。
3. 液压换向阀不换向的可能原因为_____或电磁铁出故障。
4. PLC 主机部分由_____、存储器、_____和_____输入输出接口组成。
5. 熄焦操作主要是控制_____。
6. 熄焦车接焦时行车速度应与_____相适应，使车内焦炭均匀分布。
7. 干法熄焦是在_____中实现的，不需要熄焦水，消除了对空气或水的污染。
8. 焦炭冷却速度主要取决于_____温度和其_____的速度。
9. 煤在炭化室室内隔绝空气加热至_____℃，得到焦炭和荒煤气。
10. 红焦的蒸汽产率一般为_____。
11. 焦炉检修前，干熄炉内料位最好应控制在_____料位。
12. 干熄焦循环系统必须保证严密性，投产前或大修后均应进行_____。
13. 在不装焦的情况下，排焦时锅炉入口温度一直下降，说明_____。
14. 在排焦区域作业，CO 浓度不超过_____ mg/L 可连续工作。
15. 干熄焦循环风机的冷却器入口油温为_____℃。
16. 干熄焦罐的有效容积为_____。
17. 干熄焦锅炉的烟气阻力为_____ Pa。
18. 要清除锅炉内的油脂用_____方法清洗。
19. 如果要降低干熄炉中栓的温度，应打开_____侧的空气导入孔。
20. 锅炉汽包水位采用三冲量调节的目的是_____。
21. 目前干熄焦向_____和_____发展。
22. 干熄炉预存室料位计采用_____进行检测。
23. 如果要降低干熄焦循环气体中可燃成分浓度，打开_____侧的空气导入孔最有效果。
24. 要清除锅炉中的铁锈用_____方法清洗。
25. 干熄炉的升降温速度是根据_____的特性和砌砖中水分的状况而定的。

二、选择题

1. 系统性原因造成的质量波动称为（　　）。
   A. 正常波动　　　B. 异常波动　　　C. 微观波动　　　D. 宏观波动

2. 下列不属于传热方式的是 （　　）。

    A. 扩散　　　　　　B. 传导　　　　　　C. 对流　　　　　　D. 辐射

3. 干熄焦本体除尘是指 （　　）。

    A. 装焦除尘　　　　B. 排焦除尘　　　　C. 装焦除尘和排焦除尘D. 转运除尘

4. 干熄焦提升机采用 （　　） 变速。

    A. 变极　　　　　　B. 液力耦合　　　　C. 变频　　　　　　D. 速度设定

5. 干熄炉保温保压时，料位一般控制在 （　　） 料位。

    A. 上　　　　　　　B. 中　　　　　　　C. 下　　　　　　　D. 极限

6. 干熄炉停炉时，料位一般控制在 （　　）。

    A. 上　　　　　　　B. 中　　　　　　　C. 下　　　　　　　D. 斜风道以下 0.5 ~ 1m

7. 干熄焦锅炉的给水温度应为 （　　）℃。

    A. 130　　　　　　B. 104　　　　　　C. 常温　　　　　　D. 260

8. 干熄炉常用放散堵塞，循环气体中 （　　） 含量明显增加。

    A. 可燃成分　　　　B. N_2　　　　　　C. O_2　　　　　　D. 水分

9. 干熄炉排焦上密封充氮的目的是 （　　）。

    A. 降低可燃成分　　B. 增加 N_2 含量　　C. 降低 O_2 含量　　D. 防止循环气体外泄

10. 干熄炉预存室压力一般控制在 （　　） Pa。

    A. ±100　　　　　　B. ±50　　　　　　C. ±60　　　　　　D. ±70

11. 锅炉入口循环气体温度在大于 600℃时,打开空气导入孔,主要降低循环气体中的(　　)。

    A. N_2　　　　　　B. CO_2　　　　　C. O_2　　　　　　D. 可燃成分

12. 循环气体中含量最高的成分是 （　　）。

    A. N_2　　　　　　B. CO_2　　　　　C. O_2　　　　　　D. CO

13. 带动胶带运输机运转的电动机，线电压是 （　　） V。

    A. 220　　　　　　B. 380　　　　　　C. 3000　　　　　　D. 36

14. 干熄炉一次除尘充氮量较大，会造成锅炉入口温度 （　　）。

    A. 升高　　　　　　B. 降低　　　　　　C. 无影响　　　　　　D. 增大

15. 焦炭挥发分的主要成分是 （　　）。

    A. C　　　　　　　B. O　　　　　　　C. H　　　　　　　D. S

16. 焦炭气孔壁的主要成分是 （　　）。

    A. C　　　　　　　B. O　　　　　　　C. H　　　　　　　D. S

17. 湿熄焦炭表面受 （　　），破坏了球状组织，内部开气孔多，裂纹网多。

    A. 燃烧反应　　　　B. 还原反应　　　　C. 水煤气反应　　　　D. 物理反应

18. 由于干熄焦炭强度的改善，也可提高配合煤料中 （　　） 的配比。

    A. 焦煤　　　　　　B. 气煤或弱黏结煤　　C. 肥煤　　　　　　D. 褐煤

19. 锅炉入口温度最高为 （　　）。

    A. 650℃　　　　　B. 700℃　　　　　C. 800℃　　　　　D. 980℃

20. 循环风机停止运转，首先要 （　　）。

    A. 停止排焦　　　　B. 充氮　　　　　　C. 停止装焦　　　　D. 保温保压

三、判断题

1. 干熄炉底锥段安装有鼓风装置的排焦装置。（　　）

2. 斜道的作用是抽排已热气体。（　）

3. 干熄炉水封的作用是防止炉口冒火。（　）

4. 干熄炉的预存室与冷却室内径相同。（　）

5. 干熄炉有周边风道。（　）

6. 干熄炉冷却室与预存室内径相同。（　）

7. 循环气体在干熄炉预存室与红焦逆流接触进行换热。（　）

8. 干熄焦工艺二次除尘的目的是为了保护循环风机。（　）

9. 循环气体从锅炉底部进入。（　）

10. 循环气体与除氧水在锅炉内并流换热。（　）

11. 在干熄焦锅炉内循环气体走壳程。（　）

12. 在干熄焦锅炉内水走管程。（　）

13. 对干熄焦循环气体来说锅炉为负压。（　）

14. 循环风机是干熄焦循环系统的动力来源。（　）

15. 一次除尘为正压段。（　）

16. 循环风机出入口均为正压段。（　）

17. 工艺除尘焦尘仓在输灰时可以输空。（　）

18. 工艺除尘焦尘仓输空影响循环气体中各成分的含量。（　）

19. 几条相连的皮带开车时由上道工序到下道工序。（　）

20. 干熄炉顶锥段温度只在烘炉或停炉时使用。（　）

21. 干熄炉顶锥段温度在干熄焦正常生产时不使用。（　）

22. 干熄炉负压段漏入空气会造成预存室压力突然升高。（　）

23. 在干熄焦的煤气烘炉阶段，风机后闸阀应关闭。（　）

24. 在干熄炉烘炉的温风干燥阶段，主管理温度是由常温升至120℃。（　）

25. 干熄炉烘炉时的主管理温度为干熄炉顶温度。（　）

四、简答题

1. 试述干熄炉预存室的作用。

2. 为什么干法熄焦能改善焦炭质量，提高其强度？

3. 干熄炉装红焦前为什么要进行烘炉？

4. 简述干熄焦一次除尘料位检测原理。

5. 干熄焦锅炉出口循环气体温度为什么在140～180℃之间？

五、计算题

1. 若一干熄焦锅炉的生产能力为75t/h，排污量为1%，计算两锅炉1h的耗除氧水量。

2. 用皮带输送焦炭，若皮带的带速为1m/s，皮带上焦炭连续且均匀，并且截取1m称其重量为0.075t，计算10min该皮带能输送焦炭多少吨？

干熄焦中级工技能鉴定模拟试题（二）

一、填空题

1. 干熄炉冷却段的主要作用是_____。
2. 干熄炉是内衬_____的竖窑结构。
3. 干熄炉鼓风装置分为_____层。
4. 循环气体在干熄炉_____与焦炭直接接触进行热交换。
5. 在干熄炉内循环气体与焦炭_____流换热。
6. 循环气体从锅炉_____进入锅炉。
7. 干熄焦工艺一次除尘的主要目的是_____。
8. 干熄焦循环系统负压段是从_____到风机入口。
9. 干熄炉预存室压力突然升高且无法调节，这说明_____。
10. 干熄炉预存室压力突然降低且无法调节，这说明_____。
11. 干熄炉顶锥段温度在_____时使用。
12. 在干熄焦煤气烘炉后期进行 N_2 置换目的是为了_____。
13. 在干熄焦烘炉的温风干燥阶段，在锅炉内空气_____。
14. 干熄焦工艺一次除尘的作用是除去_____。
15. 在干熄焦烘炉的煤气烘炉阶段热气体是煤气在_____燃烧产生的。
16. 在干熄焦烘炉的煤气烘炉阶段锅炉作为_____使用。
17. 干熄炉烘炉的温风干燥阶段采用_____方法对系统进入除水。
18. 在煤气烘炉阶段，风机后闸阀应_____。
19. 在烘炉的温风干燥阶段，预存室压力应为_____压。
20. 设备点检的目的是_____。
21. 点检按目的可分为倾向点检和_____。
22. 设备劣化可分为使用劣化、_____和强制劣化。
23. 设备点检的"三位一体"是指日常点检、_____和精密点检。
24. 煤气烘炉时若火焰偏暗，应增加_____。
25. 焦炭与 CO_2 或水蒸气反应的反应速度称为_____。
26. 干熄炉二次除尘的作用是_____。
27. 干熄炉炉口水封的作用是防止炉内气体_____，炉外空气_____。
28. 干熄炉内的热交换是以_____为主，以_____、_____为辅的热交换方式。
29. 干熄炉设计生产能力为_____。
30. 干熄焦循环风机的调速方式为_____和_____。

二、选择题

1. 干熄焦循环风机轴承温度为小于（　　）。
   A. 环境温度 +40℃　　　　B. 40℃　　　　　　C. 50℃　　　　　　D. 60℃
2. 排焦液压站油温不能高于（　　）。
   A. 40℃　　　　　　　　　B. 65℃　　　　　　C. 50℃　　　　　　D. 60℃

3. 在煤气烘炉阶段，作为冷却器使用的是（　　）。

 A. 干熄炉   B. 锅炉   C. 一次除尘   D. 二次除尘

4. 在温风干燥阶段，采用（　　）的方法对系统进行除水。

 A. 高温小风量   B. 低温小风量 C. 高温大风量   D. 低温大风量

5. 干熄炉内料位为（　　）料位时，干熄炉不能装焦。

 A. 高   B. 下   C. 正常   D. 极限

6. 干熄炉内料位为（　　）料位时，炉盖不能关闭。

 A. 高   B. 下   C. 正常   D. 极限

7. 液体转化为蒸汽的过程叫（　　）。

 A. 汽化   B. 液化   C. 蒸发   D. 沸腾

8. 焦炭挥发分是衡量焦炭（　　）的一个指标。

 A. 块度   B. 成熟度   C. 灰分   D. 水分

9. 在液体表面进行的气化过程叫（　　）。

 A. 汽化   B. 蒸发   C. 液化   D. 沸腾

10. 焦炭筛分是评价焦炭（　　）是否均匀的指标。

 A. 块度   B. 强度   C. M_{10} D. M_{40}

11. 干熄焦风料比应控制在（　　）m^3/t 焦炭。

 A. 1250   B. 1500   C. 10000   D. 120000

12. 循环气体含量最高的成分是（　　）。

 A. N_2 B. H_2 C. CO_2 D. CO

13. 锅炉入口温度最高为（　　）。

 A. 650℃   B. 700℃   C. 800℃   D. 980℃

14. 循环风机停止运转，首先要（　　）。

 A. 停止排焦   B. 充氮   C. 停止装焦   D. 保温保压

15. 干熄焦一次除尘采用（　　）料位计。

 A. 电容式料位计 B. 热电偶料位计 C. γ 射线料位计 D. 电阻式料位计

16. 干熄焦系统的充氮点共有（　　）处。

 A. 1   B. 2   C. 3   D. 4

17. 干熄焦循环风机在惰性速度运转时，其转速为额定转速的（　　）。

 A. 50   B. 10   C. 30   D. 100

18. 在干熄焦煤气烘炉后期进行 N_2 置换目的是为了赶尽（　　）。

 A. 煤气   B. 空气   C. 残余煤气与空气 D. 循环气体

19. 干熄炉烘炉的温风干燥阶段，主管理温度是由常温升至（　　）℃。

 A. 120   B. 80   C. 160   D. 100

20. 在烘炉的温风干燥阶段，在（　　）空气被加热。

 A. 锅炉   B. 干熄炉   C. 风机   D. 一次除尘

三、判断题

1. 干熄焦循环风机的电动机有三种型号。（　　）

2. 风机切工频是指频率为 50Hz。（　　）

3. 提升机变速方式为变极调速。（　　）

4. 牵引变速方式为变频调速。（   ）

5. 气力输送在输工艺除尘焦粉时可以将灰斗输空。（   ）

6. 若焦炉等炉点重合，那么在等炉前将干熄炉料位控制在正常料位。（   ）

7. 干熄炉在保温保压时，料位控制在正常料位。（   ）

8. 干熄炉料位达极限料位时，炉盖不能关闭。（   ）

9. 干熄焦排焦上密封充 N_2 是向干熄炉内补充 N_2。（   ）

10. 焦炉煤气的主要成分是 H_2，高炉煤气的主要成分是 CO。（   ）

11. O_2 是煤气中的可燃成分。（   ）

12. M_{10} 代表抗碎强度。（   ）

13. 粒度小于 10mm 的焦炭称为粉焦。（   ）

14. $V_{daf} = 2.2\%$ 的焦炭为成熟焦炭。（   ）

15. 焦炭作为热源的化学方程式为 $C + O_2 = CO_2 - Q$。（   ）

16. 为了推焦顺利，焦炉炭化室宽度一般机侧比焦侧窄。（   ）

17. 焦炉煤气的主要成分为 CH_4。（   ）

18. 焦炉煤气的热值大于高炉煤气。（   ）

19. 焦炭灰分越高对高炉生产越有利。（   ）

20. 焦炭的显微组分类型与炼焦煤性质有关，与炼焦、备煤条件则关系不大。（   ）

21. 焦炭硫分越高对高炉生产越有利。（   ）

22. M_{40} 代表耐磨强度。（   ）

23. 焦炭作为还原剂的化学方程式为 $CO_2 + C = 2CO - Q$。（   ）

24. 汽包水位达到下下限时，循环风机应立即停止运转。（   ）

25. 干熄焦环境除尘不会产生爆炸现象。（   ）

四、简答题

1. 为什么要保持干熄焦循环系统的严密性？

2. 干熄焦停炉时为什么要充氮？

3. 为什么干熄炉要设置常用放散阀？

4. 影响预存室压力的因素有哪些？

5. 干熄炉停炉检查应注意哪些问题？

五、计算题

1. 焦炉煤气饱和温度为 20℃，干煤气中 H_2 含量为 59.5%，1m^3 干煤气在 20℃时饱和水汽体积（标态）为 0.0235m^3/m^3，计算湿煤气中 H_2 组分的含量。

2. 某月中从月初至某一天，经高炉送炼铁的冶金焦为 35689t，落地焦中粉焦为 2860t，中焦为 11316t，计算本月中截至这天的冶金焦率为多少？

3. 按干熄炉生产能力为 150t/h 计，其蒸汽发生率为每 1t 红焦产生 0.57t 蒸汽，3.75kg 蒸汽发电 1kW·h，若电价格为 0.6 元/kW·h，计算每小时干熄炉发电的经济效益为多少？

干熄焦高级工技能鉴定模拟试题（一）

一、填空题

1. 干熄焦循环风机启动时，锅炉水位调整在_____ mm。

2. 当干熄炉料位到达_____时，停止装焦。

3. 正常生产时，锅炉水位一般控制在_____ mm。

4. 干熄炉预存室料位计采用_____进行检测。

5. 高炉煤气的主要成分为_____。

6. 当干熄炉预存室料位达到_____料位时，停止排焦。

7. 干熄焦的循环气体成分取样点_____。

8. PLC 主机部分由_____、存储器、_____和_____输入输出接口组成。

9. 红焦的蒸汽产率一般为_____。

10. 焦炉检修前，干熄炉内料位最好应控制在_____料位。

11. 干熄焦循环系统必须保证严密性，投产前或大修后均应进行_____。

12. 余热锅炉应定期_____，一般在低负荷时进行。

13. 焦炭冷却速度主要取决于_____温度和其_____的速度。

14. 打开空气导入孔，可降低循环气体中_____的浓度。

15. 焦炭产率一般为_____。

16. 焦炉煤气产率为对干煤重量的百分数一般为_____。

17. 焦炭灰分高对高炉_____。

18. 焦炭中水分来源于_____和_____。

19. 焦炭气孔壁的主要成分为_____。

20. 国家标准中冶金焦粒度要求为_____。

21. 焦炭与 CO_2 或水蒸气相作用的能力称为_____。

22. 成熟的焦炭从炭化室推出温度为_____。

23. 干熄炉有_____个空气导入孔。

24. 干熄炉有_____个斜道。

25. 如果要降低干熄焦循环气体中可燃成分浓度，打开_____侧的空气导入孔最有效。

26. 干熄焦罐的有效容积为_____。

27. 干熄焦锅炉的烟气阻力为_____ Pa。

28. 锅炉的清洗有_____和_____两种形式。

29. 当汽包水位达下下限时，要求_____停止运转。

30. 风机入口循环气体温度超过 250℃，增加_____。

二、选择题

1. 干熄炉烘炉的温风干燥阶段，主管理温度是由常温升至（　　）℃。
   A. 120 　　　　　　　B. 80 　　　　　　　C. 160 　　　　　　　D. 100

2. 在烘炉的温风干燥阶段，在（　　）空气被加热。

  A. 锅炉   B. 干熄炉   C. 风机   D. 一次除尘

3. 在煤气烘炉阶段，作为冷却器使用的是（   ）。

  A. 干熄炉   B. 锅炉   C. 一次除尘   D. 二次除尘

4. 在温风干燥阶段，采用（   ）的方法对系统进行除水。

  A. 高温小风量   B. 低温小风量   C. 高温大风量   D. 低温大风量

5. 液压泵在装好后，用手转但转动不灵活，可能是（   ）。

  A. 泵与电动机不同轴心   B. 泵与电动机同轴心   C. 轴缺油   D. 电动机偏小

6. 当液压系统液压油的油温在（   ）时，开冷却器。

  A. >30℃   B. <30℃   C. >55℃   D. <55℃

7. 当液压系统液压油的油温在（   ）时，关冷却器。

  A. >30℃   B. <30℃   C. >55℃   D. <55℃

8. 在干熄炉长时间维持在低负荷运行或停止排焦时，循环气体成分中（   ）上升最快。

  A. O_2 B. CO   C. N_2 D. H_2

9. 在排焦区域作业，CO 浓度不超过（   ）mg/L 可连续工作。

  A. 30   B. 50   C. 100   D. 200

10. 干熄焦循环风机在惰性速度运转时，其转速为额定转速的（   ）。

  A. 50%   B. 10%   C. 30%   D. 100%

11. 干熄焦循环风机的冷却器入口油温为（   ）。

  A. 30 ~ 65℃   B. 30 ~ 55℃   C. >65℃   D. <30℃

12. 液压系统的正常工作油温一般为（   ）。

  A. 20 ~ 30℃   B. 30 ~ 40℃   C. 30 ~ 50℃   D. 40 ~ 50℃

13. 液压系统中单向阀对（   ）起保护作用。

  A. 逆流阀   B. 节流阀   C. 截止阀   D. 换向阀

14. 干熄焦的仪表控制系统采用（   ）控制系统。

  A. PLC   B. μXL   C. 集散控制系统   D. 液压系统

15. 在干熄焦煤气烘炉阶段，若火焰偏亮应适度（   ）。

  A. 增加空气导入量   B. 减少空气导入量   C. 增加循环风量   D. 减少循环风量

16. 在干熄焦煤气烘炉阶段，若火焰脉动应适度（   ）。

  A. 增加空气导入量   B. 减少空气导入量   C. 增加循环风量   D. 减少循环风量

17. 在干熄焦烘炉的温风干燥阶段，若主管温度升得过快应（   ）。

  A. 增加循环风量   B. 增加空气导入量   C. 减少蒸汽通入量   D. 减少导入空气量

18. 凉焦台的倾角是（   ）。

  A. 15°   B. 28°   C. 30°   D. 45°

19. 工业分析指的是以（   ）表示的焦炭分析四个项目的总称。

  A. 水分、灰分、挥发分和固定碳

  B. 水分、灰分、硫分和挥发分

  C. 水分、硫分、挥发分和固定碳

  D. 灰分、硫分、水分和固定碳

20. 在我国煤炭分类方案中，是以煤的（   ）来表示煤的变质程度的。

  A. 挥发分   B. 可燃基挥发分   C. 干燥基挥发分   D. 收到基挥发分

三、判断题

1. 干熄炉的预存室分布在干熄炉的上部。（　）
2. 斜道的作用是抽排已热气体。（　）
3. 干熄炉水封的作用是防止炉口冒火。（　）
4. 干熄炉的预存段与冷却段内径相同。（　）
5. 干熄炉有中央和周边风道。（　）
6. 循环气体在干熄炉预存室与红焦逆流接触进行换热。（　）
7. 干熄焦工艺二次除尘的目的是为了保护循环风机。（　）
8. 循环气体从锅炉底部进入。（　）
9. 循环气体与除氧水在锅炉内并流换热。（　）
10. 在干熄焦锅炉内循环气体走壳程。（　）
11. 对干熄焦循环气体来说锅炉为负压。（　）
12. 循环风机是干熄焦循环系统的动力来源。（　）
13. 一次除尘为正压段。（　）
14. 循环风机出入口均为正压段。（　）
15. 工艺除尘焦尘仓在输灰时可以输空。（　）
16. 工艺除尘焦尘仓输空影响循环气体中各成分的含量。（　）
17. 几条相连的皮带开车时由上道工序到下道工序。（　）
18. 干熄焦本体布袋除尘器与转运布袋除尘器两型号完全相同。（　）
19. 干熄炉顶锥段温度只在烘炉或停炉时使用。（　）
20. 在干熄焦锅炉内水走管程。（　）
21. 干熄炉顶锥段温度在干熄焦正常生产时不使用。（　）
22. 干熄炉负压段漏入空气会造成预存段压力突然升高。（　）
23. 在干熄焦的煤气烘炉阶段，风机后闸阀应关闭。（　）
24. 在干熄炉烘炉的温风干燥阶段，主管理温度是由常温升至120℃。（　）
25. 干熄炉烘炉时的主管理温度为干熄炉顶温度。（　）
26. 在干熄炉烘炉的温风干燥阶段，预存室压力应为负压。（　）
27. 在液压系统的正常工作中，蓄能器必须使用。（　）
28. 备用液压泵在刚启动时噪声稍大属正常。（　）
29. 设备完好率越高越好。（　）
30. 干熄炉正压段漏入空气会造成预存室压力突然升高。（　）

四、简答题

1. 什么是爆炸，产生爆炸的条件是什么？
2. 循环气体组分主要控制哪些成分，为什么？
3. 为什么要保持干熄焦循环系统的严密性？
4. 干熄焦停炉时为什么要充氮？
5. 论述控制循环气体中 CO、H_2 的重要性。

五、计算题

1. 在某月中干熄焦共发电 242.84 万 kW·h，该月中共有 31 天，影响发电的计划检修时间为 32 小时，计算本月中去掉定修后的日均发电量。

2. 干熄焦炭可降低高炉焦比，若焦炉焦比可降低 2%，3000t 干熄焦炭用于高炉冶炼，每吨焦炭按价格为 1500 元计算，可节约多少钱？

3. 为保证 2×42 孔 JN43-80 型焦炉湿熄焦的工艺要求，其配套的熄焦车有效长度 H 约为 13m，焦炭在焦台的停留时间 t 为 20min，检修时间 τ_2 为 2h，周转时间 τ_1 为 19h，其紧张操作系数 K 为 1.07，计算与其配套的焦台长度。

4. 焦炉煤气饱和温度为 20℃，干煤气中 H_2 含量为 59.5%，1m^3 干煤气在 20℃时饱和水汽体积（标态）为 0.0235m^3/m^3，计算湿煤气中 H_2 组分的含量。

5. 煤气各组分的低发热值（标态）为：CO 为 3040kal/m^3、H_2 为 2590kal/m^3、CH_4 为 8560kal/m^3、C_mH_n 为 17000kal/m^3（1kal = 4.184J），若焦炉煤气中含 H_2 59.5%，CO 6%，CH_4 25.5%，C_mH_n 2.2%，计算该煤气组成的低发热值。

干熄焦高级工技能鉴定模拟试题（二）

一、填空题

1. 干熄焦循环系统负压段是从_____到风机入口。

2. 干熄炉预存室压力突然升高且无法调节，这说明_____。

3. 干熄炉顶锥段温度在_____时使用。

4. 在干熄焦煤气烘炉后期进行 N_2 置换目的是为了_____。

5. 在干熄焦烘炉的温风干燥阶段，在锅炉内空气_____。

6. 干熄焦工艺一次除尘的作用是除去_____。

7. 在干熄焦烘炉的煤气烘炉阶段热气体是煤气在_____燃烧产生的。

8. 在干熄焦烘炉的煤气烘炉阶段锅炉作为_____使用。

9. 干熄炉预存室压力突然降低且无法调节，这说明_____。

10. 如果要降低干熄炉中栓的温度，应打开_____侧的空气导入孔。

11. 干熄焦循环风机的电动机的额定功率为_____ kW。

12. 干熄炉冷却段的容积为_____。

13. 锅炉汽包水位采用三冲量调节的目的为_____。

14. 干熄炉的升降温速度是根据_____的特性和砌砖中水分的状况而定的。

15. _____是决定煤气燃烧特性的基本原因。

16. 粉焦仓仓底倾角为_____度，以保证顺利下料。

17. 如果干熄炉的升降温速度过快，会使_____。

18. 干熄焦锅炉泄漏，循环气体中_____会增高。

19. 干熄炉保温保压时，一般料位要控制在_____料位。

20. 干熄焦循环风机的调速方式为_____和_____。

21. 干熄焦余热锅炉的型号为_____。

22. 干熄焦余热锅炉采用_____循环。

23. 干熄焦的工艺一次除尘的料位检测元件是_____。

24. 干熄焦余热锅炉的特点为_____、_____和_____。

25. 干熄炉料位的检测装置是_____。

26. 由于干熄焦炭强度的改善，也可提高配合煤料中_____的配比。

27. 干熄炉预存室压力一般控制在_____。

28. 锅炉汽包水位三冲量调节的三冲量为_____、_____和_____。

29. 干熄焦炭质量提高的原因，主要在于焦炭的缓慢冷却和_____。

30. 过热蒸汽为_____色。

二、选择题

1. 干熄焦本体除尘是指（　　）。
   A. 装焦除尘　　B. 排焦除尘　　C. 装焦除尘和排焦除尘　　D. 转运除尘

2. 干熄焦提升机采用（　　）变速。
   A. 变极　　　　B. 液力耦合　　C. 变频　　　　　　　　D. 速度设定

3. 干熄炉保温保压时，料位一般控制在（　　）料位。

    A. 上　　　　　B. 中　　　　　C. 下　　　　　　　　　D. 极限

4. 干熄炉停炉时，料位一般控制在（　　）。

    A. 上　　　　　B. 中　　　　　C. 下　　　　　　　　　D. 斜风道以下 0.5～1m

5. 干熄焦余热锅炉的一级过热器出口温度一般为（　　）℃。

    A. 397　　　　B. 450　　　　C. 362　　　　　　　　D. 260

6. 干熄焦锅炉的喷水减温器后蒸汽温度一般为（　　）℃。

    A. 397　　　　B. 450　　　　C. 362　　　　　　　　D. 260

7. 干熄焦循环系统负压段是从干熄炉出口到（　　）。

    A. 工艺一次除尘 B. 锅炉　　　C. 工艺二次除尘　　　　D. 风机入口

8. PLC 是适合于工业环境，（　　）操作的电子系统。

    A. 文字　　　　B. 数字　　　　C. 符号　　　　　　　　D. 英文

9. 布袋除尘器脉冲阀的喷吹压力为（　　）MPa。

    A. 0.1～0.3　　B. 0.2～0.3　　C. 0.1～0.2　　　　　　D. 0.2～0.4

10. 干熄焦锅炉的烟气阻力为（　　）Pa。

    A. 100　　　　B. 200　　　　C. 300　　　　　　　　D. 400

11. 干熄焦转运除尘器的阻力为（　　）Pa。

    A. 1000　　　　B. 1200　　　　C. 1500　　　　　　　D. 2000

12. 干熄焦风机采用（　　）调速。

    A. 变频　　　　B. 液力耦合　　C. 风机入口闸阀　　　　D. 风机出口闸阀

13. 循环气体中含量最高的成分是（　　）。

    A. N_2　　　　B. CO_2　　　C. O_2　　　　　　　　D. CO

14. 锅炉出口循环气体温度最低为（　　）℃。

    A. 100　　　　B. 110　　　　C. 140　　　　　　　　D. 200

15. 干熄焦装焦禁止至（　　）料位。

    A. 高　　　　　B. 极限　　　　C. 正常　　　　　　　　D. 下

16. 每吨干煤炼焦可产生（　　）煤气。

    A. 30m³　　　　B. 300m³　　　C. 3000m³　　　　　　　D. 30000m³

17. 在常规炼焦所用的煤种中，结焦性最好的煤种是（　　）。

    A. 气煤　　　　B. 肥煤　　　　C. 焦煤　　　　　　　　D. 瘦煤

18. 干熄焦的红焦产汽率一般为1t红焦产生（　　）kg 蒸汽。

    A. 200～500　　B. 300～400　　C. 450～510　　　　　D. 500～620

19. 干熄炉预存室压力一般控制在（　　）Pa。

    A. ±100　　　　B. ±50　　　　C. ±60　　　　　　　　D. ±70

20. 干熄焦工艺一次除尘下灰管采用（　　）料位计。

    A. 核　　　　　B. 电容式　　　C. 热电偶　　　　　　　D. 移租式

三、判断题

1. 焦炭的冷却速度与焦炭块度无关。（　　）

2. 排焦至下料位时必须停止排焦。（　　）

3. 干熄炉料位达到高料位时，炉盖不能关闭。（　　）

4. 当锅炉入口温度高于980℃，增加循环风量。（ ）

5. 干熄焦炭水分含量为0。（ ）

6. 焦炭挥发分越高，强度越低，对高炉生产越有利。（ ）

7. 焦炭硫分高，高炉焦比降低。（ ）

8. 焦炉的斜道区位于炭化室与燃烧室下面，蓄热室上面，是焦炉加热系统的一个重要部位。（ ）

9. 干熄焦冶金焦率降低。（ ）

10. 焦炉利用焦炉煤气加热时，废气循环量较大，不利于改善高向加热均匀。（ ）

11. 干熄焦炉上部为冷却段，容积为277m^3。（ ）

12. 锅炉汽包水位正常控制在−50mm。（ ）

13. 提升机是提升焦罐的起重设备。（ ）

14. 排焦至下料位以下时仍可继续排焦。（ ）

15. 排焦量增加须增加循环风量。（ ）

16. 锅炉入口温度低时必须减少循环风量。（ ）

17. 装焦过程中达到高料位时，此时装焦操作可继续进行。（ ）

18. 环境除尘系统不会产生爆炸现象。（ ）

19. 焦炭的冷却速度与焦炭的块度无关。（ ）

20. 焦炭灰分高的原因在于炼焦精煤的灰分高。（ ）

21. 气力输送在输工艺除尘焦粉时可以将灰斗输空。（ ）

22. 若焦炉等炉点重合，那么在等炉前将干熄炉料位控制在正常料位。（ ）

23. 干熄炉在保温保压时，料位控制在正常料位。（ ）

24. 加快结焦速度，会使焦炭收缩裂纹减少，焦炭块度变小。（ ）

25. 干熄炉的冷却段分布在干熄炉下部。（ ）

26. 焦炭在干熄炉中的冷却速度主要与流体的流速和温度有关，与焦炭形状无关。（ ）

27. 干熄炉的空气导入孔沿炉周均匀分布。（ ）

28. 干熄炉的斜道沿炉周均匀分布。（ ）

四、简答题

1. 论述如何判断干熄炉料位已至下料位。

2. 论述控制循环气体中CO、H_2的重要性。

3. 什么是锅炉的满水事故，有何危害？

4. 干熄炉装红焦前为什么要进行烘炉？

5. 开工前，如何清洗锅炉？

五、计算题

1. 按每座干熄炉生产能力为50t/h计，其蒸汽发生率为每1t红焦产生0.5t蒸汽，15kg蒸汽发电1kW·h，若电价格为0.45元/kW·h，计算每小时两座干熄炉发电的经济效益。

2. 某月中干熄焦共产蒸汽31058t，干熄炉数为4982炉，焦炉平均单产为13.68t/炉，计算本月中的蒸汽产率。

参 考 文 献

［1］吕佐周，王光辉．燃气工程［M］．北京：冶金工业出版社，2004.
［2］姚昭章．炼焦学（修订版）［M］．北京：冶金工业出版社，1995.
［3］张殿印，王纯．除尘器手册［M］．北京：化学工业出版社，2004.
［4］蔡春源．新编机械设计手册［M］．沈阳：辽宁科学技术出版社，1993.
［5］濮良贵，纪明刚．机械设计手册（第七版）［M］．北京：高等教育出版社，2001.
［6］嵇光国．液压系统故障诊断与排除［M］．北京：海洋出版社，1998.
［7］金慧．过程控制［M］．北京：清华大学出版社．1993.
［8］潘立慧，魏松波．干熄焦技术［M］．北京：冶金工业出版社，2005.
［9］林宗虎，徐通模．实用锅炉手册［M］．北京：化学工业出版社，1999.
［10］鹿道智．工业锅炉司炉教程［M］．北京：航空工业出版社，2001.
［11］汤学忠．动力工程师手册［M］．北京：机械工业出版社，1999.
［12］王仁祥．通用变频器选型与维修技术［M］．北京：中国电力出版社，2004.

冶金工业出版社部分图书推荐

书 名	作 者	定价(元)
现代焦化生产技术手册	于振东 主编	258.00
焦炉煤气净化生产设计手册	范守谦 主编	88.00
工程流体力学(第4版)(国规教材)	谢振华 等编	36.00
物理化学(第4版)(本科教材)	王淑兰 主编	45.00
热工测量仪表(第2版)(本科教材)	张 华 等编	46.00
能源与环境(国规教材)	冯俊小 主编	35.00
煤化学(第2版)(国规教材)	何选明 主编	39.00
炼焦学(第3版)(本科教材)	姚昭章 主编	39.00
煤化工安全与环保(本科教材)	谢全安 主编	21.00
化工安全(本科教材)	邵 辉 主编	35.00
热能转换与利用(第2版)(本科教材)	汤学忠 主编	32.00
燃料及燃烧(第2版)(本科教材)	韩昭沧 主编	29.50
燃气工程(本科教材)	吕佐周 等编	64.00
热工实验原理和技术(本科教材)	邢桂菊 等编	25.00
物理化学(第2版)(高职国规教材)	邓基芹 主编	36.00
物理化学实验(高职高专教材)	邓基芹 主编	19.00
无机化学(高职高专教材)	邓基芹 主编	36.00
无机化学实验(高职高专教材)	邓基芹 主编	18.00
煤化学(高职高专教材)	邓基芹 主编	25.00
干熄焦生产操作与设备维护(技能培训教材)	罗时政 主编	70.00
热回收焦炉生产技术问答	杨大庆 主编	35.00
炼焦设备检修与维护(技能培训教材)	魏松波 主编	32.00
炼焦化产回收技术(技能培训教材)	潘立慧 等编	56.00
焦炉煤气净化操作技术	高建业 编	30.00
炼焦煤性质与高炉焦炭质量	周师庸 著	29.00
煤焦油化工学(第2版)	肖瑞华 编著	38.00
焦炉科技进步与展望	严希明 编	50.00
焦化废水无害化处理与回用技术	王绍文 等编	28.00
炼焦化学产品生产技术问答	肖瑞华 编	35.00
炼焦技术问答	潘立慧 等编	38.00
炭素材料生产问答	童芳森 等编	25.00
煤的综合利用基本知识问答	向英温 等编	38.00
焦化厂化产生产问答(第2版)	范伯云 等编	16.00
炼焦热工管理	刘武镛 等编	52.00